スラムの計画学

カンボジアの
都市建築フィールドノート

脇田祥尚
Wakita Yoshihisa

めこん

ショップハウスによって構成される街並み　その1

ショップハウスによって構成される街並み　その2

ショップハウスによって構成される街並み　その3

レストランとして活用されるコロニアル・ヴィラ

市場プサー・チャーの賑わい　その1

市場プサー・チャーの賑わい　その2

コロニアル建築　中央郵便局（1910年）

フランス人建築家によるクメール様式の博物館（1920年）

農村集落　ロヴェア村　その1

農村集落　ロヴェア村　その2

トンレサップ湖周辺の筏住居の集落　アンロン・タ・ウー村

トンレサップ湖周辺の筏住居　アンロン・タ・ウー村

不法占拠地区ボレイケラ　その1

不法占拠地区ボレイケラ　その2

不法占拠地区ボレイケラの移転先集合住宅群

スラムの
計画学

カンボジアの
都市建築フィールドノート

目次

序 スラムの計画学 14

第Ⅰ章　近代都市遺産の継承 19

1 近代都市計画の遺産 20
1. 都市形成史と都市構成 20
2. 植民地としてのプノンペン 21
3. 地方都市の都市構成 35
4. 現代に継承される近代都市計画 47

2 都市施設の土着性 50
1. プノンペンの商業施設 50
2. プサー・チャー 51
3. 市場の空間形成手法 61
4. 商業施設の土着性 75

第Ⅱ章　都市住居と街区居住 77

1 都市住居と街区構成 78
1. プノンペンの都市住居 78
2. ショップハウスの空間構成 82
3. 街区構成 92
4. 住居形式と街区構成 99

2 外部空間利用 102
1. 外部空間の空間利用 102
2. 歩道の空間利用 113
3. 路地の空間利用 117
4. 活発な外部空間利用にむけて 122

3 ショップハウスの空間更新 124
1. 変わり続ける都市住居 124

2.事例に見るショップハウスの空間更新･････････････････････････125
　　　3.ショップハウスでの空間更新の特性･･････････････････････････131
　　　4.更新を許容するショップハウスへ･････････････････････････････137

　4 都市住居と都市景観･･･140
　　　1.プノンペンの街並み･･･140
　　　2.ショップハウスのファサード構成･････････････････････････････144
　　　3.ショップハウスの街並み景観･････････････････････････････････153
　　　4.街並み景観の継承･･･160

第Ⅲ章　　土着的な住居と集落･････････････････････････････････163

　1 農村集落･･･164
　　　1.農村集落･･･164
　　　2.ロヴェア村の住居・集落構成･････････････････････････････････166
　　　3.外部空間利用･･･175
　　　4.住居と儀礼･･･179
　　　5.農村集落の空間特性･･･181

　2 トンレサップ湖の水上集落･････････････････････････････････････184
　　　1.アンロン・タ・ウー村･･･････････････････････････････････････184
　　　2.アンロン・タ・ウー村の住居形式･････････････････････････････188
　　　3.水上住居の空間特性･･197
　　　4.住居群の空間利用･･･202
　　　5.水上集落の空間構成･･･206

　3 高床式住居の都市化･･･210
　　　1.プノンペンの高床式住居･････････････････････････････････････210
　　　2.高床式住居の空間構成と利用実態･････････････････････････････216
　　　3.高床式住居の共用空間･･･････････････････････････････････････229
　　　4.高床式住居から都市住居へ･･･････････････････････････････････231

第Ⅳ章　　居住環境改善･･･233

　1 不法占拠地区の空間構成･･･････････････････････････････････････234
　　　1.プノンペン最大のスラム　ボレイケラ地区･･････････････････････234
　　　2.住居の空間構成･･237
　　　3.外部空間の構成･･･242

4.外部空間の利用……………………………………251
　　　5.不法占拠地区の生活空間……………………………255
　2 居住環境改善事業………………………………………258
　　　1.ボレイケラ地区改善事業……………………………258
　　　2.移転先集合住宅の空間構成…………………………259
　　　3.住民による環境移行評価……………………………269
　　　4.再定住の空間計画……………………………………277

終章　スラムの計画学に向けて……279

　結………………………………………………………………280
　　　1.王立芸術大学とのワークショップ…………………280
　　　2.計画を考える…………………………………………282
　　　3.スラムの計画学に向けて……………………………285

参考文献…………………………………………………………294
索引………………………………………………………………297
あとがき…………………………………………………………302

序
スラムの計画学

　プノンペンに、都市としての骨格が出来上がったのは、フランスの保護国となったしばらく後の19世紀末であり、カンボジアが1953年に独立するまでの間、現在にもつながる都市の骨格を形成してきた。しかし独立後1970年以降の内戦、1975年から3年8か月続いたポル・ポト派政権時の都市否定政策によって都市は荒廃を極めた上、1979年以降も内戦状態は続き、基盤整備や制度設計は不十分なままであった。政情が安定化した1993年以降、海外資本による開発、日本のODAをはじめとした海外からの資金援助や技術援助によって、プノンペンの基盤整備や制度整備は進展しつつあるが、2012年現在においても十分とはいえない。

　1975年から1979年までの間のポル・ポト派政権の時代が決定的に現在に大きな影響を及ぼしている。

　1975年4月17日にプノンペンに凱旋したポル・ポト派は、全市民に対してすぐさまプノンペンを去るよう指示を出した。場面場面で様々な指示が出ているが、アメリカ軍の爆撃があるので3日間だけ市外に避難せよというのが多くの証言から確認されている。反対するものも中にはいたが、その場で射殺されるなどの暴力的行為によって、市外に向けた無言の行進を全市民は強いられることになる。歩けない入院患者はリアカーに乗せられた。乳児を抱えた女性も行進を強いられた。明確に目的地を告げられるまま、北へ南へポル・ポト派の銃を抱えた兵士が見守る中、延々と歩かされたのである。

　それから3年8か月にわたってプノンペンは人口2万〜3万人の都市に変貌する。直前には1970年からの内戦の影響もあって農村部から過剰に人口が流入

し200万人の人口があったといわれているが、ポル・ポト時代のプノンペンには、破壊された建物、道に放り出された家財道具の広がる無人の都市風景が広がっていた。都市の死の風景であった。

1979年1月7日にベトナム軍はプノンペン解放を行った。無人のプノンペンに、一気に大勢の人々がなだれ込んだ。新政府は、従前の所有権のいかんにかかわらず早いもの順に空家を占有する権利を住民に与えたため、次から次へと都心部の空家が占有されていった。規模の大きな住居には、血縁地縁関係にある複数世帯が居住することも多かった。

こうした事態はプノンペンのみで見られたわけではない。地方の都市や集落においても同様に暴力的に移住を強いたり、集落を焼き払ったりした事例が報告されている。ポル・ポト政権時代に、都市にせよ農村にせよ、その地域が長い年月の中で育んできた伝統が根こそぎ失われたのある。

1979年以降のカンボジアの歴史は、スラム化の歴史ならびにスラムからの脱却の歴史である。特にプノンペンでは、ポル・ポト政権崩壊後の混乱の中で土地や建物の所有や利用に関する権利が定常性を失ったため、近代的な権利概念からすると不法占拠に近い状態が発生し、その後もその状態は継続された。自らの土地や建物の記憶と分断された状態が、多くの人々に強いられたのである。その記憶も権利もあいまいな状態の中で、あわせてそれをカバーする政治的な安定もない中、国土のスラム化が進展していったのである。

1991年に内戦を終えたカンボジアでは、東南アジアの諸都市がこれまでに経験したような急激な開発が、いま進展しつつある。地域の固有性を保持した開発を進めるためには、地域の社会・文化形態に即した漸進的な開発に向けた建築・都市計画手法の開発が急務である。しかし、内戦により研究資料が散逸したカンボジアにおいて、都市の居住実態を明らかにした研究は非常に限られている。本書の目的は、未だ明らかになっていないカンボジアの都市居住の特性や都市空間の構成等を明らかにすることを通して漸進的な開発に向けた建築・都市計画手法を明らかにすることにある。また、その地域に住む住民自らが自分たちの住まいや居住空間をどのようにかたちづくってきたかを明らかにすることももう一つの目的と位置づけている。復興は制度や都市基盤の整備によって成し遂げられると考えられがちであるが、そうした整備が行われなくとも、

序章
スラムの計画学

　住民たちが自らの手で生活空間を作り上げることが居住空間形成の基本であり、現前する風景の中にその端緒は見ることができる。
　本書は「スラムの計画学」を掲げているが、ここでは、スラムを劣悪なものと位置づけ排除・除去するための計画を問うているのではない。つまり、産業革命によって都市に劣悪な環境つまりスラムが生じ、その問題を解決するために近代都市計画が生まれたといった文脈で語られるところのスラムの計画学を取り上げているわけではない。むしろ逆である。
　スラムを改善すべきものとしてのみ捉えるのではなく、スラムの中に、住民による自生（成）的・自立（律）的な環境形成の試みを積極的に見出し、その自生（成）的・自立（律）的な力を育む計画学のあり方を探ろうとする視線は、本書に通底するスタンスである。
　プノンペンの不法占拠地区だけでなく、都心部の都市住居ショップハウスも、農村集落・水上集落も、内戦を通じて、スラムと化した歴史をもつ。そのスラム化の歴史を踏まえながら、それぞれの構築環境の中に、自生（成）的・自立（律）的な力を読み取るのが本書の大きな目的である。

　全体は、序章に続く本文4章と終章で構成される。
　序章では、問題の所在と本書の課題をカンボジアの実態に照らし合わせて記述し、本書の位置づけを明確にしている。
　第Ⅰ章は、「近代都市遺産の継承」と題し、2節で構成される。1節はフランス統治期の都市計画の変遷を取り上げ、現在の都市構成を規定する計画要素を明らかにしている。2節は都市施設として市場を取り上げながら、ポル・ポト期をはじめとした内戦による断絶を経ながらも自律的・自発的に再生・構築される建築空間の特質を明らかにしている。
　第Ⅱ章は、「都市住居と街区居住」と題し、都心部に集積するショップハウスならびにショップハウスによって構成される街区を取り上げており、4節で構成される。変化の著しい都心部において、これまで注目されてこなかった都市住居の型を明らかにするとともに、街区の宅地割や路地構成を明らかにしながら外部空間の活発な利用形態について分析を加えている。街区と住居とが一体的・相補的に存在している様態を街区居住として、その実態を明らかにしている。

第Ⅲ章は、「土着的な住居と集落」に関する章である。現在でも人口の8割近くが農業を生業としており、高床式住居に住んでいる一方で、東南アジア最大の湖であるトンレサップ湖周辺には水上集落が多く見られる。いずれも住み込み調査にもとづき住居の型の存在を明らかにするとともに、床下空間やベランダ空間などの外部空間の重要性を詳細に明らかにしている。3節では都心部において存続する高床式住居に焦点をあて、高床式住居のもつ空間の冗長性を具体的に明らかにしている。

　第Ⅳ章では、プノンペン最大の不法占拠地区であったボレイケラ地区を対象に「居住環境改善」の検討を行っている。不法占拠地区の空間構成を明らかにするとともに、居住環境改善事業の実施によるオンサイトの移転先集合住宅への調査から事業の評価を行っている。

　終章では、全体の総括を行うとともに、調査研究で得られた知見をカンボジアの人々と共有するために実施したワークショップの内容を報告しつつ、今後の展望を述べている。

序章
スラムの計画学

# 第Ⅰ章

近代都市遺産の継承

第Ⅰ章
近代都市遺産の継承

1
近代都市計画の遺産

1．都市形成史と都市構成

　都市計画の歴史は、現在の都市の骨格を決定する[1]。
　カンボジアは、アンコール王朝の都市の伝統をもっているが、アンコールの地は遺跡と化してしまっており、現代に継承される都市計画の歴史は、フランス統治期にはじまっている。首都であるプノンペンあるいは地方都市であるバッタンバン、コンポンチャム、カンポットにフランス統治期の都市計画の歴史を見ることができる。カンボジア人は、フランスの計画した都市に自らの生活を重ねながら都市生活を営んでいる。
　2005年からプノンペン北部では、サテライト・シティの建設が始まったが、2010年に経済的な問題から建設は必ずしも順調ではない[2]。全く新しい土地に都市をつくりあげるケースとして注目されるが、実際経済情勢に左右され実現は危ぶまれている。
　つまり、我々は新しい都市計画を考える際にも、既存の都市のかたちをベースとせざるを得ない。都市建設以前の与条件であった地形・地理ならびに、最初の都市建設以降都市の根幹をかたちづくってきた要素を明らかにする作業を通して、計画のベースが明らかにできる。都市の根幹をかたちづくる要素とは、主要な施設の配置であり、道路の計画であり、地区ごとのゾーニングである。よりミクロな視点で見れば、街区形状や街区内での宅地割やそれぞれの宅地にあてがわれる住居形式・建築形式である。
　フランス統治によって建設が行われた都市が、そのいわゆる旧市街地の完成

近代都市計画の遺産

を見るまでに、どのような充実が行われたのかを明らかにすることを通して、今後の都市計画を行う上での都市計画資源の確認を行いたいというのが本節の目的である。

ただカンボジアは、1975年から1979年までのポル・ポト政権による都市否定政策によって、多くの都市はその間放置された。都市住民は着の身着のまま農村への移動を強制された。無人化した都市では当初クメール・ルージュによる略奪・破壊が繰り返され、一時的であれ都市の死を経験している。

フランス統治期以降、歴史的には独立による変化ならびにポル・ポト政権による断絶を経験した都市が、都市計画の記憶をどのように現在に刻印しているのかを明らかにすることも本節の目的の一つである。

２．植民都市としてのプノンペン

2-1 概要

フランスが東南アジアへ勢力を拡大したのは19世紀になってのことである。

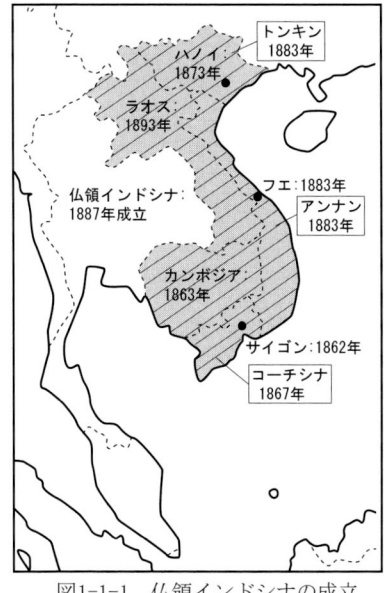

図1-1-1　仏領インドシナの成立

第Ⅰ章
近代都市遺産の継承

　当時の東南アジアにおける覇権争いにおいて、イギリスはアヘン戦争を期にアジアへの進出を果たし、1841年には香港に植民地を設立した。アメリカは、ロシアの干渉に先手を打つ形で1854年に日本を開国させた。フランスは、香港に相当するアジアへの進出基点を探し、中国への進出を目標にメコン川に着目した。その矢面に立ったのがサイゴン（現ホーチミン、ベトナム）であり、1859年に占領統治下に置かれている。次の基点として注目されたのが、プノンペンである（図1-1-1）。

　プノンペンの創設は15世紀のアンコール朝の凋落（1431年）にまで遡り、当時の王であるポンヘア・ヤット王 Ponhea Yat がシャム（現在のタイ）からの侵攻を逃れてチャトムック Chactmuk （現在のプノンペン）に拠点を移したのが始まりである。しかし、その後に首都がウドン Oudong に移されるなど王の居住地は転々としたため、プノンペンの本格的な建設は、フランス・カンボジア条約が締結された1863年になってからのことである。

　当時、カンボジアは隣国のシャムとベトナムの属国状態にあり、当時の王であるノロドム王は、隣国の脅威を逃れると共に、交易の要所としての立地条件に鑑み、フランスの保護国になることで王朝の危機を免れようとした。フランスの東南アジアへの進出基点の獲得と、アンコール朝の存続という利害の一致が、プノンペンが近代都市へ発展した最大の要因であると考えられる。

2-2　近代都市プノンペンの形成

　主な社会事象や植民地政策の内容、建設された施設の年代と用途を整理し、また、計画された当時の街路の名前と現在の街路を照合することで、プノンペンの都市の発展を5段階、都市の形成過程については都市建設以前を除いて4段階に整理した（図1-1-2）。以下に、各段階における計画の特徴及び街路拡張の詳細について述べる。

（1）クメール王朝の国威の体現（15世紀）

　ポンヘア・ヤット王による遷都の後、王は沼地の埋め立てと並行して、都市の周囲に城壁を建設させた。また、カンボジア仏教の総本山であるウナローム寺院を含めた6堂の仏教寺院と王宮が建立された。当時の王宮は現在のワット・プノン Wat Phnom の南西に位置していた。ワット・コー Wat Koh 、ワッ

1 近代都市計画の遺産

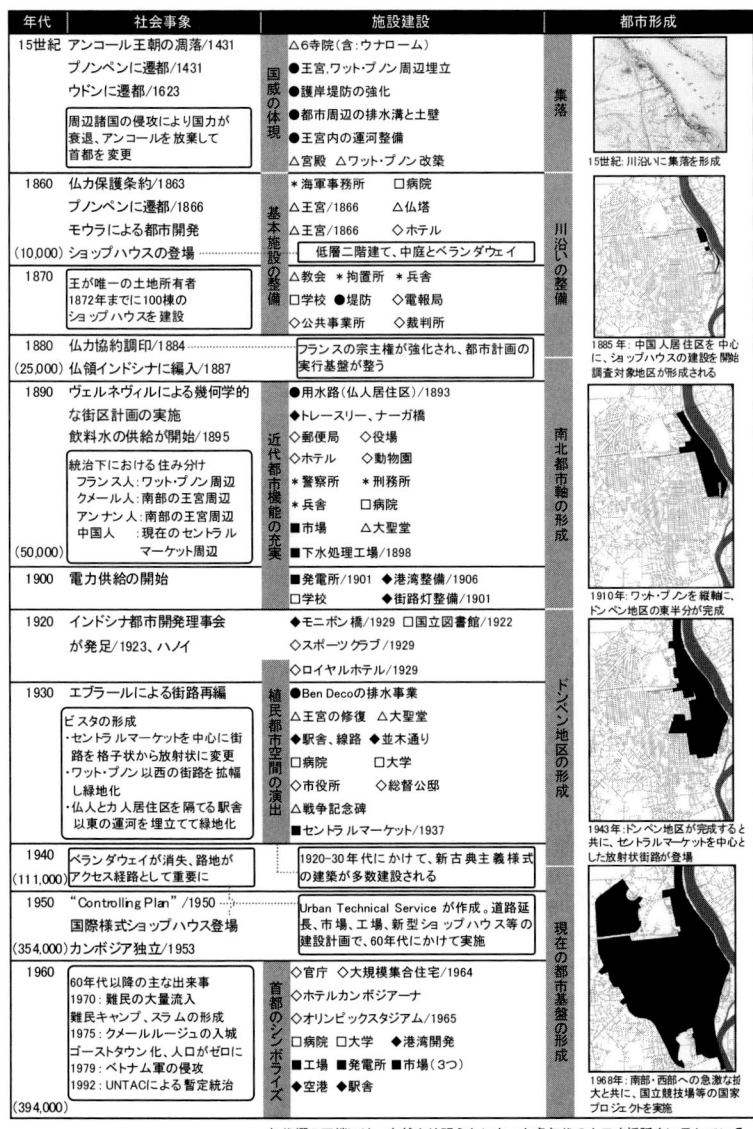

図1-1-2 プノンペンの都市形成史[3]

第Ⅰ章
近代都市遺産の継承

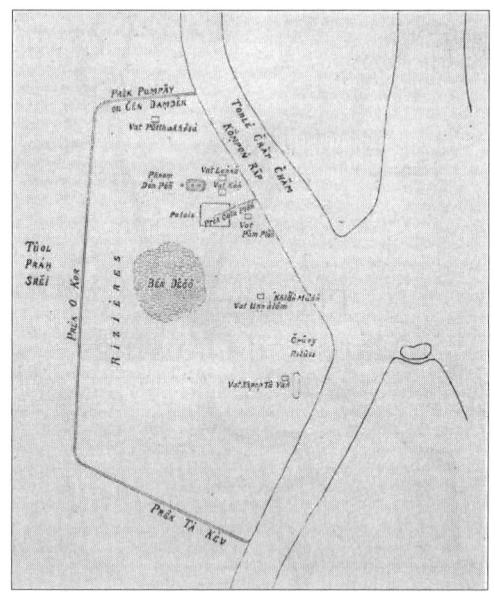

図1-1-3　15世紀のプノンペン[4]

ト・ランカー Wat Lanka、ワット・パムプロン Wat Pam Plon が王宮の周辺に、ワット・プッタコーサ Wat Putthakhosa が北部に、ワット・ウナローム Wat Unalom は現在と同様にボンコック湖とトンレ・サップ川の間に、ワット・ポップトヤ Wat Xhpop To Yan が南部に位置する。このうち、ワット・ランカーとワット・コーは現在別の場所に移転している。クメール王朝の凋落の後、国威の体現を意図した施設の建設が集中していることが分かる。
（2）フランス入植による基本施設の整備（1863-70年代）
　1870年代になると、フランスの行政官であるモウラ Moura により保護領のホテル、学校、拘置所、兵舎、堤防、公共事業事務所、電報局、法律裁判所と住宅健康サービスの施設が建設された。また、アンナン人が住む北部には仏塔と教会が建設された。1867年に描かれた地図を見ると、ワット・プノン東の川沿いには海軍の事務所と病院が建設され、新たな王宮の建設が開始されたことが分かる。海軍事務所、拘置所、兵舎などの軍事関連施設と共にショップハウ

24

1 近代都市計画の遺産

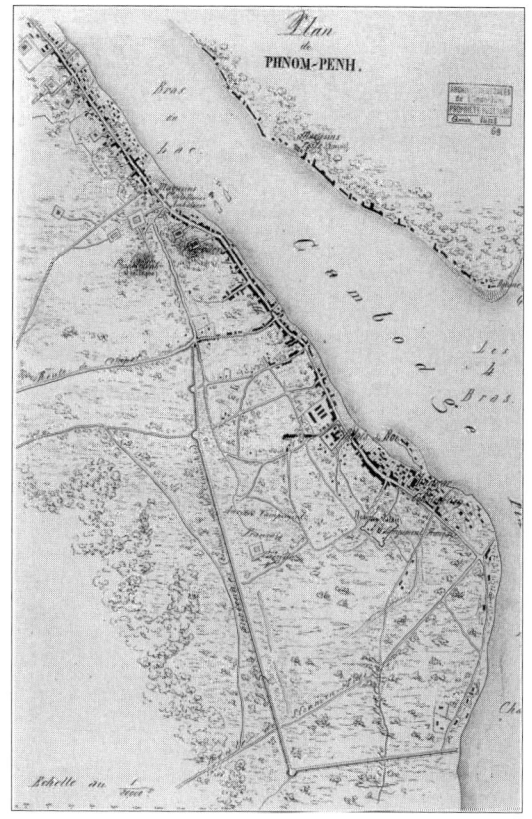

図1-1-4　1867年のプノンペン[4]

スの建設が開始され、植民都市建設の基本的な施設が建設されたと考えられる。

(3)近代都市施設の拡充（1893-1906年）

　1884年にフランスとカンボジアとの間で交わされた協定により、フランスは宗主権を強化すると共にプノンペンの地方自治体を創設するなど、都市の管理に必要な仕組みと財源が確保され、都市計画の実行が可能となった。

　1889年から97年までカンボジアの上級外国駐在外交官に任命されたヴェルネヴィル Verneville により街路計画が作成され、本格的な都市開発が開始される。公園や銀行、ホテル、郵便局、兵舎、役場、病院、刑務所、教会、市場等

第Ⅰ章
近代都市遺産の継承

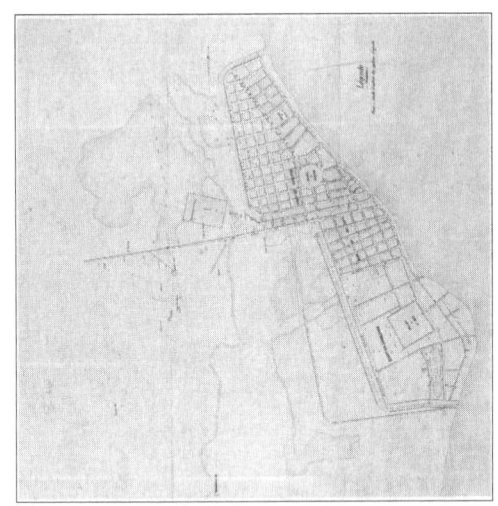

図1-1-5　1903年のプノンペン[4]

の公共施設や行政施設の建設に加え、下水道の整備や飲料水の供給が開始されるなど、近代サービスが拡充した時期だと考えられる。当時の計画案においては、人種毎の明確な住み分けが意図された。ワット・プノン周辺のドンペン地区北部がフランス人居住区、現在の中央市場プサー・トゥメイ周辺に中国人居住区、南部の王宮周辺がクメール人とアンナン人の居住区とされた。なお、この時代にはフランス人居住区と中国人居住区を隔てていた運河に3本の橋が建設されている。

（4）植民都市空間の演出（1929-1939年）

ワット・プノンの周辺に街の集会所やスポーツクラブ、ロイヤルホテルが建設され、1932年には駅舎と線路が建設され、1937年にはプサー・トゥメイが完成した。1929年には南部にモニボン橋が建設され北部にも橋が建設されるなど、対岸への拡張が可能となった。

この時期のもっとも大きな出来事は、エルネスト・エブラールErnest Hèbrardによる街路の再編成である。1923年にハノイで結成されたインドシナ都市開発理事会 Service de l'architecture et de l'erbanisme de l'Indochina の初代理事長であるエブラールは、グリッドパターンの単調な街路を手直しするため、プノンペンを

1 近代都市計画の遺産

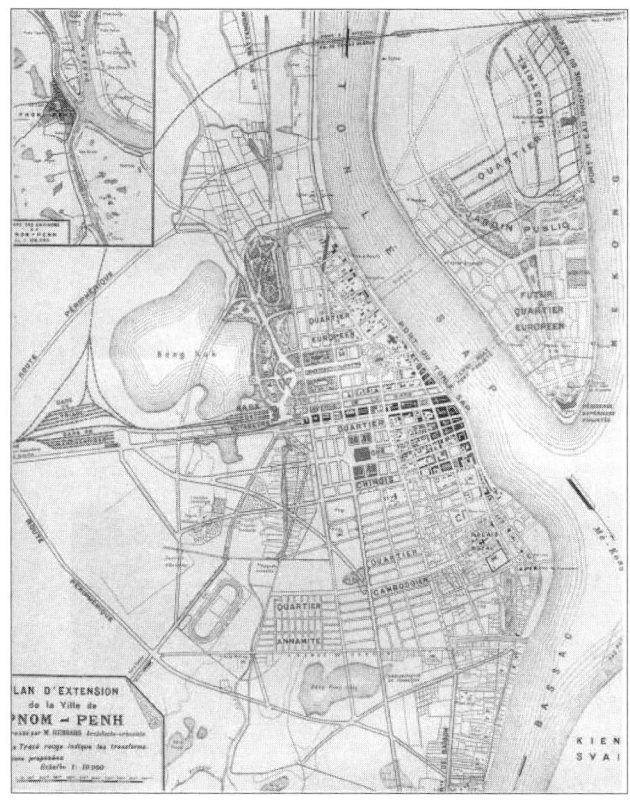

図1-1-6 エブラールの街路再編計画(1925年)[4]

幾つかの区画に再編成する総合計画案を1925年に完成させた（図1-1-6）。エブラールの計画案には、3つのビスタが認められる。
①ワット・プノンから西に向けた緑道整備
②プサー・トゥメイを計画し、ここを中心に南西、北西に向けた放射街路を引いて街区を再編成
③フランス人居住区と中国人居住区を隔てていた運河を埋め立てて公園を造成し、ボンコック湖南東端に計画された鉄道駅から東に向けて川への眺望を確保しようとした。

第Ⅰ章
近代都市遺産の継承

図1-1-7　ドンペン地区北部の街路計画(1930年)[4]

　上記の計画により、植民都市として幾何学的な都市空間の演出が強化された。1928年には①の計画が完了し、②は1935年に、③についても1930年代の初頭には完了した。また、①の計画と同時に、フランス人居住区の排水が行われ、政府施設やホテルなどを建設するために周辺の街区が拡大された。これらの計画が現在のドンペン地区の基盤を形成し、現在まで引き継がれている。
（5）首都のシンボライズ（1960年代）
　1950年に新たな都市総合計画が改定され、1960年代に実施されたが、1975年のクメール・ルージュのプノンペン入城により全ては実現していない。しかし、1960年代にはプノンペンを首都としてシンボライズするための施設が建設された。当時の気鋭の建築家であるヴァン・モリヴァン Vann Molyvann によ

1 近代都市計画の遺産

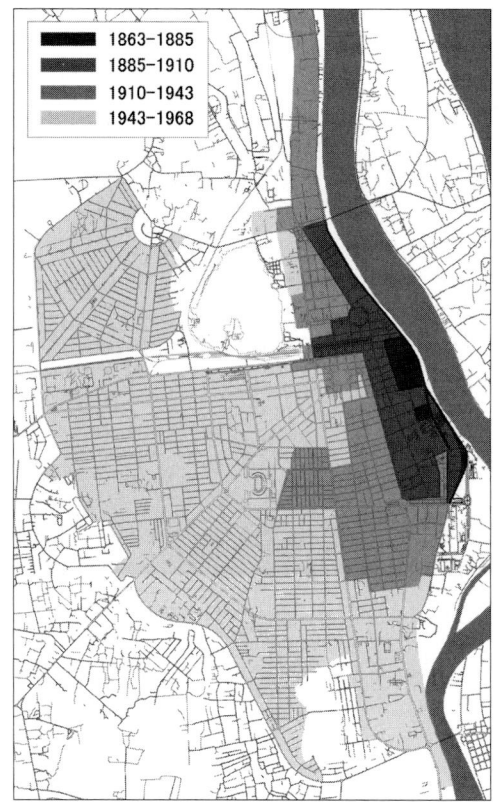

図1-1-8　プノンペンの形成プロセス

り、1963年に国立総合競技場が建設された。また、オルセイマーケット、オリンピックスタジアムマーケットなどの近代的な市場、シアヌークビル（大規模集合住宅）が郊外に建設され、周辺地域の開発と共に、首都をシンボライズする施設の建設が進んだ。その他にも諸官庁、大学、空港などの公共施設を建設、1961年には飲料水の浄化工場、水力発電プラント、蒸気発電プラントなどの産業施設が建設された。

　植民統治の開始から約40年をかけて近代的な設備が完備されたが、中心部におけるビスタ等の都市計画上の演出は1930年代になり初めて登場した。その

29

第Ⅰ章
近代都市遺産の継承

後、プノンペンは1960年代に黄金期を迎え、1975年まで継続した。

2-3　街区の形成プロセス
（1）川沿いの整備（1863-1885年）
　1863年の保護国化を境に、トンレ・サップ川沿いと対岸の半島沿岸の堤防を整備し、最初の舗装街路が誕生した。さらにワット・プノン南東部に都市核が形成された。
（2）南北都市軸の形成（1885-1910年）
　川沿いの街路の後背部に格子状の街区が形成され、フランス人居住区が形成された。1910年までに、ワット・プノンを縦軸に現在のドンペン地区の東半分が完成した。
（3）ドンペン地区の形成（1910-1943年）
　1943年までにドンペン地区の西部と北部が完成した後、エブラールによる街路の再編成が実施され、放射状の街路形態とビスタが登場した。
（4）現在の都市基盤の完成（1943-1968年）
　1953年の独立後、60年代にかけて都市域は急激に拡大した。西と南に現在のトゥール・コック地区とチャムカーモン地区が形成され、現在の都市基盤が形成された。

2-4　コロニアル建築
　こうした歴史を現在うかがい知ることができるのはフランス統治期の建築の存在からである。
（1）中央郵便局
　1910年にドンペン地区北部の行政エリア・フランス人居住区に建設された。中央部分に時計をもつとともに中央頂部に小規模な塔をもつ。前面に広場をもつ配置構成も特徴的である。1931年になると1階部分の事務室が拡張され、建物両側に1層3スパン分が増築されるとともに、窓には鉄格子がつくようになった。近年では1992年に大規模な増改築が行われ、1920年代からあった装飾は取り壊され、全部の階の木製の鎧窓が取り払われて新しいものに交換されている。しかし、建設当初からあった時計は取り払われることなく残されてい

1 近代都市計画の遺産

写真1　プノンペン駅

写真2　中央郵便局

写真3　ロイヤルホテル

写真4　川沿いの整備

写真5　国立図書館

写真6　プサー・トゥメイ

写真7　ワット・プノン

31

第Ⅰ章
近代都市遺産の継承

る。1993年の改築の後は現在に至る。

　1階ではアーチ型、2階では長方形型と2種類の窓形状をもつ。3階部分になると窓の大きさが縮小され、時計などの装飾材によって独立性が高められている。1階から2階にかけて簡素化されたオーダーの角柱を配置し縦軸に分節、それと同じサイズのものを角地に配置することによって、建築物が引き締められより重厚な印象にさせている。建設当初の構成では、両端のスパンの2階頂部に三角飾りを配置することで全体の立面構成を引き締めている。外壁や屋根、窓、庇の材料・色彩を統一することで、全体の統一感も形成されている。

　周辺には、中央警察署やフランス植民地商工会議所が配置されており、フランス統治期の公共セクターの中心部といえる。

（2）ロイヤルホテル

　1929年創業のプノンペンでもっとも格式あるホテル。ワット・プノンの近く、国立図書館・国立公文書の西、市役所の向かいに位置する。南側道路に面する左右対称の中央棟は当時からのものである。2012年現在、本館はロビーならびにフロント、レストラン、店舗が並ぶ。2階以上は客室として利用され、別館は1階部分がレストランとして利用されている。

　4階建ての本館を中心に左右3階建ての宿泊施設が付属して中央棟が設計されている。それぞれの屋根に入母屋の大屋根がかかり、いずれの棟も凸形のファサードを通りに向けることによって、個々の建築物の独立性を高めている。階高に差をつけることによって中心性を高めている。

　中央棟ならびに2階以上の別館の突出部分には宿泊者のためにベランダを設けている。ベランダには、簡素化されたオーダーの角柱が、壁面を3分割するように配置されている。しかし、中央棟の4階部分だけはベランダの柱の数を増やすことによって1階部分の車寄せのアーチのデザインとの整合性を保つように設計されている。

　室内の開口部を木製の鎧戸にすることによって部材の統一感を出し、その開口部の上部に庇を設けることで、本館ファサード全体を引き締めている。建物全体を道路からセットバックさせ左右に樹木を配し、中央にヨーロッパ庭園風の植栽を設けることで、全体の格調が高められている。外壁や屋根、窓、庇の材料・色彩を統一することで、全体の統一感も形成されている。

近代都市計画の遺産

（3）国立図書館

　1922年の建築。ポル・ポト政権時に歴史的資料や文献などが大量に処分されたため、現在、図書館においてある本は近年フランスから寄付されたものが多い。5m、15m、5mのスパンでファサードが構成されている。入り口部分は内部にセットバックし、その上に庇を設置している。階高が高めに設置されているため厳かな雰囲気がある。

　本館部分には扉や格子状の窓が存在するが、北側面には窓が存在しない。かわりに花をモチーフにしたレリーフが施され、その前面に像を設置し格式高くしている。

　植民地時代に建設された多くの建築が傾斜屋根を使用しているのに対して、この建築物はフラットルーフを使用している。文献に記された1929年に撮影された写真と比べてみても、屋根形状や外観構成は同じため、壁面や屋根の増改築は行われていないことが分かる。

　入り口付近には簡素化されたオーダーの角柱が、壁面のファサードを3分割するかたちで配置されている。3分割されたファサードを中心に、簡素化されたオーダー柱を配して全体の格調を高めている。外壁や屋根、窓、庇の材料・色彩を統一することで、全体の統一感も形成されている。

（4）中央市場プサー・トゥメイ

　1937年に建てられたフランス人建築家ジャン・デボアによる建築。十字のプラン、中央の巨大ドーム、通風と採光を確保するための穴あきブロックの採用に特徴がある。デザインの基調となっているのはアールデコ様式である。

　中央市場は都市計画と一体的に提案されている。市場を囲むショップハウス群の提案もデボアは行っている。当初は中央部ならびに角地が突出した3階建てで傾斜屋根をもつ集合住宅が提案されていたが、結果的には2階建てショップハウスと街区にアールをもつ3階建ての建築が実現した。現在も市場周辺の都市景観を規定している。また街路計画との関係も指摘しうる。エブラールの都市計画により市場を中心として放射状の街路計画が計画されており、東西南北方向から45度角度を振った十字の配置は、放射状の街路計画に対応したものである。

第Ⅰ章
近代都市遺産の継承

2-5　プノンペンの都市構成

　プノンペンは1860年代の植民統治を契機に都市建設を開始したが、ドンペン地区が完成するまでに約80年が経過しており、その後は1940年代から約20年で一挙に郊外化が進展した。発展過程については、植民統治の開始から約40年をかけて近代的な設備が完備されたが、中心部におけるビスタ等の都市計画上の演出は1930年代になり初めて登場した。その後、プノンペンは1960年代に黄金期を迎え、1975年まで継続した。

（1）民族・人種ごとの住み分け

　ワット・プノンを中心とする北部エリアと運河を挟んだ南部エリアとでは、完全な住み分けが行われた。北部はフランス人居住区ならびに公共施設が集中した行政の中心として計画された。南部は、中国人居住区、クメール人・安南人居住区とされ、後者は王宮の周辺に計画された。

（2）公園緑地計画

　中心部を南北に隔てる運河は埋め立てられ緑地として整備され、鉄道駅から川に抜けるビスタが形成された。ワット・プノンから西のエリアにも緑地が計画された。この緑地の北側にはホテルならびに図書館が、西側には市役所が建設された。フランス人都市計画家エブラールによる1925年の計画である。

（3）施設配置による地区形成

　1372年建立と伝えられるワット・プノンがフランスによる都市計画の核となった。1867年には寺院東側の川沿いに施設建設が始まった。1910年には、寺院を基点に北西に延びる道路が計画されており、道路東側ならびに寺院南側には公共施設が集中的に建設された。

　北部ではワット・プノンを中心に開発が進んだが、南部では中国人居住区の中心に新しい中央市場となるプサー・トゥメイ（1937年）を建設し、開発の核とした。寺院、市場、王宮がそれぞれ地区の核となっている。

（4）ビスタの形成

　街区は格子状の道路によって構成されるが、ワット・プノンを中心にビスタが形成されることで北部エリアの計画が変化をもったものとなる。南部エリアでは、プサー・トゥメイから南西・北西に放射状に街路が伸びている。特に南西に延びるシャルルドゴール通りは両側の街路樹ならびに連続するショップハ

ウスのファサードによって美しい都市景観が形成されている。
(5) 地形への対応　立地選定
　プノンペンは4つの河川が交わる交易拠点である。ワット・プノンはプノンペン唯一の小高い丘に寺院が建設されたものである。水運の利を活かしながら地形に喚起された都市形成が行われている。

3．地方都市の都市構成

3-1　バッタンバン[5]

(1) 概要
　バッタンバンはカンボジア北西部に位置するプノンペンに次ぐ第二の都市である。サンカー川沿いの西岸に都市が形成されている。2009年の統計によれば人口は25万人である。
　都市はクメール王朝全盛期の11世紀に設立された。シャム王朝による侵攻後、タイ東部の重要な商業拠点となった。当時の人々はサンカー川の土手に沿って高床式の住居を建て、農耕を生業として生活を営んでいた。現在のプサー・ナット　Phsar Nat のある場所はフランス入植前からまちの中心部には屋外市場があり、人々の生活の中心であった。またタイの領主は都市の南にカムペーン　Kamphaeng と呼ばれる塀に囲まれた敷地にバンコクから呼び寄せたイタリア人建築家に邸宅を建設させた。
　19世紀後半、当時バッタンバンを支配していたタイを追放するために、フランスは領事館を置いた。1907年3月23日に調印が交わされ、バッタンバンとシェムリアップはカンボジアに返還された。君主の邸宅などの所有物はフランスに売却された。
(2) 都市形成史
　フランスによる第一次開発は1907年に計画され、開発が始まった。初めにサンカー川沿い並行する様に第1道路、プサー・ナットの中心を通る第2道路、プサー・ナットに面する第3道路が形成された。それらに直交するように東西方向の街路を引き、明確なグリッドパターンの街区を形成した。それらの街区の一部にはショップハウスが建設された。街区は東西方向に約25m、南北方向

第Ⅰ章
近代都市遺産の継承

に約4m間隔で宅地割をし、都市開発を支援する華人に売却された。華人の居住地域ではコンパートメント型の都市開発の手法が取られた。

またサンカー川へと合流する二本の東西に伸びる運河を南北方向に繋ぎ都市の外郭としたと考えられる。同時に政府は道路、水道、下水道のインフラの整備を行った。この結果、入植以前からサンカー川付近に住んでいたクメール人は都市開発地域から追い出される形となった。都市の南のカムペーンの一部は取り壊され、病院や刑務所が建設された。カムペーン内のイタリア様式の建築物は取り壊されたが、元領主の邸宅は取り壊されずに現在は市役所として使用されている。1916年には市場の近くにサーヘン・ブリッジ Ser Khen Bridge と現在の市役所の前のオールド・ストーン・ブリッジ Old Stone Bridge が建設さ

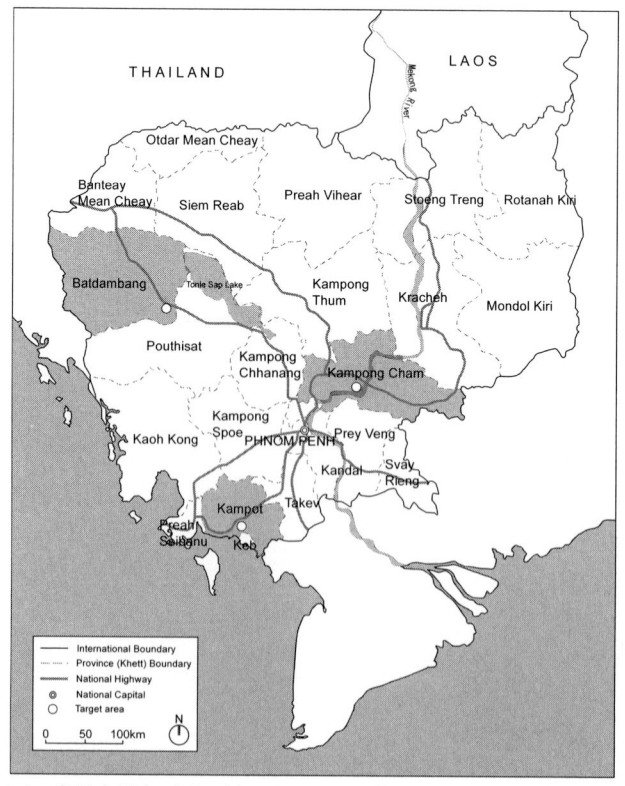

図1-1-9　各地方都市（バッタンバン、コンポンチャム、カンポット）の位置

近代都市計画の遺産

れ、東の地域とのアクセスが確保された。

　宅地割には特殊な形態が取られた。間口は基本的に幅員の広い街路に確保され、商品などの商売物品を容易に出し入れできるように計画された。街区を二分するバックアクセスから、住居へのエントランスが設けられた。交易都市としての特徴が街区にも見られることが明らかである。

　第二の開発では都市部を西に拡大していった。プノンペンとバッタンバンを繋ぐ鉄道が敷設され、バッタンバン駅が建設された。第一次開発で形成された、東西方向の街路を西に延長し、プサー・ナットから放射線状にバッタンバン駅と国道5号線へと接続する街路が形成された。幹線道路、駅、市役所方面へとスムーズなアクセスが確保されるよう、計画が施された。

　第4道路と第3道路の間に形成された街区は、第一次開発と同様に開発を支援する華人に売却された。しかし、第一次開発のように多くのショップハウスが建設された痕跡はなく、1960年代の写真からもそれは明らかである。

　1936年に屋外市場を一時的に取り壊され、プサー・ナットが建設された。プサー・ナットを設計した建築家はプノンペンの中央市場プサー・トゥメイを設計した建築家と同一人物である。

　第二次開発終了後には、現在の都市形態がほとんど完成していた。

写真8　バッタンバンの全景[6]

第Ⅰ章
近代都市遺産の継承

写真9　プサー・ナット

写真10　オールド・ストーン・ブリッジ

写真11　市役所

写真12　ワット・ボービル

写真13　バッタンバン駅

写真14　緑道

写真15　ショップハウス

写真16　政府施設

近代都市計画の遺産

（3）都市空間構成

バッタンバンは南緑道を境にして北地区と南地区に分けることができる。以下に都市の骨格について記述する。

①都市軸

北地区ではプサー・ナットと対岸に位置するワット・ボービル Wat Bovilを同一直線状に結ぶことができる。これを都市軸としながら、線対称に街区が形成されている。プサー・ナットの西端から放射線状に街路が形成されることで、この軸の存在を強化している。プサー・ナットは1936年に建設され、ワット・ボービルはシャム王朝時代には建設された寺院である。

南地区ではシャム王朝時代に建設された市役所と1916年に建設されたオールド・ストーン・ブリッジを繋いだ軸線を中心に線対称に街区が形成されている。

北地区と南地区を結びつけるのは、鉄道駅を中心に線対称に配置された街路である。駅から直接南側に街路が伸びているわけではないが、南地区でのRoad. 3は、駅を中心として、北側のプレア・ビヒア通りに明らかに対称の位置に配置されている。

②ゾーニング

北地区は軸線の中心に位置する市場を中心に南北にショップハウスが建ち並ぶ商業エリアならびに華人居住区として計画されたと考えられる。南地区には、シャム王朝時代には砦と君主邸宅が建設され、フランス統治期に君主邸宅を市役所に用途変換し、刑務所なども近辺に建設した。1971年の地図においても主要な行政施設が南地区に建設されていることが分かる。既存の都市構成に則り、都市が重層的に形成されていると考えることが出来る。南地区も北地区と同じく軸線が設定され、その中心に市役所が配置され周囲に公的機関が集積するとともに、フランス人居住区が形成されていたと考えられる。

北と南を境界づけるのは緑道であり、寺院ワット・ダムレイサー Wat Damrey Sarである。

③宅地割

ショップハウスが建設されている街区では、背割型が一般的である。街区の長辺に優先して間口を設け、連続してショップハウスを配置し、住居背面どうしが接している形式である。街区中央に空地はなく、増改築がほとんど行われ

第Ⅰ章
近代都市遺産の継承

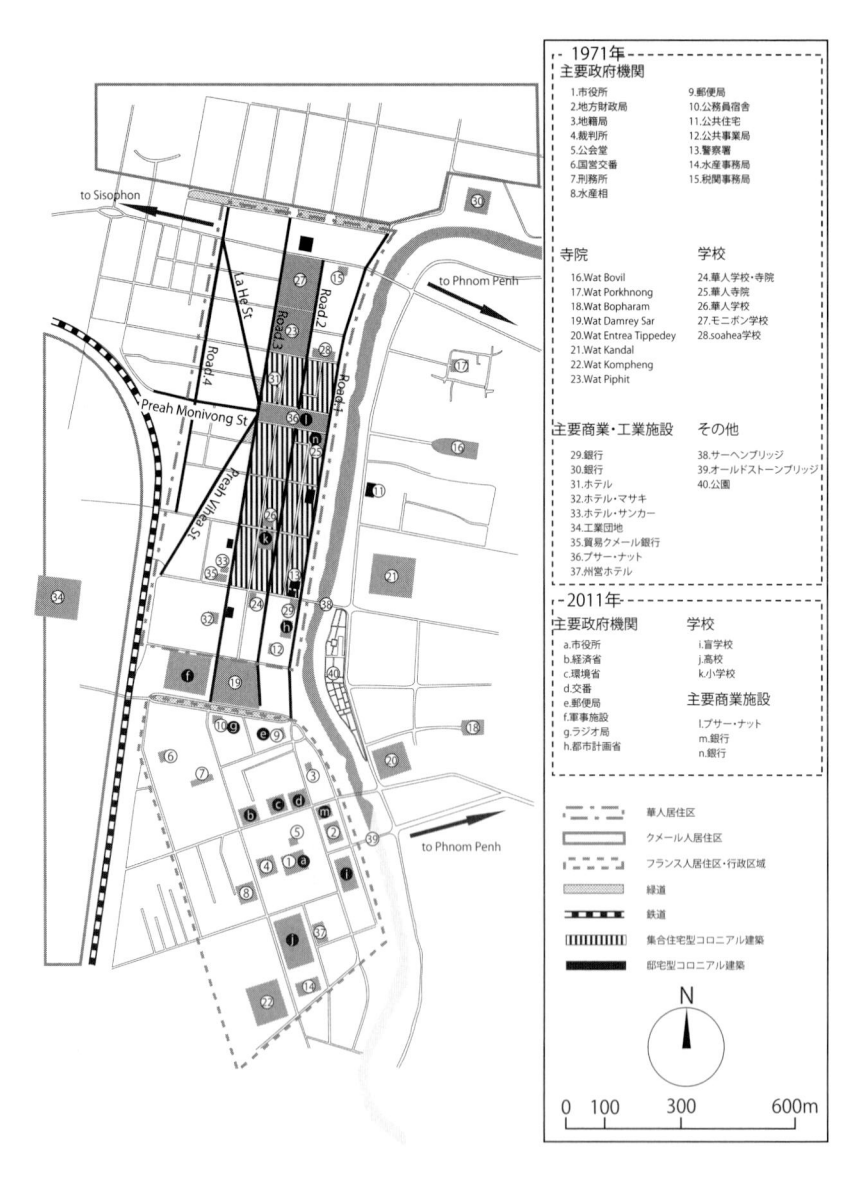

図1-1-10　バッタンバンの都市構成[7]

40

1 近代都市計画の遺産

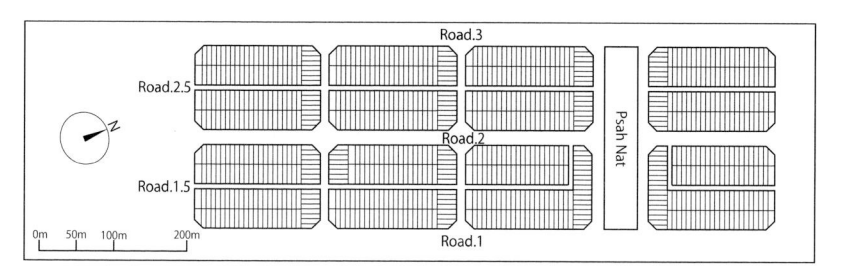

図1-1-11　宅地割略図

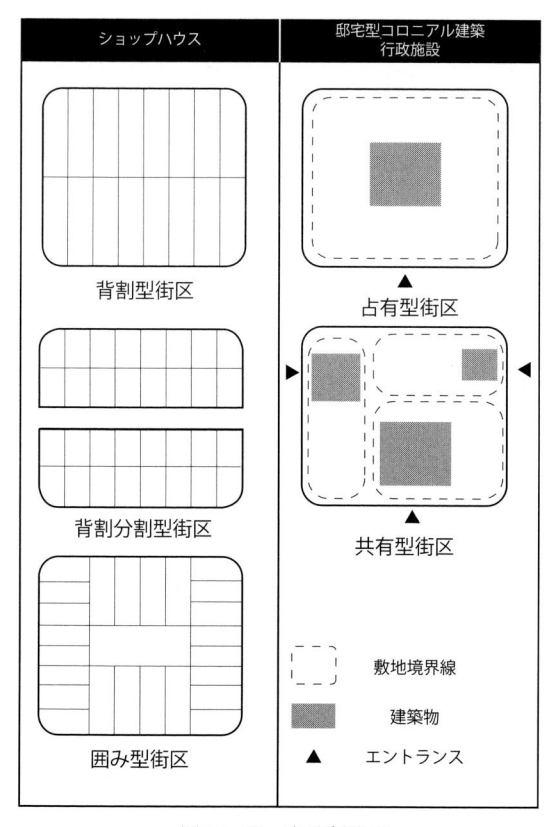

図1-1-12　宅地割略図

41

第Ⅰ章
近代都市遺産の継承

ていない。

第一次開発でプサー・ナット周辺に形成された街区の宅地割に着目すると、間口は基本的に幅員の大きい第1道路、第2道路、第3道路側に優先的に確保されていることが分かる。しかし東西方向の街路に関しては、プサー・ナット方向に優先して間口を設けている。プサー・ナットの中心性が高められていることが分かる。また、市場からの商売物品を容易に運び出すことが出来るよう、配慮された計画と考えられる。

南地区の宅地割は、占有型、共有型である。占有型は一つの街区に一棟の建築物が配置されているケースで、街区中央に建築物が配置され、周辺は庭として利用されている。市役所や邸宅型コロニアル建築がこの形式をとる。共有型は一つの街区に複数の建築物が配置される街区をさし、大きな敷地規模をもつ公共施設がこの形式をとる。

3-2　コンポンチャム
（1）概要

カンボジア南東部コンポンチャム州の州都であり、メコン川の西岸に都市が形成されている。2006年の統計では人口約63000人を有する。

都市の"チャム"はチャム人を意味している。彼らはイスラーム教徒であり、都市部の対岸にはモスクが配置されており、現在でも多くのチャム人が住んでいる。"コンポン"は港を意味しており、古くから河川交易の盛んな都市である。

1885年にフランス理事官府が設置された。1898年に河岸の整備が始まるとともに、屋根付き市場の建設予定地が確保された。瓦葺のショップハウスが増え始めたのもこの時期である。河岸に沿って街灯も設置された。市場が完成したのは1900年である。1909年には理事官府で電気が使えるようになり1917年には主な道路に電気照明が設置され1921年には中心部への電力供給が始まった。

（2）都市空間構成

コンポンチャムは緑道を境に西地区、東地区に分けることができる。東地区にはフランス統治期に建設されたコンポンチャム市場があり、その周辺にはショップハウスが密集している。商業エリアであり華人居住区であった地区で

1
近代都市計画の遺産

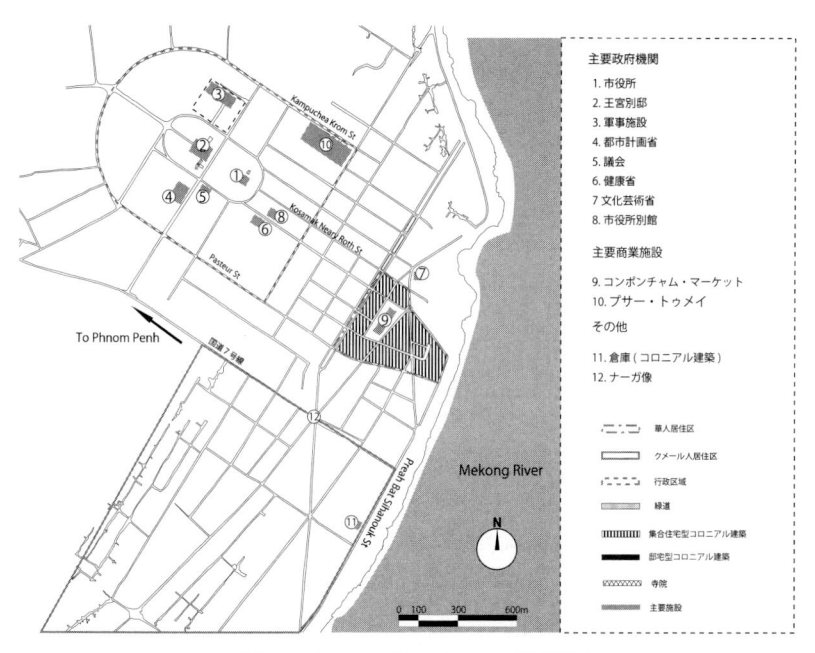

図1-1-13　コンポンチャムの都市構成

ある。西地区は、市役所を中心とし公的施設が集積する地区である。
　市役所と対岸のフランス統治期の監視台との軸線が都市軸を形成している。コサマック・ニアリー・ロス通り上にビスタが形成され、市街地からは南東に監視台を望むことができる。街区は、市役所のある敷地を中心に北西側に半円形に形成されるとともに、南西側には軸に線対称に形成されている。西地区と東地区とは緑道によって分離されている。
　西地区の宅地割は占有型、共有型であるが、東地区では背割型、囲み型が見られた。ショップハウスが集積する東地区9街区のうち5街区は囲み型、4街区は背割型となっている。いずれの街区も幅員の広い街路に面する間口を優先的に確保しているが、街区の角地はコンポンチャム市場方向に向けて間口を確保しており市場の中心性が高められていることが分かる。

第Ⅰ章
近代都市遺産の継承

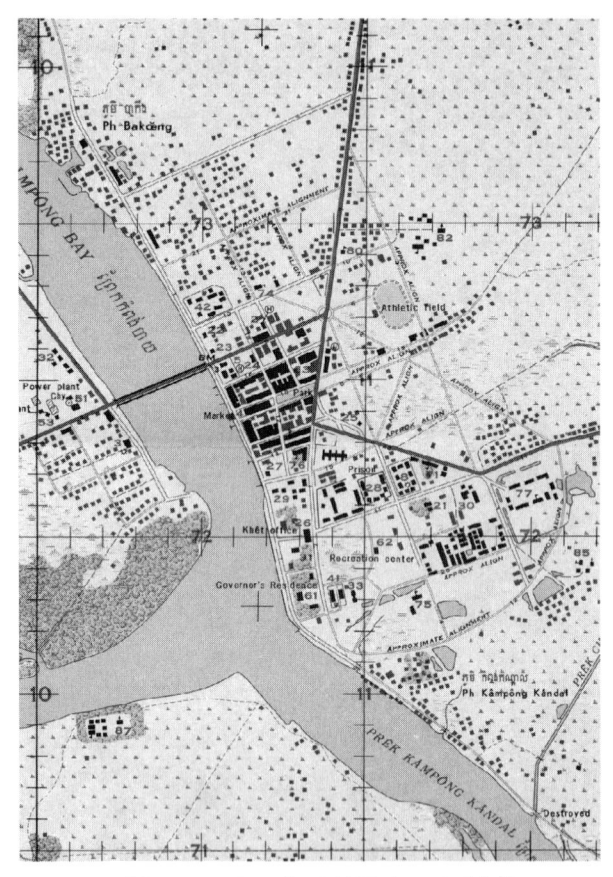

図1-1-15　カンポット地図（1960年代）[8]

3-3　カンポット

（1）概要

　カンボジア南部のカンポット州の州都である。コンポン・ベイ川の東岸に都市を形成している。1900年前後に都市の骨格が形成された。ショップハウスが建設されたのもこの頃である。1907年には水道や電気などのインフラ整備が開始され、この時期には都市の形状がほとんど完成していた。

　現在の国道5号線は1872年にはすでに建設され、プノンペン－カンポット間

1
近代都市計画の遺産

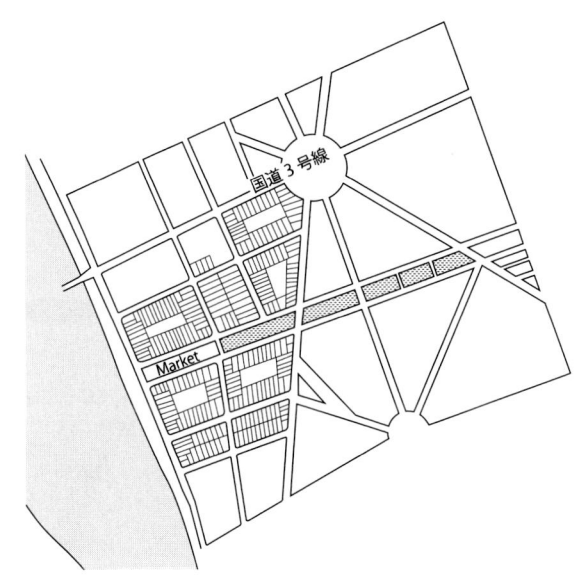

図1-1-14 カンポットの宅地割図

のアクセスとなっていた。またボコー山へのアクセスも整備されていた。都市の西に位置するボコー山にはフランス統治期にフランス人や国王のためのカジノやホテルなどの娯楽施設が建設されていた。
（2）都市空間構成
　都市の中央部にはフランス統治期に建設された市場が位置している。市場は川側に正面を向け、背後には緑地帯を形成している。市場と緑地帯が一つの軸線を形成しており、その南北にショップハウスが建ち並ぶ街区が配置される。9街区確認できる。うち背割型が3街区、囲み型が6街区であった。宅地割を見ると市場に正面を向けるように配置されているのが分かるが、必ずしも市場の存在が優越するわけではなく、川側ならびに中心部のロータリーに至る東側の街路も同様に尊重されているのが分かる。いずれにしても市場とショップハウス群が商業エリアを形成するとともに、華人居住区を形成していたと考えられる。
　公的施設が集積するのは南側のエリアである。役所、市長公邸、刑務所とと

第Ⅰ章
近代都市遺産の継承

もにプールを配するレクリエーションセンターも配置されている。レクリエーションセンターは必ずしも公的施設ではないが、近代施設の象徴の一つとしてこのエリアに建てられたと考えられる。

　他の２都市では緑地帯がゾーニングの境界の役割を果たしていたがカンポットでは異なる。また、都市軸が明確化されていないのも他都市との相違点である。カンポットでは、対岸をつなぐ橋とロータリーとのつなぐもう一つの軸線が存在するが、都市構成全体を見た時に市場の軸も橋の軸も必ずしも都市軸を

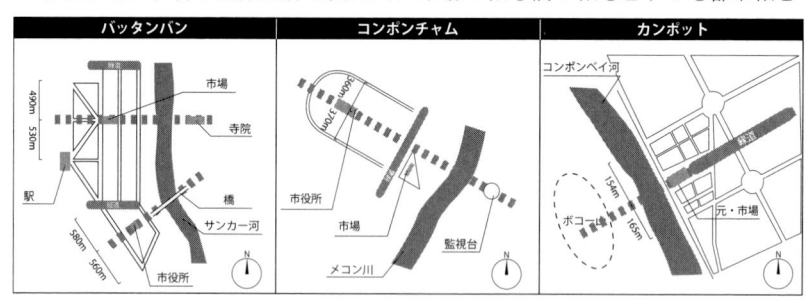

図1-1-16　各都市概略図

表1-1-1　各都市比較表

	バッタンバン	コンポンチャム	カン・ポット
都市の配置	サンカー川西岸	メコン川西岸	コンポンベイ川東岸
都市の核	北地域 市場 (1936年建設) 南地域 市役所 (シャム王朝)	西地域 市役所 (シャム王朝) 東地域 市場	市場 (1916年建設)
都市軸	市場 - 寺院 （シャム王朝以前） 市役所 - 橋梁	市役所 - 監視台 （フランス統治期）	市場 - ボコー山 （フランス統治期）
住み分け	行政区域：フランス人 商業区域：華人 外縁部：クメール人	商業区域：華人 外縁部：クメール人	商業区域：華人 外縁部：クメール人
市場の配置	北地域中央 (川沿い)	東地域中央 (川沿い)	都市中央 (川沿い)
間口優先方向	市場	市場	ボコー山方向
都市機能の境界線	緑道 (幅員32m)	緑道 (幅員37.5m)	緑道 (幅員53m) 街路 (幅員18m)

構成しているとはいいきれない。

4．現代に継承される近代都市計画

　首都プノンペンならびに3つの地方都市の都市形成・都市構成をもとに現代に継承されるべき点を整理すると以下の4点にまとめられる。
（1）フランス植民都市計画の手法は、都市軸・ビスタの形成、緑道の整備、グリッドパターンの街区形成、放射線状街路の形成、民族間の住み分け・ゾーニング、商業区域と行政区域の分化が挙げられる。
（2）フランス人・華人・クメール人間での住み分け（ゾーニング）が計画的に形成されたことが明らかとなった。フランス人居住区は行政区域周辺、華人居住区の中央には市場が配置されている。クメール人居住区は都市計画区域外に追い出される形となっている。居住区の境界線となるものは緑道が一般的である。
（3）都市軸・ビスタの形成によって都市演出が行われている。市場、寺院、駅、市役所が軸形成の拠点となる。プノンペンでは、寺院ワット・プノンや市場プサー・トゥメイや駅が拠点となっている。寺院・市場・駅が拠点となるのはバッタンバンも同様である。
（4）交易のルートとしての川との関係で都市立地が決定されている。川側に開かれるかたちで都市が形成されていった。山の存在もまた都市の構成を規定はしうる。

註
1）被爆都市広島は、原爆によって焦土と化したにもかかわらず、その後従前の都市構成を大きく変えずに復興が行われ、現在でも近世城下町の都市構成を見ることができる。原爆投下・被爆による断絶があったにもかかわらず、都市広島のオリジンである城下町都市計画が、相変わらず骨格として機能しつづけたのである。日本では多くの県庁所在地が近世城下町をそのオリジンとしてもち、多くの場合、城下町都市計画の骨格を現在に留めながら現在の都市が構成されている。
2）プノンペンから3km離れたエリアで開発されているカムコ・シティ Camko city のプロジェクト。プノンペン市役所の都市計画局が2003年に開発ゾーンとして承認している。2005年よりプロジェクトが動き始め2018年に完成予定。120haのエリアを対象とし、

第 I 章
近代都市遺産の継承

韓国の不動産投資による。 2018年まで段階別で商業エリア、公共エリア、居住エリアを整備する予定。不動産市場の低迷、韓国関連企業の不祥事などで実現が危ぶまれている。

3）以下の文献を参考に表を作成した。

Michel Igout, *Phnom Penh Then and Now*, White Lotus, 1993.

Vann Molyvann, *Modern Khmer Cities*, Reyum Publishing, 2003.

Kep Chuktema, Jean Pierre Caffer, *Phnom Penh à l'aube du xxie siecle*, Atelier parisien d'urbanisme, 2003.

Atelier parisien d'urbanisme, department des affaires internationales, Ministerè de la Culture, *Phnom Penh développement ruban et patrimoine*, 1997.

Milton Osborne, *Phnom Penh A Cultural History*, Oxford University Press, 2008.

4）記載の地図はいずれも以下の文献に掲載されている

Michel Igout, *Phnom Penh Then and Now*, White Lotus, 1993.

5）バッタンバンの情報については、バッタンバン市役所からの情報提供によっている。

6）バッタンバン市役所提供の写真。右端に見えるのがプサー・ナット。プサー・ナットから左に広がるのがショップハウス群である。プサー・ナットの西端から放射状に街路が延びているのが分かる。

7）1971年の情報は、テキサス大学オースチン校のペーリー・カスタネダ図書館地図コレクション所蔵のバッタンバンの地図（1971年）より作成。2011年の情報は現地調査による。

8）テキサス大学オースチン校のペーリー・カスタネダ図書館地図コレクション所蔵のカンポットの地図。作成年代は明らかでないが、地図上の記載より1960年代後半だと推定できる。

1
近代都市計画の遺産

第Ⅰ章
近代都市遺産の継承

2
都市施設の土着性

1．プノンペンの商業施設

　近年、プノンペンでは開発の急激な進展とともに、商業施設を中心に施設の近代化・現代化が進みつつある。2003年に中央市場プサー・トゥメイの南にプノンペン初のデパートであるソリア・ショッピングセンターがオープンしている。5階建てで、映画館やフードコート、スーパー・マーケットがあり、駐車場、エスカレーター・エレベーターも設置されている。当然のことながら、空調も完備されている。こうした商業施設は、空調だけでなく隅々までを明るく照らす人工照明等によって環境負荷が大きく、商品の価格も他の小規模小売店に比べ高くなりがちで、高所得者や中間層が顧客となる。
　今後、施設の近代化は広範に広がっていくと考えられるが、隣国タイやベトナムあるいは日本や韓国、アメリカやヨーロッパに見られると同様の建築が安

写真1　ソリア・ショッピングセンター

2 都市施設の土着性

易に流通するのを見過ごすべきではない。

本節では、土着的に育まれてきた都市施設の空間構成を明らかにすることを通して、都市施設の土着性を具体的に明らかにすることを目的とする。焦点をあてるのは、プノンペンでもっとも古くからある市場プサー・チャーである。

2．プサー・チャー

2-1 概要

プノンペン市内には2009年現在13の市場が存在する[1]。ここで対象とするプサー・チャーはクメール語で「古い市場」を意味する。設置時期は定かでないが、1922年発行の地籍図には既に記載されており、プノンペンでもっとも古くからある市場である[2]。プノンペンでもっとも早くから開発が進められたドンペン地区の中心部に位置する。他の市場が鉄筋コンクリート造のパーマネントな構造を伴っているのと異なり、仮設性の高い空間構成となっている。一つの大きな建物の中に店舗が入るのではなく、一つ一つの小規模な店舗の集合によって市場が形成されている点が大きな特徴である。

屋台や簡易な施設により構成される既存の市場は、ひととものとが混然一体と存在すると共に、周辺道路や隣接する街区ともつながりをもち、低容積ながらも都市に賑わいを与える要素として存続し続けている。

再開発が急激に進展する兆しを見せるプノンペンにおいて、建て替えがしば

写真2　プサー・チャーの全景

第Ⅰ章
近代都市遺産の継承

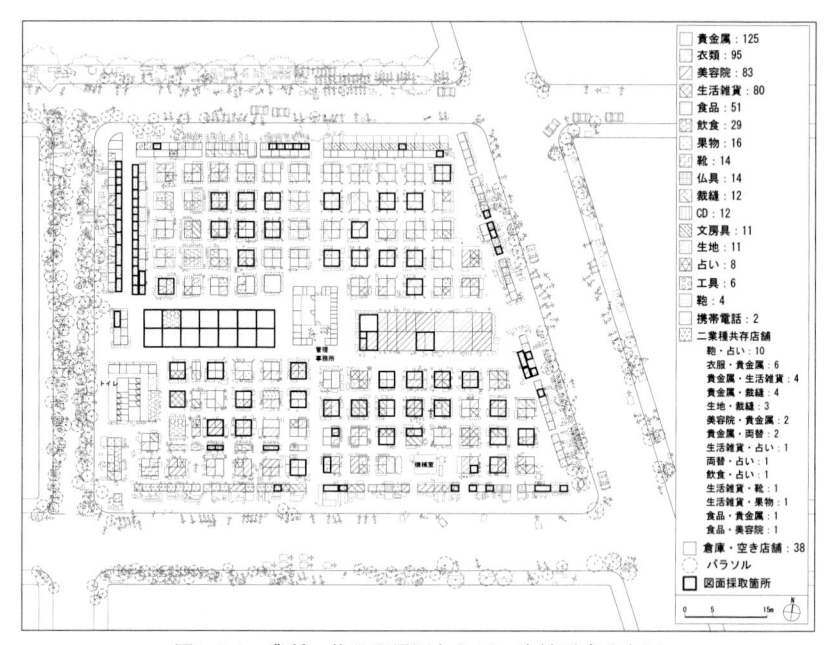

図1-2-1　業種・物品配置図ならびに店舗形式分布図

しば取りざたされるプサー・チャーを対象に、地域の人々の生活を支え賑わいの核として存在してきた市場の空間構成を明らかにすることは、今後の開発の計画指針を得る上でも意義あるものと考えることができる。

　店舗は、それぞれの業態にあわせて改造されている。販売・業務行為は、店舗内だけでなく通路も活用して行われている。そうした活発な空間利用は、施設内部に留まらず、施設の外周部分あるいは施設の外周道路でも見ることができる。プサー・チャーは、各店舗に見られる自立的な空間形成を明らかにする上でも、また賑わいの空間形成手法を明らかにする上でも興味深い対象といえる。

2-2　全体構成

　プサー・チャーは、南北70m、東西が北側70m、南側90m、面積約5600㎡の街区に形成されている。そのほとんどを店舗が占め、651店舗・17業種で構成される（図1-2-1）。店舗以外の施設としては、中心部に管理事務所が配置さ

2
都市施設の土着性

1.5m×1.5mの空間の中で1つの店舗が構成されている。飲食店の例。

店舗の中に商品を詰め込んで販売している。

日中は通路に人や物があふれ出し、賑わいを形成している。

営業時間が過ぎると、商品が店舗内に仕舞われ、シャッターが閉められる。

中央部に設置されている管理事務所。

通路で野菜を売っている様子。

写真3　プサー・チャーの内部空間

53

第Ⅰ章
近代都市遺産の継承

れ、南西部分にトイレが、南東部分に機械室が設けられている。

　管理事務所から北と南に抜ける通路は他の通路よりも幅が広く３ｍの幅員をもつ。他は概ね２ｍ前後の幅員である。通路はグリッド状に計画されており、店舗も整然とした配置が基本となっている。

　プサー・チャーの店舗には、Ａタイプ〜Ｃタイプの３つの店舗形態が確認で

写真4　各店舗の様子（左：Ａタイプ、中央：Ｂタイプ、右：Ｃタイプ）

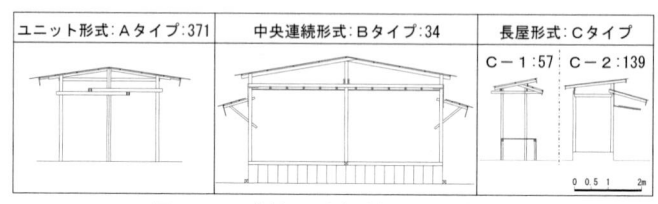

図1-2-2　店舗の形式（数値は店舗数）

表1-2-1　Ａタイプの業種別店舗空間の使い方

業種	店舗数	売り子の行為	客との関係	高床	設備	陳列方法
衣類	93	販売	一体:80 分離:13	○:70 ×:23	台、棚、ハンガー、マネキン	重ねる、吊るす
生活雑貨	66	販売	一体:43 分離:23	○:43 ×:23	台、棚	並べる
美容院	64	作業	一体	×	洗髪台、美容椅子、棚、鏡、ショーケース	―
貴金属	40	販売	分離	○:29 ×:11	ショーケース	置く
飲食	29	作業	分離	×	カウンター、棚、コンロ、バケツ	並べる
靴	13	販売	一体	○:11 ×:2	棚、椅子	掛ける
裁縫	12	作業	―	×	ミシン台	―
生地	11	販売	分離	○:8 ×:3	台、棚	重ねる、吊るす
占い	4	作業	一体	○	椅子	―
食品	3	販売	分離	○:1 ×:2	台	並べる
果物	1	販売	分離	×	発砲スチロール	並べる

都市施設の土着性

きた（図1-2-2）。

　Aタイプは、1.5m×1.5mの規模の店舗が田の字型に4つ配置される形式である。3m×3mが1つのユニットを形成する。Bタイプは、管理事務所の東西にそれぞれ1棟ずつ配置された6m×21mの覆い屋を、3m×3mの規模で分割して店舗として活用する形式である。Cタイプは、小規模店舗が横に連続する形式で、奥行き1.1～1.2m、横幅21m～40mの細長い建物を幅1.4～1.5mごとに分割して店舗群として活用する形式である。背面を壁で仕切るタイプと、後背部への拡張利用な可能なタイプとを分け、C-1、C-2とした。

　中央に管理事務所を設けられ、その左右（東西）にBタイプの店舗が配置されている。街区の外周はCタイプの店舗で囲まれる。市場の主要な部分はAタイプの店舗で構成されている。周辺道路も販売空間として活用される。特に、西側道路は店舗で埋め尽くされている。日よけのためのパラソルを立て商品を並べ販売空間を形成している。

　業種の分布には特徴が見られる。店舗数でいうと、貴金属（19%）、衣類（15%）、美容院（13%）、生活雑貨（12%）、生鮮食品（8%）を扱う店舗が目立って多い。生鮮食品は北西角に、衣類は北東部分に、貴金属は中央西側に、美容院は中央東側ならびに南側に配置されるなど、同業種が集まって店舗が営まれている。

2-3　管理方法

　管理事務所は1981年に設けられ、プノンペン市役所が管理を行っている。管理事務所には休業日はないが、個々の店舗ではそれぞれ独自に休業日を設定している[3]。

　多くの店舗が、それぞれの業態にあわせて改装されているが、改造・改装は管理事務所に許可を得てから行われる。店舗から通路にあふれ出して商品を設置している例を多数見ることができるが、これは周辺の理解のもとに許可されている。西側道路にパラソルを立て営業している店舗ならびに周辺道路で営業を行っている店舗も、管理事務所の許可のもとに営業を行っている。

第I章
近代都市遺産の継承

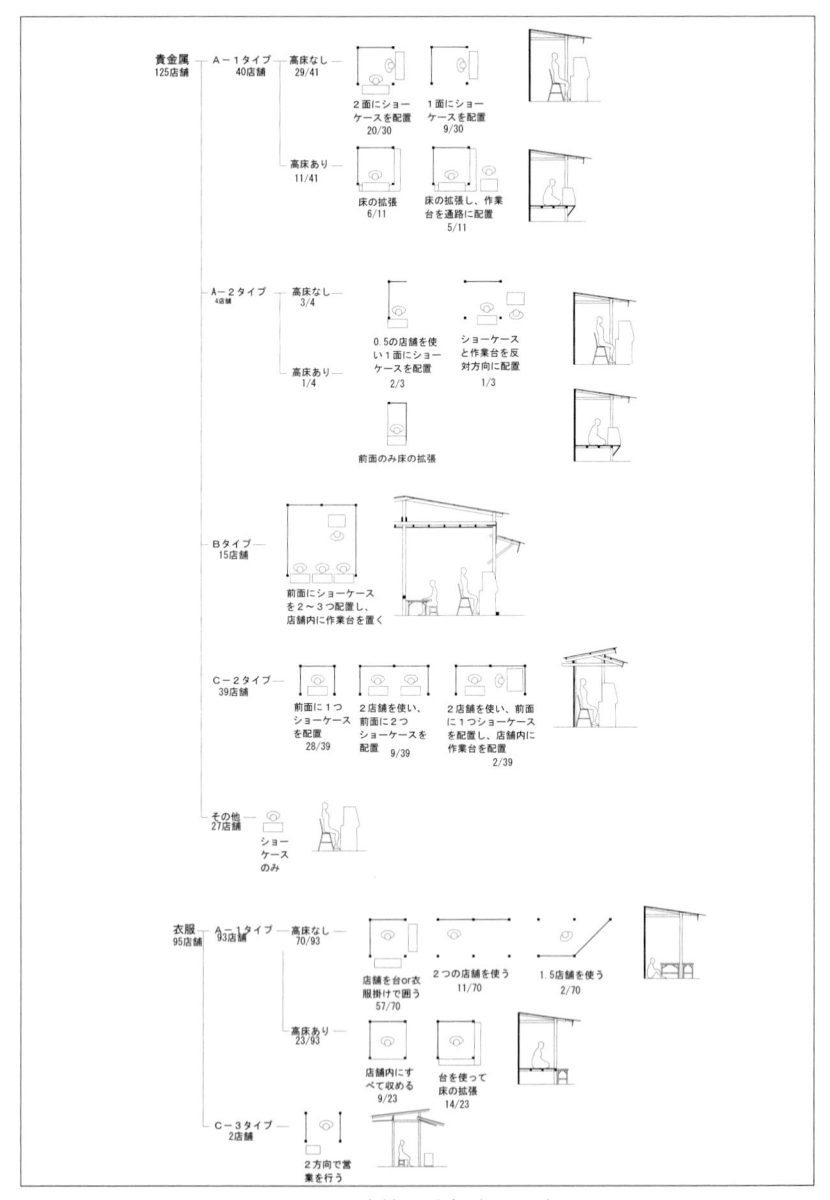

図1-2-3 店舗の形式（その1）

2
都市施設の土着性

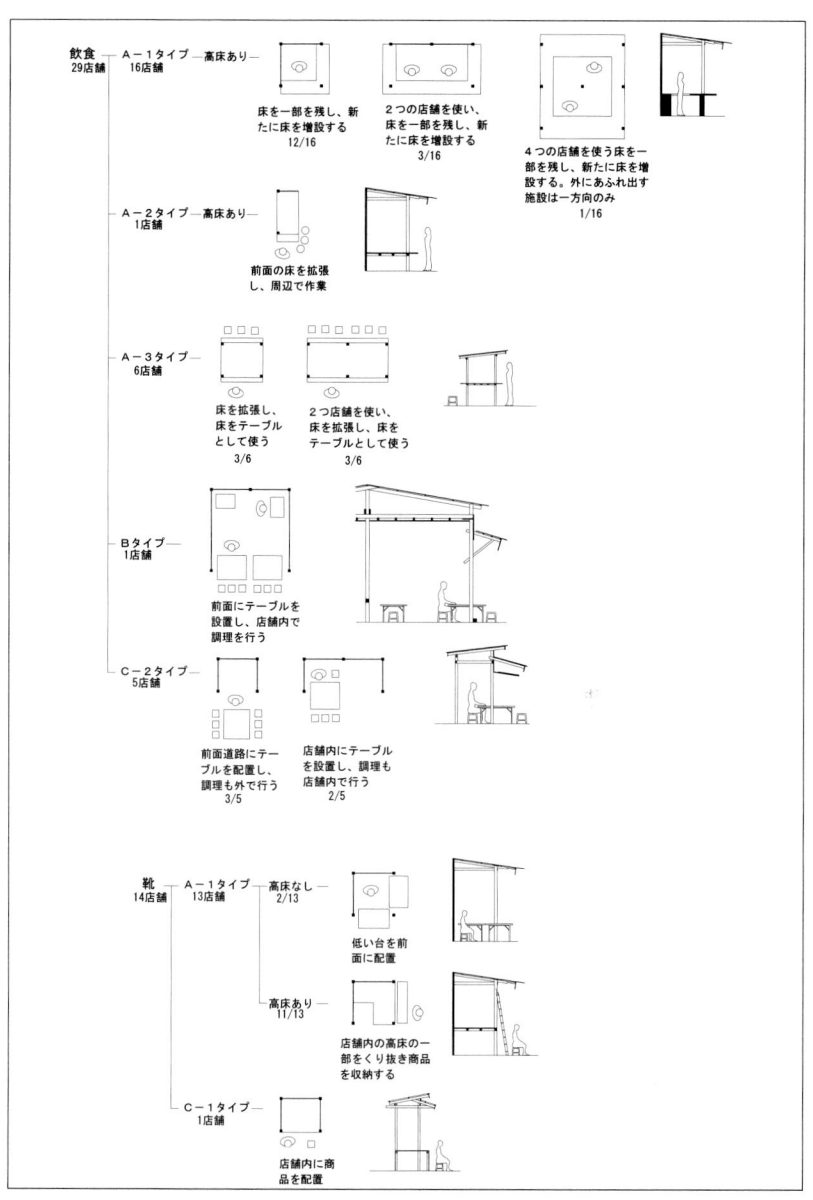

図1-2-4　店舗の形式（その2）

57

第Ⅰ章
近代都市遺産の継承

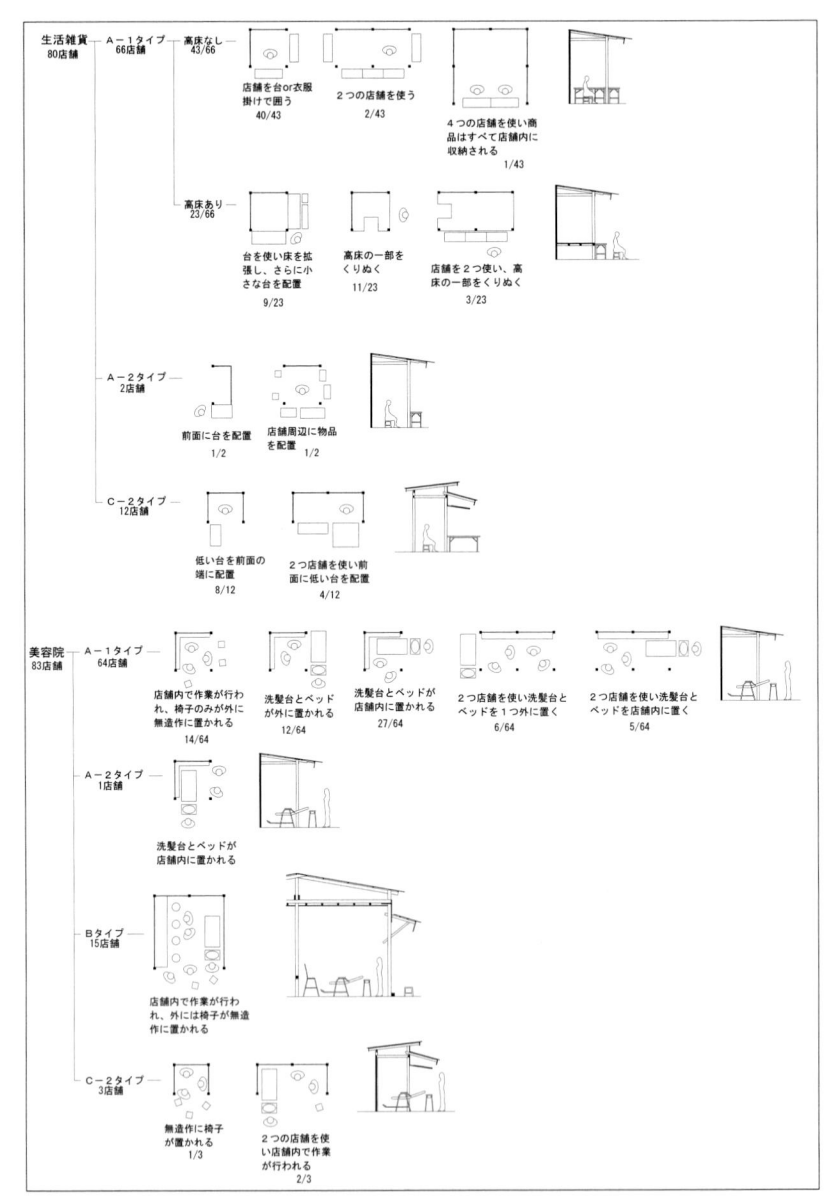

図1-2-5　店舗の形式（その3）

2
都市施設の土着性

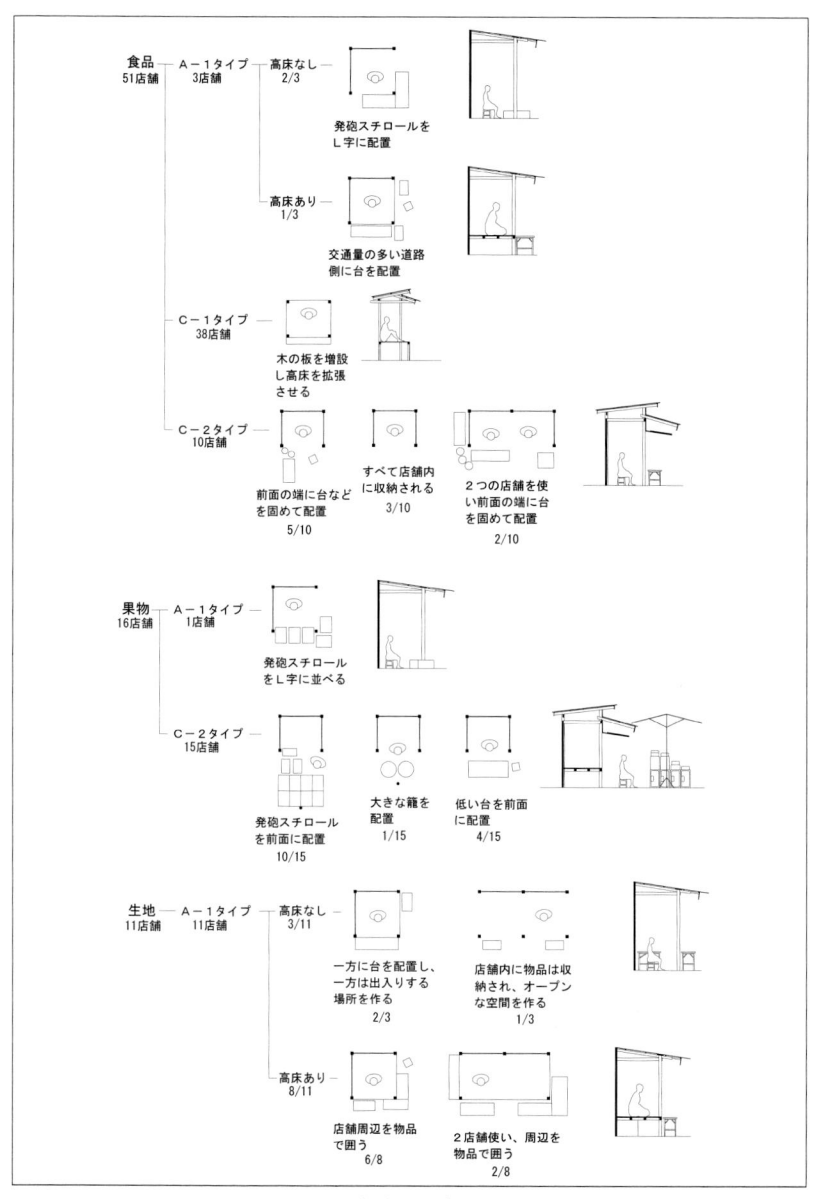

図1-2-6 店舗の形式（その4）

第I章
近代都市遺産の継承

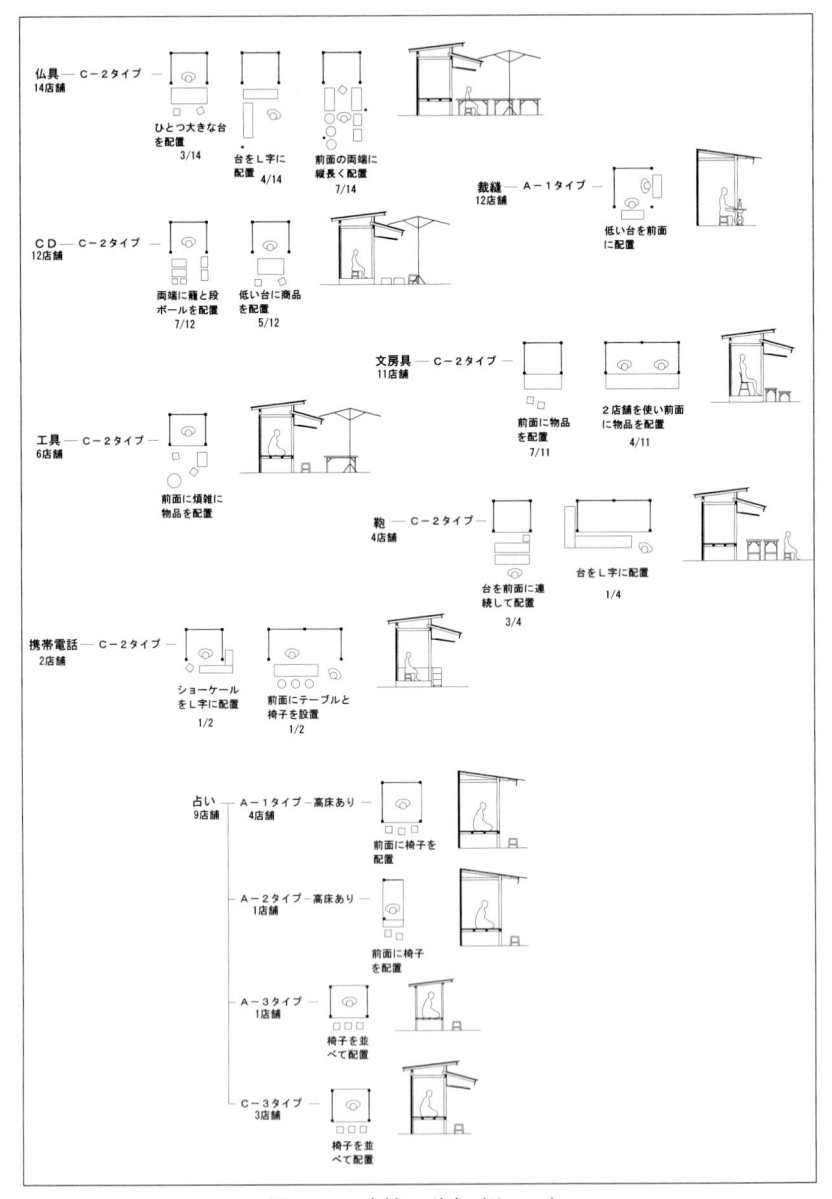

図1-2-7 店舗の形式（その5）

3．市場の空間形成手法

3-1　店舗空間の空間構成

上述したA～Cのタイプの中でもっとも数が多く、プサー・チャーの主要部分に位置し、なおかつプサー・チャーを特徴づけるAタイプの店舗について、その店舗空間の空間構成について考察を行う。

（1）店舗の規模

Aタイプの店舗は、1.5m×1.5mの規模を基本とし店舗が構成されているが、中には、隣接する店舗を統合するなどして、拡張している店舗も見られる。全371件のうち、隣接する店舗を統合し、1.5m×3mの規模をもつ店舗が33件、4分割されていた3m×3mのユニットすべてを統合し活用している店舗が2件見られた。前者33件は、衣料11件、美容院11件、雑貨5件、飲食3件、生地3件であった。後者は飲食1件、雑貨1件であった。いずれも全体からすれば大きな割合ではなく、業種にかかわらず1.5m×1.5mの規模が順守されているのが分かる。

（2）店舗空間の実態

各店舗は、1.5m×1.5mの均一な空間を活用して営業されている。図1-2-3から図1-2-7より業種ごとに店舗の平面・断面構成が分かる。

Aタイプの店舗は、衣服（93件）、美容院（64件）、生活雑貨（60件）、貴金属（40件）に多い。数は少ないが、飲食（16件）、靴（13件）、裁縫（12件）、生地（11件）はすべてあるいはその多くがAタイプの形式をとる。物品を持ち込んだり、高床を設けるなどして、それぞれの空間構成は多様であるが、いくつかの特徴が見られる。

台あるいは店舗内に増設された高床を利用して商品の陳列を行うケースが多くみられる。衣服、靴、生活雑貨、生地の店舗がこのケースに当てはまる。高さ60～100cmのレベルが陳列のスペースとして活用される。靴、生活雑貨の店舗では、商品を吊るす・立て掛けるといった陳列方法が見られた。店員が店舗内に座りその前面あるいは周囲の商品を販売するケースと、店員は店舗外に座り、店舗内に陳列された商品を販売するケースがある。靴、生活雑貨の店舗では、店舗外に店員がいる例が見られた。

第Ⅰ章
近代都市遺産の継承

貴金属：125	衣類：95
あふれ出し物品：ショーケース、修理工具	あふれ出し物品：椅子、マネキン、衣類
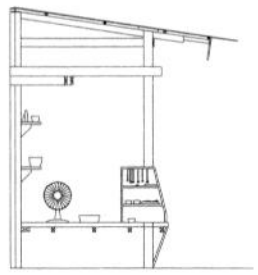 指輪、ネックレスなどの商品をショーケースの中に陳列させている。貴金属は客と目線の高さを合わせるために様々な工夫がされているが左図の例では高床にして高さを設けている。	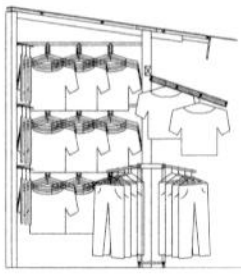 店舗内の壁、梁、扉に釘を打ち、衣類をかけてある。あふれ出しは少ない。改装をしている店舗が多く、内壁を舗装してあったり床がタイル張りになっていたりする店舗が多い。売り子は店舗内に座っていることが多い。
美容院：83	生活雑貨：80
あふれ出し物品：椅子、ショーケース、バケツ、洗面台	あふれ出し物品：椅子、ショーケース、商品、台
 美容院は床にタイルをはり、はだしで歩く。壁には大きな鏡がはられている。棚には、ドライヤーやシャンプーなどが置いてあり、店舗の周りには若い人が集まっており、賑わいがあるところもあれば、寝ている売り子もいる。	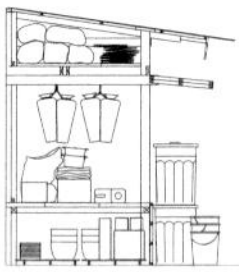 多種の商品が店舗内を埋め尽くし、通路に台を置き商品を陳列している。店舗内に売り子のスペースを設けず、通路に椅子を置き座っている店舗や店舗内に売り子のスペースを設けているが、狭いため外に出ている店舗もある。
飲食：29	靴：14
あふれ出し物品：商品、台、椅子	あふれ出し物品：商品、台、椅子
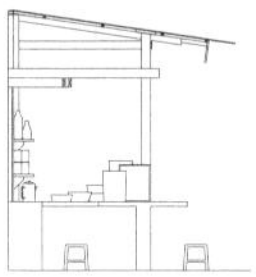 カウンターが躯体に設けられていることが特徴的である。売り子は店舗内で調理し、壁には調味料などを並べる棚が設置されている。店舗周辺にはたくさんの椅子が並べられていたり、食器を洗っている売り子がいたりする。	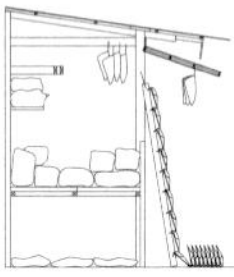 靴を展示する棚を柱にたて掛けている。このような棚を使っているのは靴のみである。店舗内の床の上や、上には袋に入った靴が積まれており、床下は商品を渡す袋がある。売り子は外で椅子に座り営業を行っている。
裁縫：12	生地：11
あふれ出し物品：椅子、ミシン台、机、バケツ	あふれ出し物品：椅子、商品、台
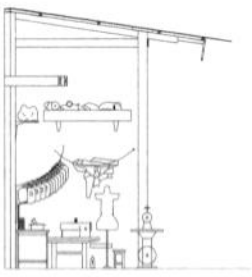 何台かのミシン台があり、2～3名の売り子が作業を行っている。店舗内は比較的高い位置に棚が設けられており、生地などが置かれている。また周辺にはゴミを捨てるバケツなどが置かれている。	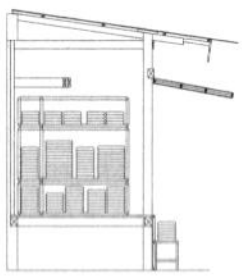 高さのある台を外に出し、台と床に商品を置いている。店舗内は棚やショーケースに布を陳列させ、梁や店舗内に設置された棒などに布を吊るしている。あふれ出しは商品を置く台のみで床高さと同じぐらいなので比較的少ない。
占い：8	食品：51
あふれ出し物品：椅子	あふれ出し物品：商品
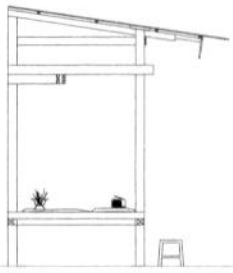 17業種の中で最も簡易に営業空間を生み出している。店舗内は何もなく、布や御座を敷いているだけである。周辺には客を座らせる椅子が2～3つ配置させている。	 肉は床の上にゴザを敷いて商品を陳列。定員は床に座って、作業を行っている。あふれ出しはほとんどない。野菜・調味料は床の上に商品を隙間なく陳列し定員は外に立っている。肉と同じくあふれ出しはほとんどない。

図1-2-8　業種ごとの店舗構成（その1）

2 都市施設の土着性

文房具：11	CD：12
あふれ出し物品：椅子、商品、台	あふれ出し物品：籠、商品、段ボール
店舗内は棚が設けられ、本が並ぶ。売り子はイスに座って営業を行っている。客と目線の高さを合わせるため、椅子は比較的高くしている。棚を設置して商品を陳列してある。あふれ出しは商品を置く台しかなく、椅子はない。	店舗内には棚が設置されてあり、椅子を置くスペースを除いて、ほとんど商品で埋め尽くされている。床はタイル張りになっている。扉にラジオを吊したり、籠や段ボールの中に陳列させていたりしている。
鞄：4	携帯電話：2
あふれ出し物品：椅子、商品、台	あふれ出し物品：椅子、ショーケース
店舗内は収納スペースとして使っており、基本的には前面に商品を陳列させて営業を行う。売り子は陳列させた商品のさらに前に座って営業を行っている。また躯体に棒をさして商品を吊して陳列させる。	ショーケースで店舗を囲って売り子は店舗内に座って営業を行っている。店舗内にもショーケースの棚を設けている。また屋根の上には看板が設けられ、看板を照らす照明まで設けられている。
果物：16	仏具：14
あふれ出し物品：椅子、商品、箱、パラソル	あふれ出し物品：椅子、商品、バケツ、棚、パラソル
カゴを台代わりにして果物を壇上に陳列している。売り子は高いイスに座って営業している。店舗内は果物が入った段ボールが積み上げられている。店舗の拡張の仕方に特徴があり、パラソルと屋根をゴザを使って結んでいる。	台に花の入ったバケツをにおいて、あふれ出しのみで営業する。店舗内は倉庫として使っており、壇上の台を設けて仏具を飾っている。屋根に棒を差して棒やパラソルに商品を吊るしている。
工具：6	二業種共存店舗（鞄・占い）：10
あふれ出し物品：椅子、商品、台、パラソル	あふれ出し物品：椅子、商品、台
あふれ出しは高めの台の上に工具類。梁に棒を吊るし、商品を吊るしてある。比較的あふれ出しは多い。店舗内は棚を設けており、工具類を収納している。外周の店舗では珍しく高床になっており、その上に椅子を置いて営業する。	店舗内にあった鞄をすべて外に出し、低い台の上に鞄を置いて、パラソル立てたり棒を差したりして外で営業を展開する。空いた店舗内で占いが営業を行う。鞄は道路側に営業し占いは敷地内部側に営業を行う。

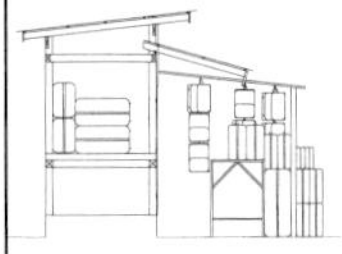

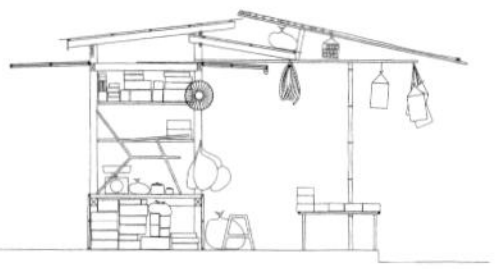

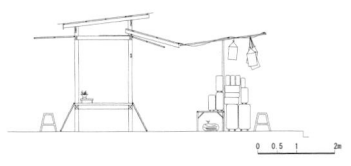

図1-2-9　業種ごとの店舗構成（その２）

63

また、高床を設けず、1.5m×1.5mの空間を作業空間として活用するケースもある。美容院、裁縫の店舗がこれに該当する。前者では洗髪台と美容椅子を配置することで作業スペースを形成する。後者ではミシンを2台程度設置し作業スペースを形成する。
　貴金属の店舗では、ショーケースを設置し対面式で販売を行う。上記の陳列のケースと異なるのは、売り手と買い手の空間がショーケースによって分離される点である。高床が設けられるケースとそうでないケースがある。また、飲食店は周りをカウンターで囲い、カウンター内で調理をするとともに、カウンターで客に食事をしてもらう形式をとる。カウンター内は作業空間として機能し、店員と客とはカウンターで空間的に分離される。

（3）店舗の空間構成
　Aタイプの店舗をもつ業種ごとに整理した（図1-2-8、図1-2-9）。
　もともとの躯体はいずれも同じであり、後の改造により高床を設けているか設けていないかのみが躯体上の違いである。店舗数が10以上のものでいえば、美容院、飲食店、裁縫店はすべて高床が設けられていない。いずれも作業の場として店舗が活用されるが、美容院、飲食店は店員が立って動き回るため高床が必要とされず、裁縫店はミシン台で占められるため高床が必要とされない。その他の業種では、高床が設けられるケースとそうでないケースがあり、店主の嗜好によるものだと考えられる。
　店舗空間は、それぞれの業種に必要な設備・備品の配置によって形成される。代表的なものとしては、飲食店ではカウンター、貴金属の店舗ではショーケース、美容院では洗髪台や美容椅子、裁縫の店舗ではミシンの設置によって店舗空間が形成される。
　空間の使われ方は作業と販売に分けられ、販売の場合には、商品は吊るす、立て掛ける、置く、重ねる、並べるといった陳列方法をとる。客が店舗内に足を踏み入れるケースはほとんどなく、美容院のみがすべての店舗で店舗内に客のスペースが確保される。その他の業種では、客は原則として店舗に入ることなく、通路から店員とやりとりすることになる。店舗は、陳列と収納の場として機能し、店員の手を介して商品は客にわたる。以上のように設備・備品や店員の居場所によって、店員と客との関係が分離されるケースとそうでないケー

2
都市施設の土着性

衣服	靴
生活雑貨	生地
美容院	裁縫
貴金属	飲食

写真5　店舗の種類

65

第Ⅰ章
近代都市遺産の継承

スがある。貴金属の店舗や飲食店が分離の代表的な例である。

3-2　店舗・通路の空間利用

　プサー・チャーでは、多くの物や行為は店舗内だけに収まることなく、店舗と店舗の間の空間、通路空間にあふれ出している。活発な利用が行われていると考えられるエリアの中から3か所を選び、その利用実態の分析を行う。

　ケース1は、南東ブロックの一角で、美容院と生活雑貨店が混在するエリアである。生活雑貨店では、商品陳列用の台と店員が腰掛ける椅子が通路にあふれ出している。美容院では、洗髪台と美容椅子ならびに店員あるいは客がネイルアート等の際に腰掛ける椅子があふれ出している。閉店している店舗前面にバイクが置かれている例が一件見られた。通路で見られる行為としては、ネイルアートの作業や店舗の店番、向かいの店舗あるいは近くの店舗の人々との会話やトランプゲームが挙げられる。

　ケース2は、裁縫と生地の店舗が主に混在するエリアである。裁縫の店舗では、裁縫作業のためのミシンが一部通路に設置されるとともに、客との打ち合わせ等に使われる椅子が置かれている。生地の店舗では、商品陳列用の台が通路に設置される。閉店している店舗の前には、使われていない台やバイクが置かれている。生地を販売する際、店員は店舗内に居場所を形成するだけなく、店舗内すべてを陳列空間とし、店員は通路に居場所を設けるケースも見られる。通りを挟んで向かいあう店員どうしが会話している例も見られる。

　ケース3は、南西ブロックの一角で、美容院と飲食店を中心としながら、占いと衣料の店舗が1店舗ずつ存在するエリアである。飲食店が一列に並んでいる。南側の通路は調理スペースとして使われている。北側の通路には椅子が並べられ、食事の場となっている。

（1）通路の空間利用

　いずれの事例からも、通路の活発な利用が窺えるが、通路空間へのあふれ出し物品を整理すると、主なものとして椅子（100件）、商品（71件）、作業備品（67件）の3種類あることが分かる（表1-2-2）。店員が店番の際に座る椅子、飲食店の来客用の椅子、美容院で爪の手入れをする際に使用される椅子が、通路にあふれ出している。いずれも居場所形成のためのものである。商品

2 都市施設の土着性

Case 1

店舗内では収まらないので、周辺も使って作業を行う

周辺に物品を置かない店舗が集まっているためオープンスペースのような空間になっている

販売を行う
ネイルアートを行う
販売を行う
会話する
ボーっとしている

髪を染める
会話する
髪を染める
店舗周辺で営業
ネイルアートを行う
店舗周辺で営業
会話する
ボーっとしている
ボーっとしている

対角線上に営業を行うことで面的な営業空間が生まれる

周辺の売り子が集まって娯楽をして楽しんでいる

営業方向に対しては小さな物品を置き、店舗の中が見えるようにしている

トランプをしている

図1-2-10　店舗・通路の空間利用（ケース１）

67

第Ⅰ章
近代都市遺産の継承

Case 2

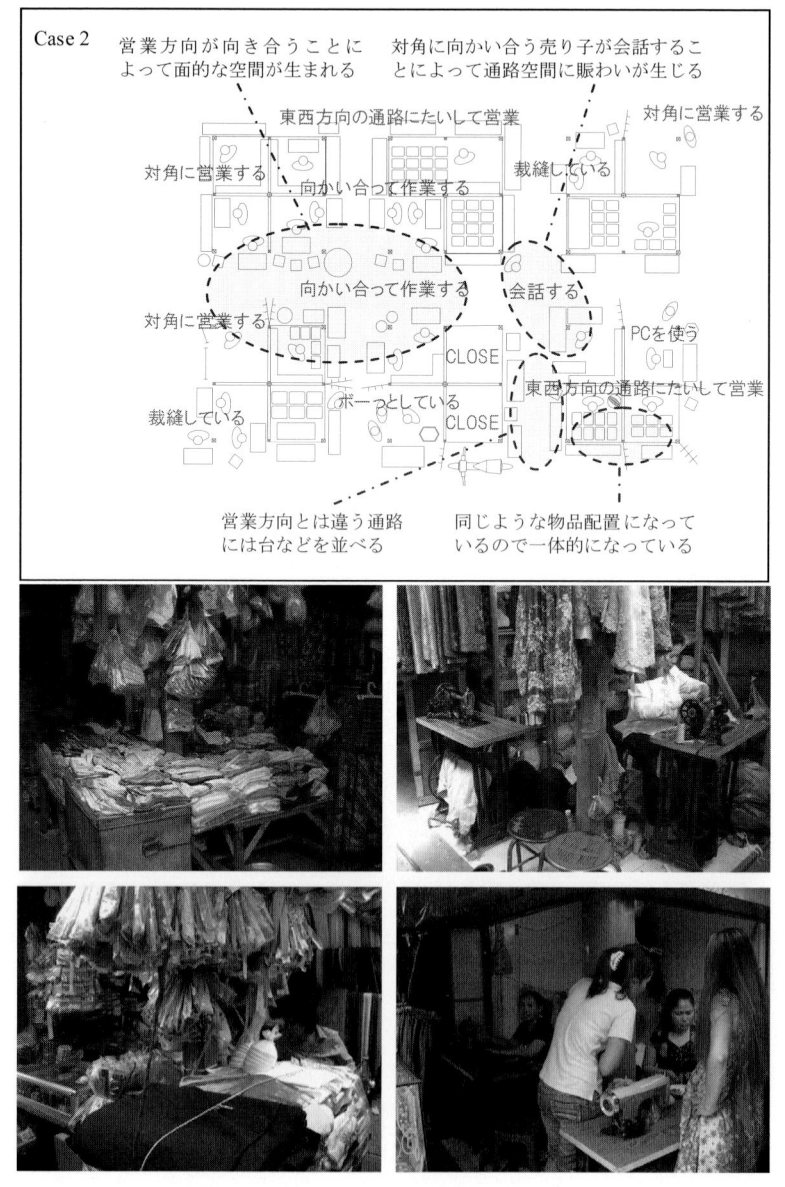

営業方向が向き合うことによって面的な空間が生まれる

対角に向かい合う売り子が会話することによって通路空間に賑わいが生じる

東西方向の通路にたいして営業

対角に営業する

対角に営業する

向かい合って作業する

裁縫している

向かい合って作業する

会話する

対角に営業する

PCを使う

裁縫している

ボーっとしている

CLOSE

東西方向の通路にたいして営業

CLOSE

営業方向とは違う通路には台などを並べる

同じような物品配置になっているので一体的になっている

図1-2-11　店舗・通路の空間利用（ケース2）

2 都市施設の土着性

図1-2-12 店舗・通路の空間利用（ケース3）

69

第Ⅰ章
近代都市遺産の継承

表1-2-2　通路空間の物品数

	椅子	台	ショーケース	洗髪台	美容椅子	美容器具	バケツ	マネキン	ミシン台	鍋	バイク
Case 1	28	15	12	4	3	2	2	0	0	0	1
Case 2	14	26	1	0	0	0	0	4	9	0	1
Case 3	58	3	9	9	10	3	22	1	0	3	0

が陳列される台や、貴金属や生活雑貨が入ったショーケース、衣類の展示用のマネキンは、商品に該当する。洗髪台・美容椅子・美容器具、バケツ・鍋、ミシン台は作業備品に位置づけられる。その他として通勤に使用するバイクが2件確認された。

　関連して通路で行われる人々の行為を整理すると、通行、作業、会話、遊び、店番、休憩の6種類があることが分かる。ミシンや美容椅子が配置され、裁縫作業や理髪作業が通路で行われたり、飲食店では調理の場として通路が機能する。また通路を介して向かい合う店の店員どうしのコミュニケーションの場となったり、近くの店舗の人々が集まって談笑する場となっている。通路でトランプをしている様子も観察された。店番のため通路に椅子を置いて客を待ったり、ぼーっとする姿も見ることができた。これら6種類の行為は、通行、業務、生活の3つに分けることができる。業務には、作業と店番、生活には、会話、遊び、休憩が該当する。

　通路は、多くの物品があふれ出す場であるとともに、多くの行為が行われる場でもあることが分かる。1.5m×1.5mという狭小な店舗ではまかない切れない行為や物品を受容する場として通路が機能している。

　（2）店舗の空間利用　生活空間としての店舗

　店舗は業務空間としてではなく、ケース1〜3の調査から店舗空間もまた生活空間としての役割を果たしていることが分かる。会話、食事、就寝、遊びの場として店舗が使われる。食事は、プサー・チャー内の飲食店から店舗に届けられ、食事後は食器を通路脇に置いておけば回収される仕組みになっている。また美容院の美容椅子で昼寝をするケースや、店舗内にハンモックをぶら下げ、そこで昼寝をするケースも見られた。

70

2 都市施設の土着性

3-3 市場と街区の相互関係

　プサー・チャーは、市場の内部だけで施設が完結するのではなく、市場外周を巡る歩道の活発な利用ならびに西側道路の市場空間への転用などを通じて、街区と密接な関係を築いている。

（1）市場外周部分の空間利用（表1-2-3、図1-2-13）

　市場の外周にはCタイプの店舗が軒を連ねる。店舗面積が狭小な上、前面に幅員2m〜4mの歩道が設けられているため、歩道への商品のあふれ出しが多く見られる。車道に面する北・東・南側の外周箇所には、105件の店舗（うち3件は閉店）がある。件数の多い業種は、果物（15件）、仏具（14件）、CD（13件）、文具（12件）である。それぞれ業種ごとに固まって配置されている。

　Cタイプの店舗空間の利用内容を整理すると、収納、陳列、転用、販売の4つに分けることができる。売り子の居場所によって2つに分けられる。売り子が店舗外にいるケースが、収納、陳列、転用、売り子が店舗内にいるケースが販売である。

　外周部分でもっとも店舗数の多い果物店は、収納に位置づけられる。歩道上に、段ボールや発泡スチロールのケースで120cm〜180cmの台をひな壇状につくり、種類ごとに分けられた果物を山に盛って道ゆく人々に対して陳列している。売り子は、陳列された果物の前面、歩道上に座って店番をする。この際、Cタイプの構造体は、ひな壇状の果物によって遮られ、道ゆく人々からは見えない。果物の収納ケースを収納するスペースとして使われている。

　Cタイプの構造体を陳列スペースとして活用するもので代表的なのが、仏具店である。前面には、供え物である花がバケツ等に盛られて配置され、奥に進

写真6　外周部分にある店舗

第Ⅰ章
近代都市遺産の継承

表1-2-3　Ｃタイプの業種別店舗空間の使い方

使い方	業種			
収納	果物:15	鞄:3		
陳列	仏具:11	工具:5		
転用	2業種共存:17			
販売(open)	CD:13	仏具:3	占い:2	衣服:2
販売(close)	文房具:12	貴金属:10	生活雑貨:7	携帯電話:2

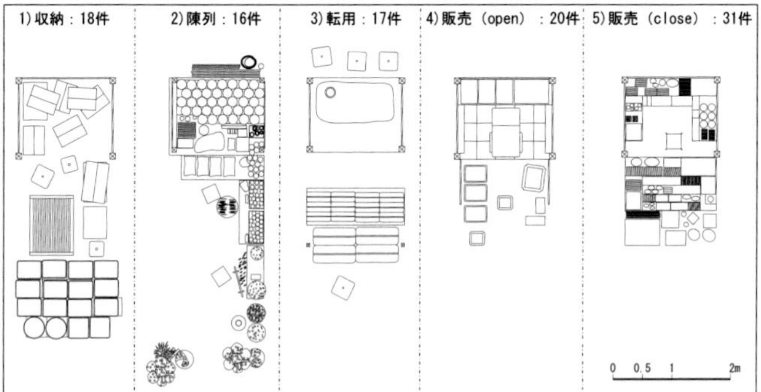

1)収納:18件　店舗内をすべて倉庫として活用し、通路空間は檀上に物品を配置し営業を行う。

2)陳列:16件　店舗内を展示空間として使用しているため、通路空間にあふれ出す物品は端に配置される。

3)転用:17件　店舗内の物品をすべて通路空間に配置し、営業することで、店舗内は別の業種が活用する。

4)販売(open):20件　店舗内の壁に商品を並べ、通路空間には店舗内の商品も見えるように、商品の入った低い籠を並べる。

5)販売(close):31件　店舗内の壁に商品を並べ、あふれ出した商品は奥行きを出さないよう檀上に配置する。

図1-2-13　Ｃタイプの店舗空間の使い方の類型

表1-2-4　店舗を構成する備品（単位：件）

商品種別	籠	発砲スチロール	台	ステンレスの板	合計
野菜	7	12	1		20
果物	6	13	1		20
肉	1		7	1	9
鮮魚	4			7	11
魚(干)	1		1		2
飲料			2		2
生活雑貨			2		2
その他の食品	6		2		8
その他			3		3
合計	25	25	19	8	77

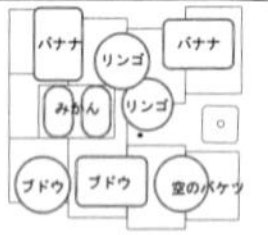

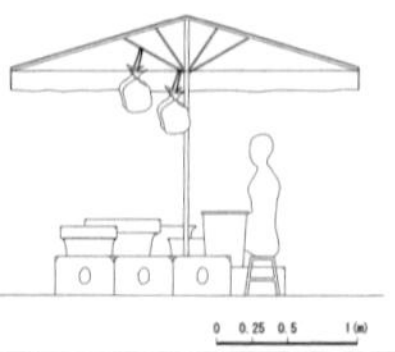

図1-2-14　果物の店舗事例

むと、店舗内に様々な仏具が陳列されている。売り子は、展示された仏具の前面スペースに座り、店番をする。

　2業種で店舗を共有するケースに該当するのが転用である。鞄販売と占いとが店舗を共有するケースがもっとも多く10件見られる。閉店時は、商品である鞄や占いのための備品が店舗内に収納されているが、開店時には、店舗自体は、市場内の通路に向け占い店として機能する。外周部分は、歩道上に鞄が配置され鞄屋となる。

　その他、文具店やCD販売店などは、販売の事例になる。他事例と同じように歩道部分へのあふれ出しが見られるが、店舗内に売り子がおり、売り子の移動範囲も広くないため、あふれ出しも小さい。店舗は販売のための場として機能している。販売のケースは2つに細分化され、文具店のように前面に商品を積み上げ売り子の移動範囲を店舗内だけに限定するケースと、店舗外への移動経路を確保しながら、前面の商品でゆるやかに店舗内と外部をつなぐケースが見られる。

（2）西側道路の空間利用（表1-2-4、図1-2-14）

　西側道路は、もともと市場の外周道路であるが、市役所の許可のもと自動車の通行を止めて、主に生鮮食品の売り場として機能している。長さ70m、幅員7.3mの道路を販売空間として使いかえている。現地調査によって77店舗存在することが分かった。それぞれ台やパラソルを用いて販売空間を形成している。鮮魚、精肉、野菜、果物といった生鮮食品が77店舗中60店舗で扱われている。その他の食品を扱う店舗が12店舗、生活雑貨を扱う店舗が5店舗見られた。車道中央が買い物客の通路となっており、車道の両側3m程度が販売空間とされている。店舗の前後の重複などを考えずに、単純計算すれば、1.84mに1店舗の割合で店舗が配置されていることになる。

　店舗は、小規模なものでは、直径2mのパラソルの下に、鮮魚や野菜の並べられた直径30cmの籠を1つ地面に置き、高さ5cmの木製の椅子に売り子が腰掛け営業するものから、発砲スチロールの箱やプラスチックの箱、木製の露台や椅子やバケツで土台をつくり、70cmの高さに発泡スチロールの箱を3m×4.5mの規模に並べ、大きな布を対角線上に立てたパラソルに結び営業を行う大規模なものまで様々である。

第Ⅰ章
近代都市遺産の継承

写真7　西側道路にある店舗

　パラソルと商品と椅子で売り場を形成する形式はいずれも同じであるが、商品を設置するための設えに着目すると、4つあることが分かる。籠、ステンレスケース、台、発泡スチロールである。
　精肉の店舗では、台の上にござを敷き、その上に並べて販売する。売り子は台の上に乗り、座って作業をしながら販売するケースが多い。鮮魚は、ステンレスのケースか、籠に入れて扱われる。ステンレスのケースは90cm×120cm程度のものが一般的で、下に椅子やバケツなどを置き、50cm程度高さを確保する。籠が用いられるのは扱う商品が少ない場合が多く、直接地面に籠を置き販売している。果物の販売の際には、発砲スチロールが用いられるのが一般的である。一つのケースに1種類の果物を入れ販売される。果物を扱う店舗では、1種類のみの果物を扱うケースはまれで、数多く並べられた発砲スチロールのケースに多種の果物が並べられる。野菜は籠に入れられ直に地面に置かれ販売されるか、発泡スチロールのケースに種類ごとに並べられ販売される。
　籠1つ分の商品だけで店舗の営業が可能であり、小規模な投資でも店を始めることが可能なことが分かる。店舗の設備は、いずれも簡易なものであり、籠、ステンレスケース、発泡スチロール、台、あるいはそれらを支える椅子、バケツならびに売り子が座る椅子、日よけのパラソルで構成されている。小規模で柔軟な店舗構成が担保されることで、70mの距離内に76店舗の出店が可能になっている。

4．商業施設の土着性

　本節では、プノンペンでもっとも古くからある市場であるプサー・チャーを対象として、店舗空間、通路空間、周辺道路の空間構成・空間利用について分析を行い、市場の空間構成について明らかにした。本論で得られた知見は以下の通りである。
（1）小規模空間の集積：多くの市場が、大規模な施設の中に小規模な店舗が入る形式をとるのに対し、プサー・チャーは、小規模な店舗でのみ構成される。店舗の空間構成は3つの形式に分けることができる。中でも1.5m×1.5mの店舗4つからなる3m×3mのユニット店舗、1店舗の規模が1.1m～1.2m×1.4～1.5mの連続店舗、平均幅1.84mの西側道路上の店舗といった小規模店舗の集積によって市場が構成されている。
（2）フレキシブルな空間形成：市場内の店舗空間では、1.5m×1.5mの空間にショーケースや美容椅子、ミシンといった物品を配置することで、業務にあった空間にフレキシブルに作り替えている。外周店舗では、狭小な店舗空間であっても、前面空間が確保されると、外部空間を居場所にして店舗そのものを、販売とは異なる機能に使いかえているケースが半数を占める。収納、陳列、転用といった使い方がされる。西側道路の店舗は、いずれも簡易なものであり、籠、ステンレスケース、発泡スチロール、台、あるいはそれらを支える椅子、バケツならびに売り子が座る椅子、日よけのパラソルで構成される。
（3）通路空間の活発な利用：通路空間は、通行のためだけではなく、業務、生活の場としても機能する。業務の場としては、作業や店番の、生活の場としては、会話、遊び、休憩の場として機能する。あふれ出し物品は、居場所形成のための椅子、商品、作業備品の3種類である。狭小な店舗でまかない切れない行為や物品を受容する場として通路が機能している。
（4）生活空間としての店舗：店舗は、業務・販売の場としてだけではなく、会話、食事、就寝、遊びの場としても機能している。

第 I 章
近代都市遺産の継承

註
1）プノンペン特別市ＨＰ（2011）の記載による。
2）1922年に発行された地籍地図には、44の施設がプロットされているが、市場は一つのみで、プサー・チャーの位置に中央市場の表記が見られる。1937年にフランス人建築家によって設計された中央市場プサー・トゥメイ Phsar Thmei に対して、その建設以前から存在した市場であるため、「古い市場」と呼ばれている。当時の状態がどの程度残っているかは不明である。
3）道路側に面した店舗は年間8万1000リエル（2009年当時、1ドルはおよそ4200リエル）、面していない店舗は年間4万5000リエルを支払う。営業時間は、食品関係は午前5時〜午後6時、貴金属は午前8時〜午後5時、その他の店舗は午前6時〜午後5時である。

第Ⅱ章

都市住居と街区居住

1
都市住居と街区構成

1．プノンペンの都市住居

　プノンペン都心部には中高層建築であるショップハウスが建ち並んでいる。このショップハウスは、カンボジア語ではプテア・ロベーンと呼ばれ、細長い家を意味する。3階建てから6階建てのものが多く、1階に店舗をもち、2階以上に住居をもつ形式が一般的である。2階以上では、通りに面してベランダが設置されている。ショップハウスによって構成される街並みでは、ベランダが縦横連続して並び、人々の生活が通りから窺える。夕方にもなると4階や5階といった高さのベランダから通りを見下ろしている人々を多く見ることができる。階高が一般に4mと高いため、生活空間が垂直に立ち上がっているような街並みである。同じ形式の住戸が水平・垂直に格子状に建ち並ぶことで街並みが構成されるのが特徴である。

　こうした都市住居の形式が現在失われつつある。一つは、都心部が商業地あるいは業務地の中心としての密度が高まることによって、居住スペースが排除されて、いわゆる都心部の空洞化とドーナツ化現象が生じてしまうケースである。街区単位で開発が行われ、以前あったショップハウスが壊され、大規模なショッピングセンターや高層の事務所建築に建替えられる。小規模な建替えはまちのあちこちで見られる。数スパンのショップハウスが取り壊され、ホテルやレストラン、店舗建築として建替えられる。都心部の空洞化とセットで、郊外にコンドミニアム形式やビラ（戸建）形式の住居が建てられつつある。カンボジアにはまったくなじみのない住居形式が数多く移入されている。もう一つ

1
都市住居と街区構成

は、都心部の住居が更新される中で、コンドミニアム形式やタウンハウス形式といった新しい住居形式に入れ替わってしまうケースである。

　こうした変化に直面する中で、失われていくであろうショップハウスの特性を明らかにする必要性を強く感じた。まったく新しいものに更新していくのではなく、ショップハウスの特性の中に継承していくべきものが抽出できないだろうかというのが本章の基本的にモチーフである。ここでは、一つの切り口として、住居を住居単体でとらえるのではなく、まちとの関係でとらえることを提示したい。都市住居と街区との関係を明らかにすることが本節の目的である。

1-1　都心部ドンペン地区の概要

　フランス・カンボジア保護条約の締結によって1863年、カンボジアはフランスの保護国となった。プノンペンに遷都を行ったのは1866年である。1887年には仏領インドシナに編入されている。プノンペンは、メコン川、トンレサップ川、バサック川が交わる場所に位置する水運の要衝の地である。トンレサップ川沿いに都市が形成され、内陸つまり西へ埋め立てを行うことで、規模を拡張してきた。川や丘の地形にあわせながらも、基本的には格子状の道路をはりめぐらしている。1910年には、既に現在の都心部であるドンペン地区は形成され

写真1　ショップハウスの外観　　　写真2　ショップハウスの内観

79

第Ⅱ章
都市住居と街区居住

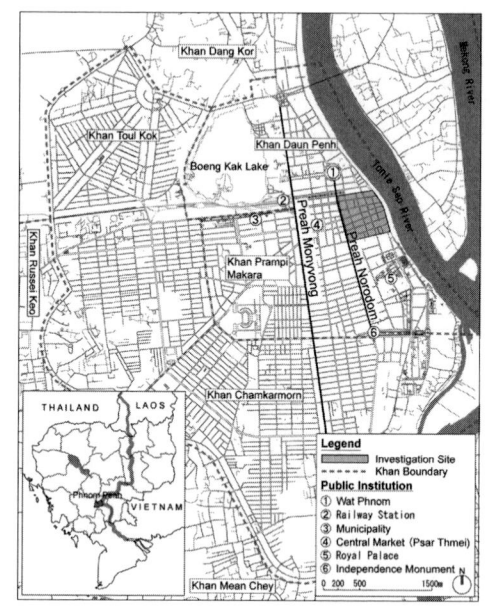

図2-1-1　調査対象地

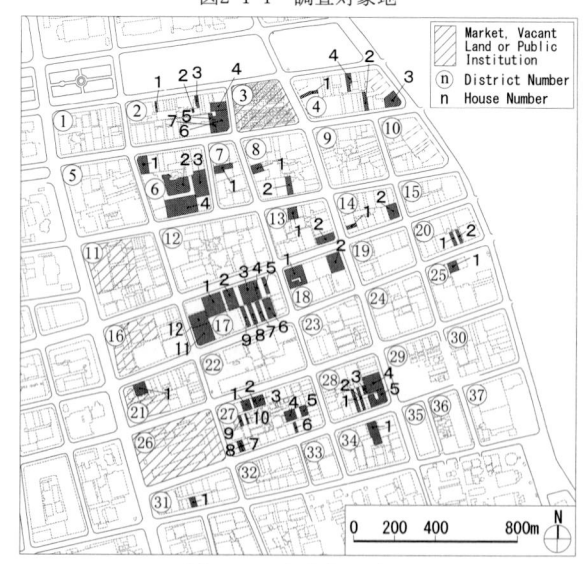

図2-1-2　調査街区番号

都市住居と街区構成

ている。

現在のプノンペン市街地の地図を図2-1-1に示す。主要道路であるノロドム通りが南北に敷かれ、北にワット・プノン、南に独立記念塔が配置されて都市の南北軸を形成している。ワット・プノン周辺にはフランス統治期のコロニアル建築を転用したホテル、国立図書館、大学、病院などが建ち、ノロドム通り沿いには政府施設が建ち並ぶ。ノロドム通りの西を南北に走るモニヴォン通り沿いには商業施設が建ち並ぶ。中央市場プサー・トゥメイ一帯ならびに、その東に位置する調査対象地が、商業地区である。南東に王宮、ウナローム寺院、国立博物館等を含む文教地区地域、南部ならびに南西部に低層住宅の広がる住宅地区が位置する。調査対象地区は、プノンペンの形成初期から、交易港の後背地として華人居住区として位置づけられていた。ショップハウスが街路に面して連続して建つことで、街区が形成された。

1-2 フランス統治期のショップハウス

フランス統治期のショップハウスは、複数スパンで構成されるものが一般的であったことが1890年代の写真から分かる[1]。傾斜屋根をかけた２階建てが一般的で（まれに３階建てのものがある）、１階部分にベランダウェイをもつ。柱は歴史主義建築のオーダーを基調としながらも簡素化された装飾をもつものが多い。

図2-1-3は３スパンのショップハウスである[2]。スパン数は多いが、空間が一体的に使われているわけではなく、スパンごとに独立している。それぞれのスパン内では、縦方向に３分割されている。道路側は、店舗空間あるいは居間空間として機能する。真ん中は移行空間である。後ろ側は水回りならびに倉庫として機能している。前部ならびに後部にそれぞれ平入り方向で傾斜屋根がかかる。ベランダは設置されておらず、ベランダウェイもない。ファサードデザインは、歴史主義様式の名残を残しながらも、装飾は簡素なものとなっている。開口部は木製の鎧戸によって前面構成される。一世帯あるいは親族を含めた複数世帯で、３層を使用していたと考えられる。

第Ⅱ章
都市住居と街区居住

2．ショップハウスの空間構成

2-1 ショップハウスの基本構成

　現地調査では、前述したようなフランス統治期のショップハウスはほとんど見ることができなかった。1953年の独立後から1960年代はじめにかけての大規模な都市再開発や、ポル・ポト支配の際の都市の無人化政策、1979年〜1991年の内戦による混乱、ならびに1993年以降の急激な人口流入によりフランス統治期のショップハウスは姿を消したと考えられる。1990年代以降に建設されたものを除いた多くのショップハウスは、独立直後の1950年代中盤から1960年代に建設されたと考えられる。

　調査した55戸のショップハウスのうち、1スパンのものは21棟、2スパンのものは10棟、3スパンのものは5棟、4スパンのものは6棟、5スパンのものは4棟、6スパンのものは3棟、7スパンのものが4棟、8スパンのものが1棟、11スパンのものが1棟であった。1スパンのものが約4割であり、他と比

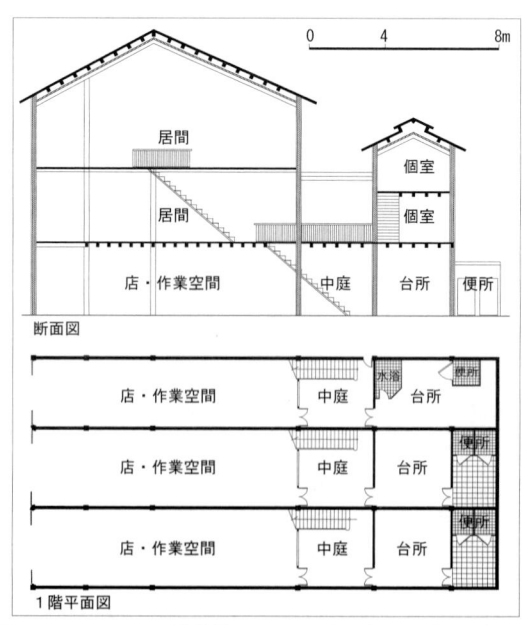

図2-1-3　フランス統治期のショップハウス　平面、断面図

82

1
都市住居と街区構成

居間：居間はベランダに面しており、住居の中で一番明るい部屋である。欄間部分から光と風が取り込まれる。隣接して寝室があり、その上に中2階が設けられている。左：中2階が見える。左下：奥に寝室と廊下、その手前に祠が置かれている。

左の写真は台所。右2枚はベランダ。ベランダからは通りを見下ろすことができる。椅子を置き通りを眺める場としたり、洗濯物を干す場所として機能している。祠が置かれることもある。ベランダから奥にむけて居間、寝室と続き、玄関の近くに台所が設置されるケースが一般的である。

写真3　ショップハウスの内部空間

べると1スパンのものが支配的であることが分かる。また、2スパン以上のものでも、共有壁により1スパン毎にユニットを分節する形式が一般的であるため、1スパンの構成がショップハウスは基本構成を示しているといえる。

ショップハウスの空間要素としては、居間（ボントップ・トトニウ）、業務空間、寝室（ボントップ・ルイ）、台所（ボントップ・バイ）、食事室、トイレ（ボントップ・タック）、水浴び場、階段室（チョンダー）、中2階（ラオトゥー）、中庭、ベランダ（ソムヤー）、テラス、アクセス空間、倉庫（クレン）などが挙げられる。

1階が店舗、2階以上が住宅として利用される。道路側に店舗あるいは居間をもち、真ん中に中2階を上に設けた寝室、奥に台所、トイレ、水浴び場、階段室をもつ形式が一般的である。間口が約4m、奥行が10〜30mのユニットが隣棟と壁を共有しながら短冊状に建てられる職住一体の都市型住宅である。約4mの階高をもち、1階に限らず中2階をもつものが多く見られる。2階以上では、道路側にベランダをもち、1階部分の壁面線から1m程度持ち出している。

ドンペン地区では、4階建て〜6階建てのものが多い。フランス統治期に建設されたものと異なり、傾斜屋根をかけるものは少なく、フラットルーフが一般的である。屋上部分や後背部に増築を行っているケースが多い。

東南アジアに一般に見られるショップハウスの基本構成と比較すると、ベランダウェイならびに中庭が存在しないことが特徴であり、またファサードは装飾を廃したモダニズム建築の意匠のものがほとんどである。

2-2 ショップハウスの住居形式

現地調査を行った55戸の住居構成をもとに、ドンペン地区のショップハウスの空間構成について検討を行う。まず、積層して居住する形式と単層に居住する形式とに分けられる。前者は、移動空間を住戸内部にもち、後者は、個々の住戸の外にもつ。住戸外に移動空間をもつ場合、階段（室）のみによるアプローチと廊下（階段と廊下）によるアプローチのものがある。以上3つを、内階段形式、外階段形式、外廊下形式と呼ぶ。

また、開発単位に着目してみると、複数スパンの開発の場合、単一スパンの内階段形式のショップハウスが並列するケースと、単一あるいは2スパンの外

1
都市住居と街区構成

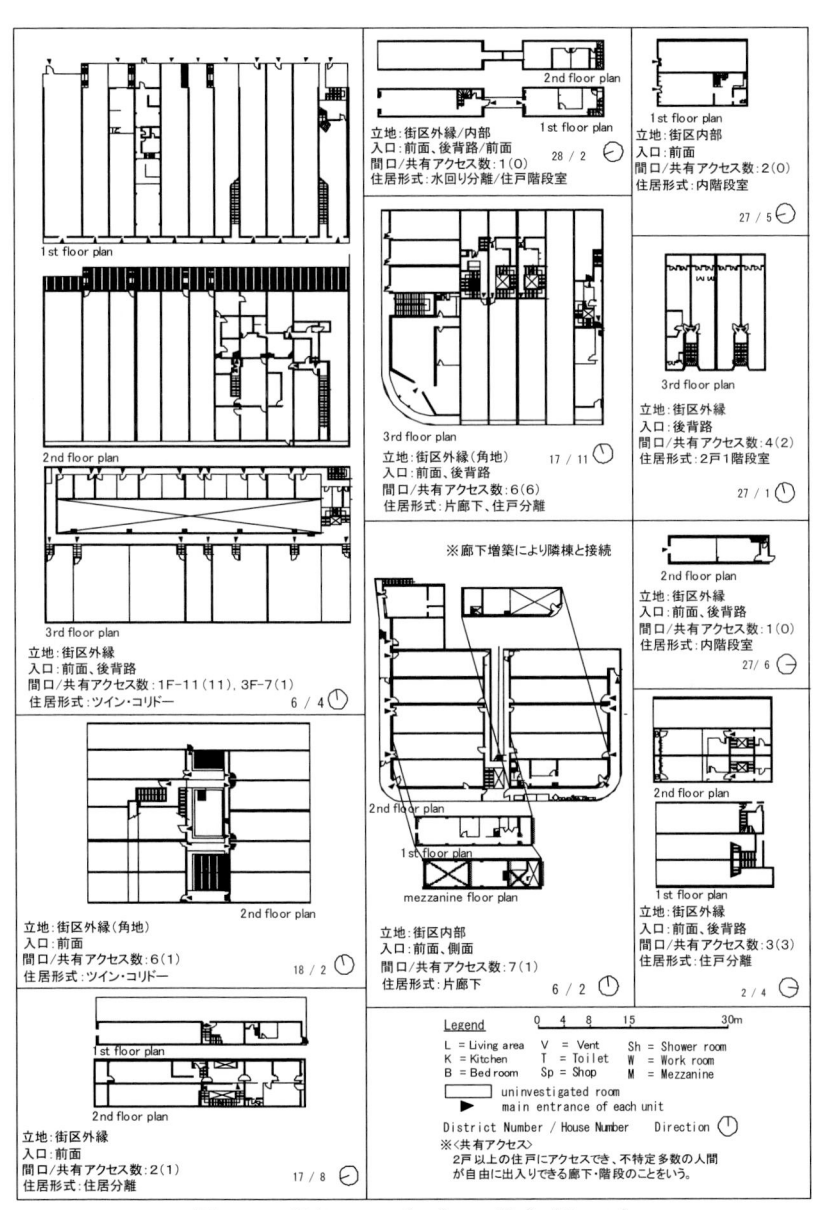

図2-1-4 調査ショップハウスの構成（その1）

第Ⅱ章
都市住居と街区居住

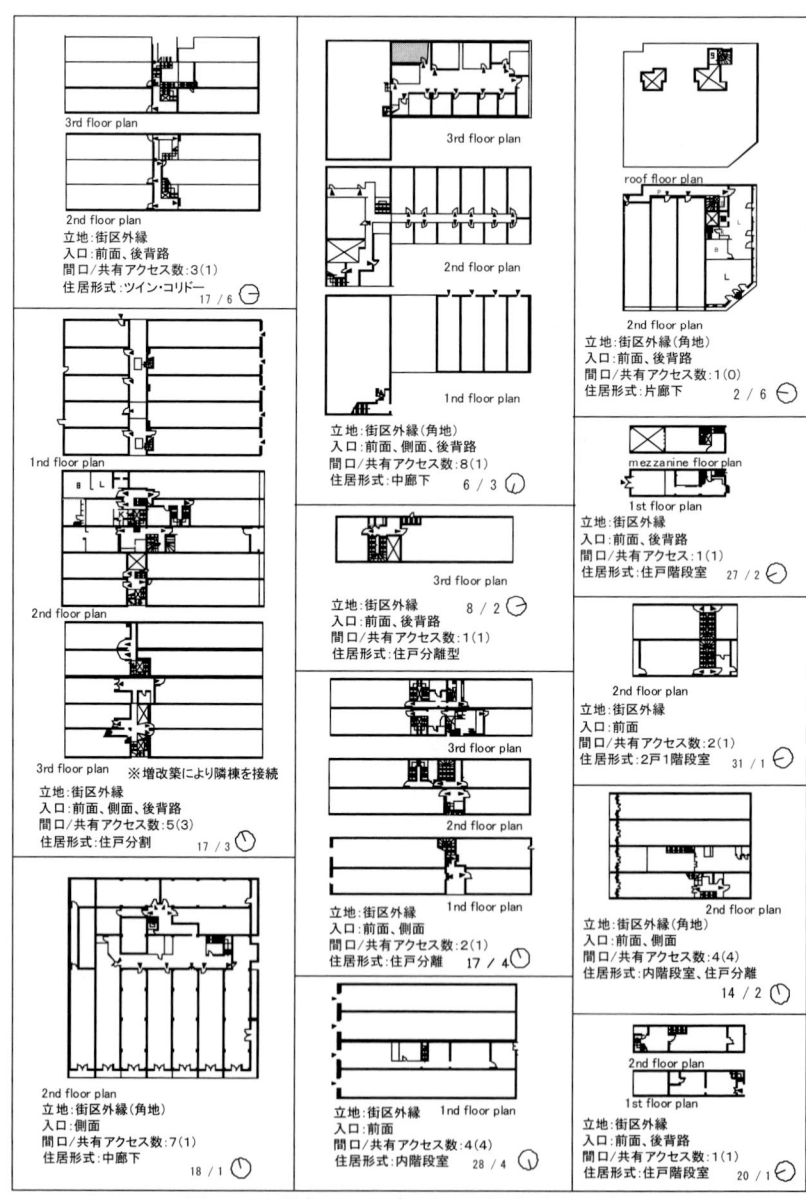

図2-1-5　調査ショップハウスの構成（その2）

1
都市住居と街区構成

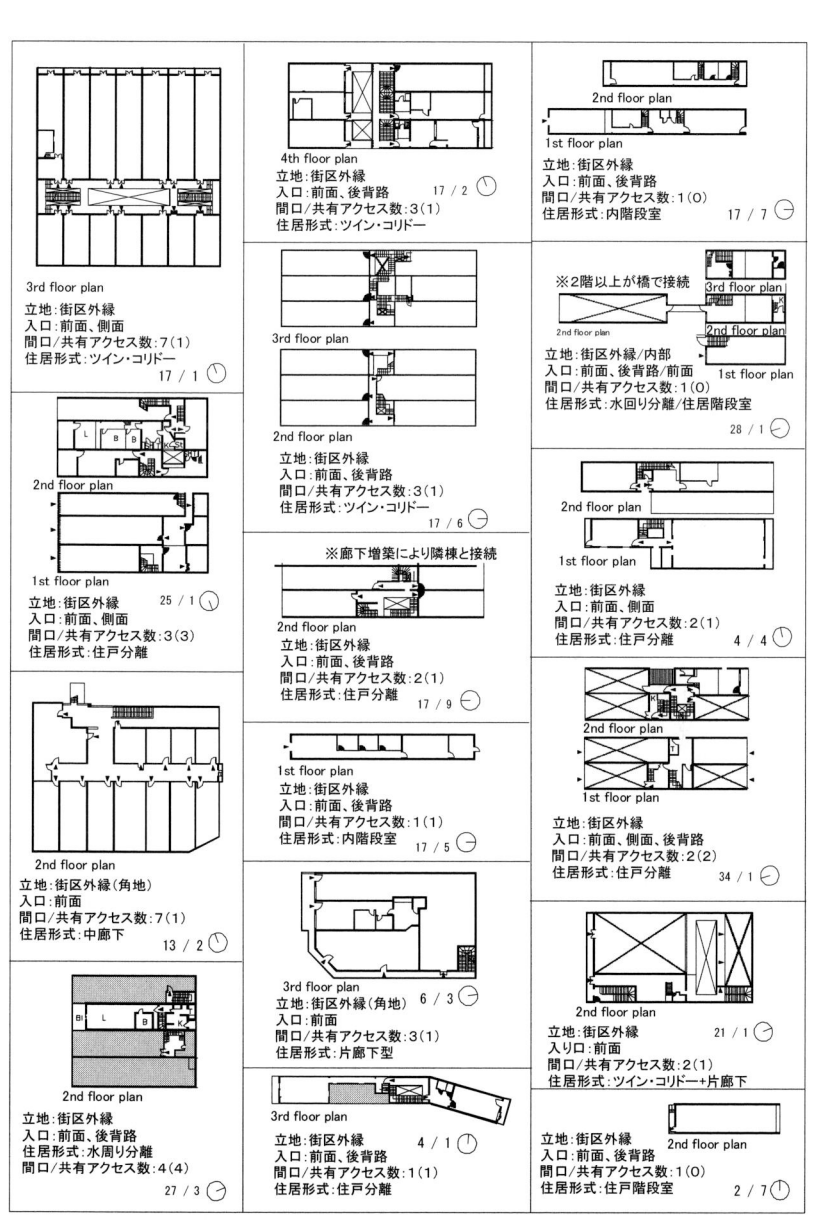

図2-1-6 調査ショップハウスの構成（その3）

第Ⅱ章
都市住居と街区居住

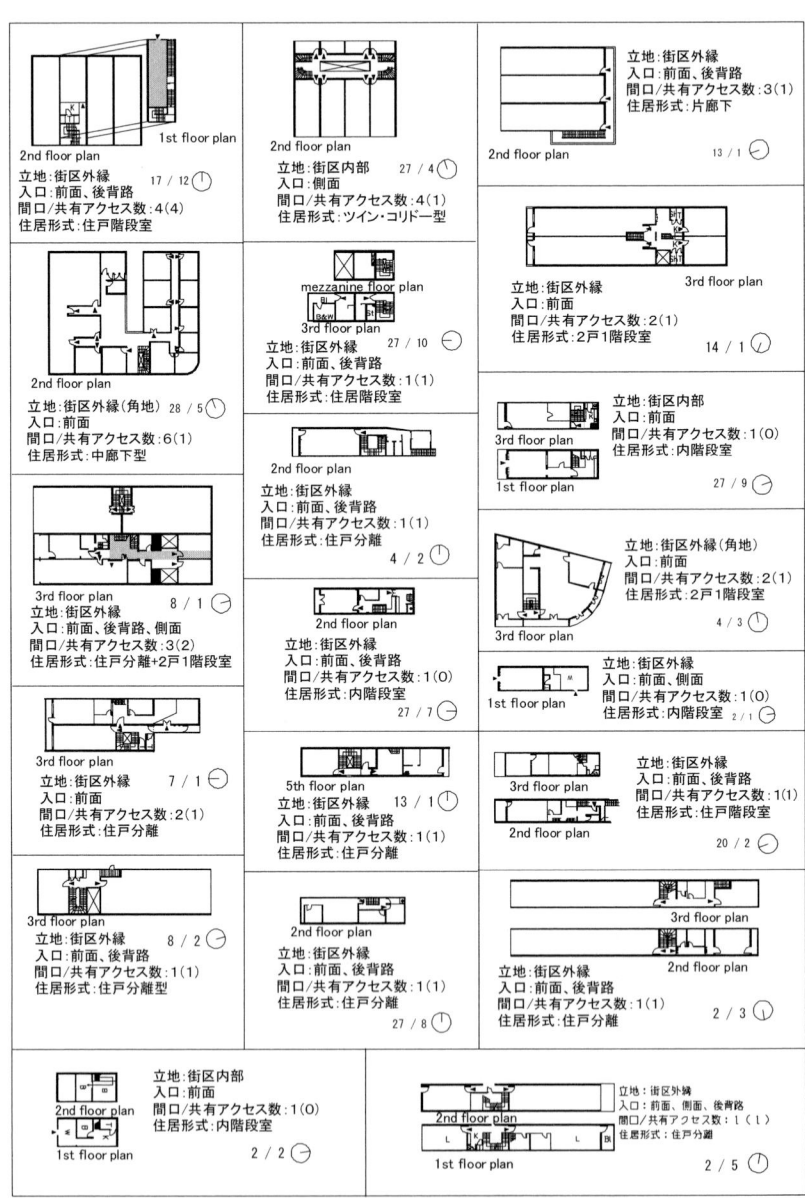

図2-1-7　調査ショップハウスの構成（その４）

都市住居と街区構成

階段形式が並列するケース、3スパン以上で構成される外廊下形式、外階段形式と廊下形式とが複合するケースの4つのケースが見られた。
（1）内階段形式…積層居住
　住居内に階段をもち、基本的には複数世帯で積層して住む形式であり、前述したようにフランス統治期のショップハウスにも見られる形式である。
　9棟と多くの数は発見できなかったが、居間、水回り、寝室、ベランダ、階段室といったもっとも基本形な空間要素を内包している。調査住戸では、現在でも親族が各フロアに分かれて住んでいることがヒアリングから明らかになっている。カンボジアのショップハウスの基本型として特徴的なタイプだといえる。
（2）外階段形式…フラット居住・階段アクセス
　住戸外に設置された階段室から直接2階以上の住戸にアクセスするケースは、1スパン・2スパンで構成されるショップハウスに見られる。街路に面したショップハウスでは、2階以上の階では街路側にはベランダがあるため、街路側に階段室を設置することは不可能である。よって階段室は横あるいは後

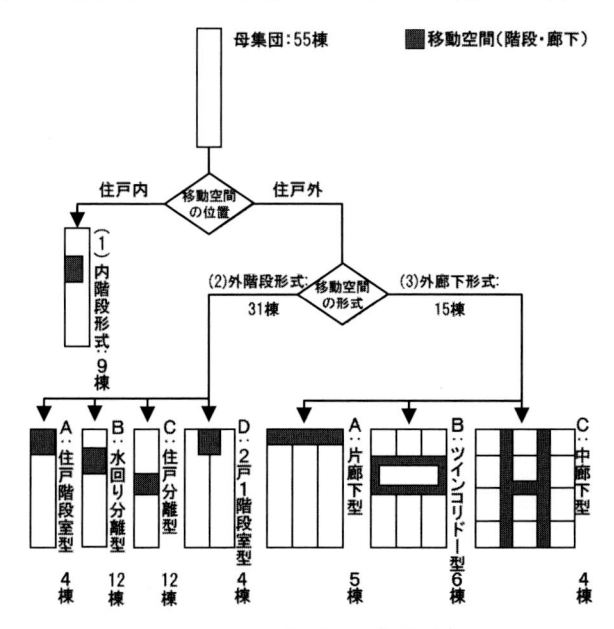

図2-1-8　ショップハウスの住居形式

第Ⅱ章
都市住居と街区居住

ろに設けられることになる。一般的なのは、ショップハウス後背部に1階部分の勝手口を設けながら、その他の部分を2階以上への階段室の入り口とするケースである。階段室の位置をどこに設置するかで平面構成が異なる。

1スパンの住戸へ外部階段からアクセスするケースは、さらに以下の3つに分類できる。

A．住戸―階段室型…住戸―階段室

階段室が建物の裏手に位置し、住戸内に水回りが配置される形式である。

B．水回り分離型…住戸―階段室―水回り

水回りは、必ずしも住戸内に取り込まれるわけではなく、住戸外に設置されるケースがある。階段室を挟んで住戸と逆の位置に設置されるケースが多い。トイレ・水浴びだけでなく、調理スペースとして機能している。

C．住戸分離型…住戸―階段室（―水回り）―住戸

階段室の位置によっては、ベランダ側の住戸とは逆側に、相当のスペースが配置されるケースがあり、この場所が、別世帯の住戸となったり、ベランダ側住戸を所有する世帯の離れとして利用されるケースがある。この住戸分離型の場合、A．B．の分類を適用すれば、さらに2つに分けられる。水回りが住戸内におさめられるケースと、階段室に隣接して戸外に配置されるケースである。2スパンの住戸へ外部階段からアクセスするケースは2戸1階段室型と呼ぶ。

D．2戸1階段室型

2スパンのショップハウスが1つの階段室を共有し、建物を分割しながら階段室を配置するケースである。これは、2スパンを構成単位とするショップハウスのみに見られる形式であり、調査対象住戸中3件確認されたのみである。

（3）外廊下形式…フラット居住・廊下（階段）アクセス

住戸そのものは1スパンごとに構成されるが、それぞれのスパンに個々の階段室でアクセスする形式ではなく、アクセスは廊下を通じて行われる点がこの形式の特徴である。

片廊下型、ツインコリドー型、中廊下型の3つの形式を見ることができた。

A．片廊下型

いわゆる片廊下型の集合形式をとっており、階段室から上階に上がり、廊下から各住戸にアクセスするケースである。片廊下型には、(a)階段室と廊下が

街路に面して設置され、廊下から各住戸にアクセスするものと、(b)街路にベランダを確保して裏手の廊下からアクセスする２つの形式が採られる。(a)の場合はベランダを設置することができないが、角部屋などで共有のアクセスを取る必要がない住戸では廊下にドアを増築して専有化し、冷蔵庫や露台を設置するなどして外部空間を積極的に活用している。いずれのタイプにおいても、街路から居間、寝室、水回りの順に居室が配置されるのが一般的である。なお、路地側に廊下があるものに比べて、大通り側が廊下になっているものが一般的である。

B．ツインコリドー型

片廊下型の２棟の住棟が向かい合わせた廊下をつなぎ、真ん中に広く開放的な吹き抜け空間がもつのが特徴である。廊下とベランダの両面が外部に面しているため、良好な通風と採光が確保できる。１スパンのショップハウスと同様に廊下の位置によって建物が分割され、各スパンは水回り分離型、住戸分離型の形式をとる。廊下には洗濯物などが置かれ、一部が金網で囲まれて専有化されることもある。街路に面する住戸とバックヤードを挟んだ後部の住戸を繋ぐ形で用いられることが多く、バックヤードの採光を確保しながら、各戸にも良好な環境をもたらしている。

C．中廊下型

廊下を挟み込むかたちで住戸が配置される形式である。建物の一部が外部に面して採光などを確保しているが、廊下自体の採光は不十分となる。居室配置

写真４　片廊下型　　　　　　写真５　ツインコリドー型

第Ⅱ章
都市住居と街区居住

は街路から順に居間、寝室、水回りとなっている。

2-3 ショップハウスの変遷
　現在、複数スパンのショップハウスにおいても1スパンが居住単位となっていることが分かる。だが、フランス統治期のショップハウスに見られた積層居住は姿を変え、積層居住だけでなく、フラット居住・階段アクセス、フラット居住・廊下（階段）アクセスという形式を生み出していることが現地調査から明らかになった。
　積層居住は、職住一体型の住まい方であり、内階段で移動することを考えると1世帯あるいは血縁関係のある複数世帯で居住していたと考えられる。住居形式の多様化は、積層居住からフラット居住の変化の中でおこった。個別の世帯がフラットごとに居住する形式が一般化し、独立性・プライバシーの確保のため、階段室が外部化されたと考えられる。

3．街区構成

　ショップハウスの住居構成は、その宅地を含む街区構成との相互関係の中で成立している。街区内の路地がどのようにとられているかによって、ショップハウスへのアクセスの選択肢は限定される。街区内の路地が形成されていない街区では、街路に面して建つショップハウスの裏側からのアクセスは不可能となる。街路に面して建つショップハウスの2階以上にアクセスするために必ずしも街路側に2階以上の入り口を設けられないケースがある。その場合、側面あるいは後背面に入り口を設けざるを得ない。また、高密居住の進展により街区内部の空地等への建て詰まりが行われるためには、街区内へのアクセスのための路地が必要となる。
　街区構成を読み解くため、本節では以下の調査を行った。ショップハウスへのアクセスについては、17番街区を対象にした現地調査をもとに分析し、街区構成については、プノンペン市役所都市計画局にて入手した地図をベースマップとして、現地調査を踏まえて加筆・修正をしたものを基に、路地構成、宅地割について分析した（図2-1-9）。

1 都市住居と街区構成

図2-1-9 調査対象街区の宅地割ならびに路地形態

表2-1-1 住居形式とアクセス

	アクセス	棟数（間口数）
内階段	街区外部	小計 9(13)
	前面	10
	側面	3
	街区内部	小計 3(3)
	前面	3
外廊下	前面	1
	後背路	6
	側面	1
外階段	後背路	11
	側面	7

93

第Ⅱ章
都市住居と街区居住

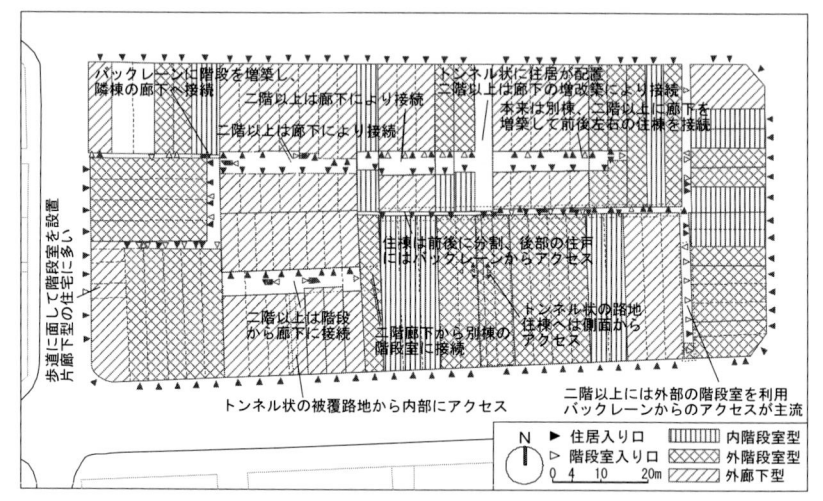

図2-1-10 住居形式の分布（17番街区）

3-1 ショップハウスへのアクセス

　ショップハウスへのアクセスは、街区の外部（街路側）から行う場合と、内部の路地から行う場合の2つに大別される。前者は1階の商店経営者とその家族が利用するものと、街路側に設置された階段室や通路を通じて階段室にアクセスするものの2種類が存在する。路地からのアクセスについては、街区内部に入る路地からショップハウスの側面にアクセスするもの、ならびにショップハウスの裏手の路地から住戸裏側の階段室にアクセスするものの2つに分類される。

　表2-1-1は、17番街区（図2-1-10）を対象に住居形式ごとのアクセスを表したものである。この街区には35棟の住棟が建ちならぶ。内階段形式のもの12棟、外階段形式のもの16棟、外廊下形式のもの8棟である。街路に面して建っているのは、街区内部の3棟を除いた32棟である。内階段形式の住戸では、前面からのアクセスが支配的であるが、他の形式では、路地からのアクセスが支配的であることが分かる。あわせて24棟のうち、前面（街路）からのアクセスは1棟のみである。内階段形式から住居形式が変化する中で、街区内からのアクセスが重要性を増していることが分かる。

3-2 路地構成

（1）路地形態

　東西・南北の街路に表を向けたショップハウスが背割り型に割られた宅地に建ち並び、それぞれに街区内からアクセスするための路地が配置されると、理念的にはH型の路地が形成される。街区番号4の街区が、その事例である。実際は、建て増しによって路地が閉鎖されたり、宅地の細分化によって路地も細分化するなどして、様々な形態をとっている。

　調査対象地には、74本の路地が確認された。不定形のものも12本確認できたが、他の62本は、I型（23本）、L型（25本）、T型（10本）、ロ型（3本）、H型（1本）と分類できる。

　これらの路地も、通過という視点から、通り抜け路地と行き止まり路地の2通りに分けることができる。H型は通り抜け路地にしかないが、その他については、ともに当てはまる。通り抜け路地の場合は、路地を基盤として街区が一つのつながりのあるものとしてとらえることができる点が特徴である。一方、行き止まり路地は、1本の路地で街区全体のアクセスをまかなうものはなく、ショップハウスの裏側のアクセスならびに街区内部へのアクセスはいくつかの行き止まり路地によって行われる。そのため、街区を一つのつながりあるものとしてとらえることができず、それぞれの路地でつながるいくつかの地区に分割することができる。

（2）路地の使われ方

　街区内の路地は、その使われ方に着目すると以下の4つに分類できることが分かる。

・バックレーンと進入路地

　街路沿いに建ち並ぶショップハウスの裏側に走る路地で、背面からのアクセスを可能にするため設けられているものをバックレーンと呼ぶ。街区内部にアクセスする場合、ショップハウスの横を通る必要が生じる。路地の両側にショップハウスの側面が配置されている場合、その路地を進入路地と呼ぶ。街区内部から街路沿いに建つショップハウスにアクセスするため、あるいは街区内部の「あんこ」の部分に建つ建築にアクセスするために、街区内部に進入するための機能をつかさどる路地である。

第Ⅱ章
都市住居と街区居住

表2-1-2　街区の構成[3]

街区番号	東西辺長さ(m)	南北辺長さ(m)	比率（短辺/長辺）	街区形態	路地アクセス	宅地割	路地形態	住戸アクセス	まとまり
1	105	69	0.66	長方形	行き止り:3 通り抜け:0	複数背割り	I字:2 L字:2 不定形:0	細街路:0 袋小路:0	4
2	153	68	0.44	長方形	行き止り:4 通り抜け:1	複数背割り	T字:1 不定形:1	細街路:0 袋小路:0	5
3	−	−	−	−	−	−	−	−	−
4	145	70	0.48	長方形	行き止り:0 通り抜け:1	単数背割り	H字:1	細街路:0 袋小路:0	1
5	106	107	0.99	正方形	行き止り:3 通り抜け:0	複数背割り	I字:1 L字:2	細街路:0 袋小路:1	3
6	97	101	0.96	正方形	行き止り:1 通り抜け:1	囲い型	I字:1 ロの字:1	細街路:0 袋小路:0	2
7	46	98	0.47	長方形	行き止り:1 通り抜け:0	単数背割り	T字:1	細街路:0 袋小路:0	1
8	96	96	1	正方形	行き止り:2 通り抜け:1	囲い型	I字:2 ロの字:1	細街路:3 袋小路:0	3
9	91	92	0.99	正方形	行き止り:2 通り抜け:1	複数背割り	I字:1 L字:1 不定形:1	細街路:0 袋小路:2	3
10	73	91	0.8	長方形	行き止り:3 通り抜け:0	単数背割り	I字:1 L字:2	細街路:0 袋小路:0	3
11	113	108	0.96	正方形	行き止り:2 通り抜け:1	複数背割り	L字:2 不定形:1	細街路:0 袋小路:0	3
12	148	90	0.61	長方形	行き止り:4 通り抜け:1	複数背割り	I字:2 L字:1 T字:1	細街路:0 袋小路:0	4
13	96	73	0.76	長方形	行き止り:2 通り抜け:1	複数背割り	T字:1 不定形:1	細街路:0 袋小路:0	3
14	90	62	0.69	長方形	行き止り:1 通り抜け:1	複数背割り	L字:2	細街路:0 袋小路:0	2
15	94	48	0.51	長方形	行き止り:0 通り抜け:1	単数背割り	L字:1	細街路:0 袋小路:0	1
16	−	−	−	−	−	−	−	−	−
17	148	71	0.48	長方形	行き止り:2 通り抜け:1	複数背割り	L字:1 T字:1 不定形:1	細街路:0 袋小路:0	3
18	95	65	0.68	長方形	行き止り:3 通り抜け:0	複数背割り	I字:2 L字:1	細街路:0 袋小路:0	3
19	89	63	0.71	長方形	行き止り:1 通り抜け:1	単数背割り	I字:1 L字:1	細街路:0 袋小路:0	2
20	99	59	0.6	長方形	行き止り:1 通り抜け:1	単数背割り	I字:1 T字:1	細街路:0 袋小路:0	2
21	−	−	−	−	−	−	−	−	−
22	150	69	0.46	長方形	行き止り:1 通り抜け:2	複数背割り	I字:2 L字:2	細街路:0 袋小路:1	4
23	97	76	0.78	長方形	行き止り:1 通り抜け:0	複数背割り	不定形:1	細街路:0 袋小路:0	1
24	89	82	0.92	長方形	行き止り:3 通り抜け:0	複数背割り	I字:1 L字:1 T字:1	細街路:0 袋小路:0	3
25	100	86	0.86	長方形	行き止り:4 通り抜け:0	複数背割り	L字:2 T字:2	細街路:0 袋小路:0	4
26	−	−	−	−	−	−	−	−	−
27	149	79	0.53	長方形	行き止り:1 通り抜け:1	囲い型	不定形:1	細街路:0 袋小路:3	1
28	96	79	0.82	正方形	行き止り:1 通り抜け:1	囲い型	I字:1 不定形:1	細街路:0 袋小路:1	2
29	−	−	−	−	−	−	−	−	−
30	97	82	0.85	正方形	行き止り:2 通り抜け:1	単数背割り	L字:1 T字:1 不定形:1	細街路:1 袋小路:1	3
31	128	45	0.35	長方形	行き止り:0 通り抜け:1	単数背割り	T字:1	細街路:0 袋小路:0	1
32	98	59	0.6	長方形	行き止り:0 通り抜け:1	囲い型	ロの字:1	細街路:0 袋小路:0	1
33	47	68	0.69	長方形	行き止り:0 通り抜け:1	単数背割り	I字:1	細街路:0 袋小路:0	1
34	98	74	0.76	長方形	行き止り:3 通り抜け:1	複数背割り	I字:3 T字:1	細街路:0 袋小路:1	4
35	−	−	−	−	−	−	−	−	−
36	−	−	−	−	−	−	−	−	−
37	−	−	−	−	−	−	−	−	−

ひとつながりのT字あるいはL字の路地でも、街路から街区内への進入部分が、進入路地で、折れ曲がった部分がバックレーンとなることもある。形態的な分類とは異なり、使われ方に着目した分類である。
・細街路と袋小路
　細街路ならびに袋小路は、街区内部に形成される住戸群内部の移動空間である。バックレーンが、街路に面したショップハウスを対象にしているのと対照的である。袋小路は行き止まりのもの、細街路は通り抜け可能なものをさす。

3-3 宅地割

　宅地割の型は、大きく2つ見られる。背割り型と囲み型である（図2-1-11）。いずれも道路に接して宅地が配置される。背割り型が、街路に接する宅地によって街区全体が埋められるのに対して、囲み型では、それだけでは街区内部に空地が生まれ、さらなる宅地が形成されるのが一般的である。両方に共通するのは、幅員が広い東西方向の街路に面する宅地が優先的に街路に間口をもつことである。
　基本的にはこの2つだが、さらに細かく見ると、全体で4つに分けることができる。
（1）背割り型
　背割り型街区ではバックレーンの数と建物へのアクセス方式から2つに分類できる。(a)バックレーンが1本のものと（単数背割り型）、(b)バックレーンが2本以上のもの（複数背割り型）である。
(a) 単数背割り型
　路地が街区の長手方向に対して平行に走り、背割りとなる型である。軸となる1本の路地を、両側に建つ建物が共有し、そこにアクセスするために南北方向の路地が走るケースが一般的である。路地の平面形態は、H字、T字、L字などとなるが、基本的に街区の真ん中を走る。街区全体が1本の路地で繋がっているのが大きな特徴である。
(b) 複数背割り型
　街区内部の宅地の細分化や小規模住宅による建て詰まりにより、宅地が、単純に背割りとならず、街区内部を直線的に走る複数本の路地沿いに分割する型

第Ⅱ章
都市住居と街区居住

①背割り型
(a) 単数背割り型　　(b) 複数背割り型

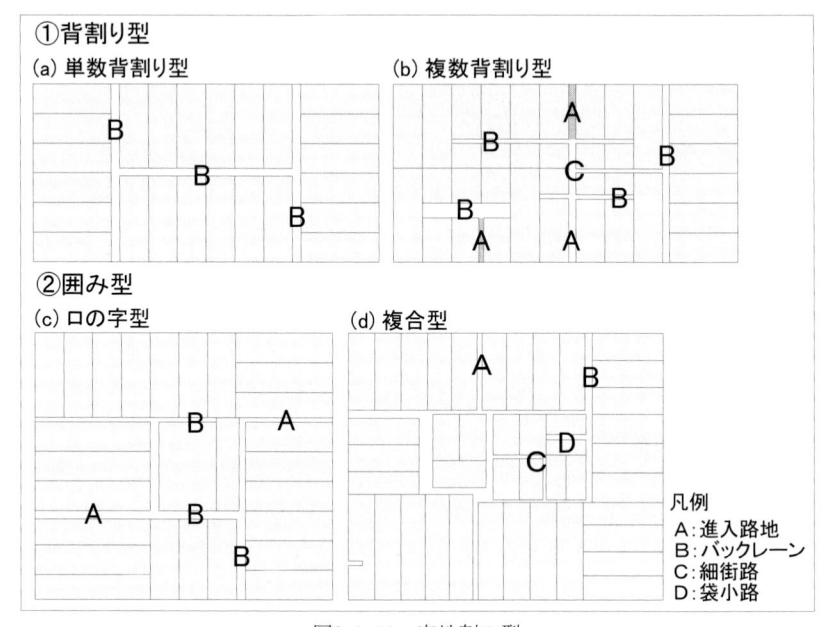

②囲み型
(c) ロの字型　　(d) 複合型

凡例
A：進入路地
B：バックレーン
C：細街路
D：袋小路

図2-1-11　宅地割の型

である。対象地区には東西に細長い街区が多いため、東西方向に走る路地が複数並列し、宅地も南北方向に3筆以上並列することになる。

（2）囲み型
　通常は長手方向に1本の路地が形成され、背割りで路地を共有するかたちになるが、街区の規模が大きくなると街区内部に空地が残ることになる。この時の内部の建て込み方には、建物の建て込み方、路地の走り方から大きく2つのタイプに分類できる。

(c) ロの字型
　街区内部の空地には、街路に沿って建つショップハウスがそれぞれ背を向けるかたちとなる。その背の部分に沿って路地が確保された状態で建て込みが進めば、その路地は基本的にロの字型を描くことになる。街区の縦横の比率が1に近く、街路に沿って建つ建物の奥行きが短い場合、ロの字型路地が走り、宅地割もロの字となる。背割り型の場合と同様に街区全体が1本の路地で繋が

98

るだけでなく、街区内部に回遊性が生まれるのが特徴となる。
(d) 複合型
　街区内部の空地に低層の独立住居が混在し、折れ曲がりや袋小路、幅が1m未満の路地など、様々な路地が走ることで各々へのアクセスを確保するタイプである。路地形態としてはもっとも複雑であるが、様々なスケールの空間が混在することで、街区内部に多様な場所性をもたらす。

4．住居形式と街区構成

　本節では、プノンペン都心部を対象とし、ショップハウスの住居形式ならびにショップハウス等によってつくられる街区の構成を検討した。ショップハウスの住居形式として3つの形式（細分化すれば7つの形式）を抽出し、ショップハウスに見られる1スパンごとの積層居住を行う内階段形式が基本形であることを明らかにした。内階段形式は、積層居住からフラット居住への変化に伴い、外階段形式・外廊下形式へ取って代わられつつある。それに伴い、バックレーンとなる街区内の路地の重要性が高まりつつあることを指摘した。
　住居は主として街路（前面道路）との関係で成立していたが、路地（バックレーン）からのアクセスへと変化することで、街区と住居との関係ならびに住棟相互の関係が強化されつつあることが分かる。
　街区の形態にもよるが、街区の内部は都市建設当初は空地だったはずである。街路に沿ってショップハウスが建てられた後に、街区内部の空地部分に建て詰まっていくのが自然の流れであろう。そうした流れの中で、生まれてきた路地は、街区内の生活を支える身近な生活空間として位置づけられていったと考えられる。時間の変化の中で、進入路地、バックレーン、細街路、袋小路が複合的に配置され、多様な場所を街区内につくりあげてきたと言える。外部空間の空間利用の実態は次節で詳細に検討したい。

第Ⅱ章
都市住居と街区居住

註

1）1898年の中国人居住区の写真が以下の文献に記載されている。

Michel Igout, *Phnom Penh Then and Now*, White Lotus, 1993.

2）原図は以下の文献に掲載されている。文献の図面をもとにリライトした。

Atelier parisien d'urbanisme, department des affaires internationales, Ministerè de la Culture, *Phnom Penh développement ruban et patrimoine*, 1997.

3）〈BL〉はバックレーン、〈進〉は進入路地を示す。第3、16、21、26、29、35, 36、37番街区は調査対象に含まれないため〈-〉と表記する。

1
都市住居と街区構成

第Ⅱ章
都市住居と街区居住

2

外部空間利用

1．外部空間の空間利用[1]

　歩道や路地といった街区の外部空間は、通常歩行空間として機能するものであるが、プノンペンでは、歩行空間としてだけでなく、様々な都市サービス機能を内包する場となっている。
　都心部を歩くと、レストランの調理場が歩道に配置され、歩いている人々に向かって店の正面で調理する姿が見られたり、歩道上で食事をとったり飲み物を飲んでいる姿が見られる。店舗内に収まりきらない商品を路上に並べて販売していたり、歩道で溶接工事や機械整備、また露天で果物の販売や散髪店舗の営業をしていたりする。生活の場としても使われている。洗濯物が路上に干される姿がしばしば見られる。椅子を持ち出して友達としゃべっていたり昼寝をしていたりする。
　歩道は、慣習的にはそのスペースに面して建っている住居あるいは店舗が使用する権利を有しており、その結果、活発な利用が実現している。確かに歩行空間としては機能しておらず、その点では問題をはらんでいるが、一方で歩道はまちの賑わい形成に大きくかかわるポテンシャルを持っているにもかかわらず多様な利用が制限されているために、そのポテンシャルを活かしきれていないという実態もある。
　本節では、多様な使われ方をしているプノンペン都心街区の歩道・路地を対象に、外部空間の空間利用の実態を明らかにするとともに、活発な利用が引き起こされる要因を明らかにしたい。

2
外部空間利用

　本節が対象とする地区は、職住混在地区であり、商業地区である37街区からなる都心街区である。プノンペンの中でももっとも街中でのひと・ものの流れが多い地区の一つと位置づけることができる。その中でも、具体的な調査対象として選定したのは、3街区である。ショップハウス群が主な構成要素となっている街区の中から、多様な路地・歩道が存在するものを選定した（図2-2-1）。外部空間の利用を考える上で、周辺状況や幅員構成などの与条件が多様であれば、それだけ多岐にわたる分析が可能になると考えたからである。
　外部空間の空間利用については、主に配置物品を手がかりに分析を行う。現地調査によって把握した路上の配置物品から、どういった用途にその空間が利用されているか、どういった行為がそこで行われているかを明らかにする。歩道部分については、ショップハウス１階部分との関連性に焦点をあて分析する。路地部分については、空間の規模（幅員、距離）や街路（歩・車道）部分との関係、路地に接して建つ建物との関係に着目して分析を行う。

1-1　街区での営み
　街区では、ショップハウス１階部分の店舗によって賑わいが形成されるだけでなく、店舗とは関係を持たずに販売を行う屋台や露台が外部空間を占有・活用することで、活気のある場を形成している。多様な営みは以下の５種類に整理できる。（表2-2-1）
（１）飲食業
　１階店舗で調理販売を行い、テーブルやイスを並べて、食事空間を確保している店舗が数多く見られる。また、調理機能を持ったリアカーを歩道に置き、テイクアウト形式にしているものもある。リアカーが車道近くの歩道に独立して設置され、そこで売買が行われることもある。人が歩道に滞留することで、街路空間に活気をもたらしている。
（２）小売業
　雑貨、衣料品、携帯電話、時計、ＣＤなど様々な商品の小売を営んでいる店舗も多い。各店舗で販売される商品によって販売の形態は異なる。工具の販売や雑貨の販売は、数多くの商品を扱うことが多く、歩道にまであふれ出しているのに対し、少量の扱いで済む携帯電話や時計等の店舗は店内のみで販売が行

第Ⅱ章
都市住居と街区居住

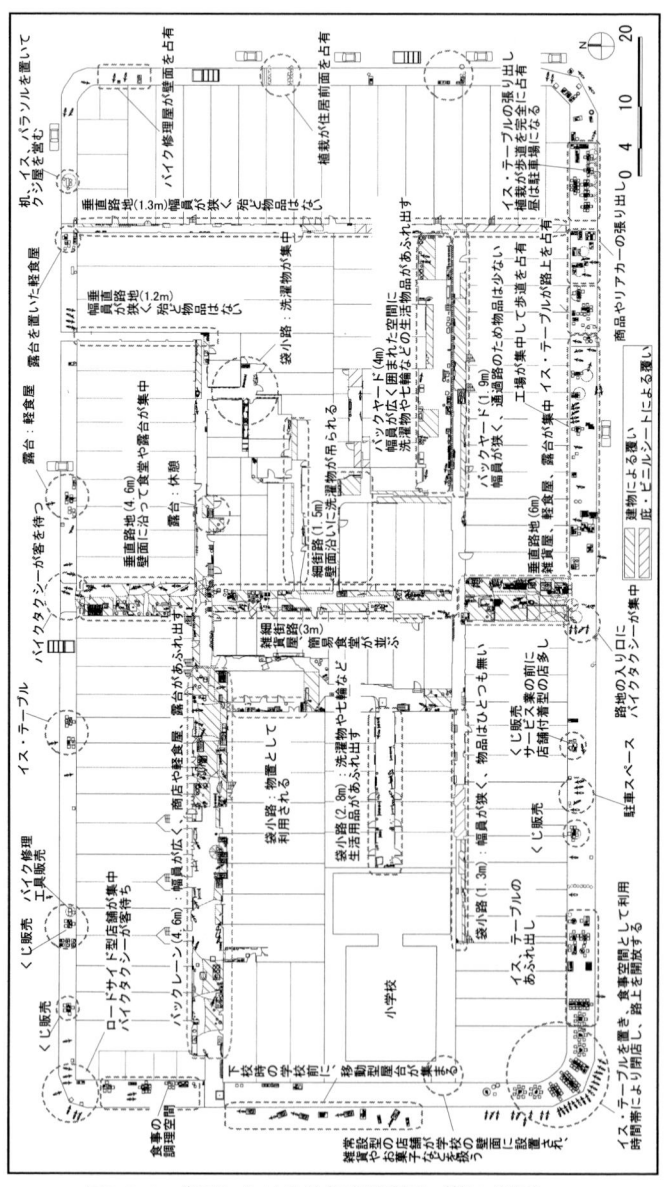

図2-2-1 街区における外部空間利用（第1街区）

2 外部空間利用

図2-2-1に記載されている第一街区の街並み。ショップハウスが道路沿いに建ち並ぶ。街区内の路地も縦横に数多く走り、活発に利用されている。

角地のレストラン　　　　　　路地近傍の店舗

賑わいのある路地　　　　　　袋小路の私有化

写真1　街区内外の外部空間の利用実態（第1街区）

第Ⅱ章
都市住居と街区居住

写真2　歩道の空間利用　　　　　　写真3　路地の空間利用

表2-2-1　全街区での営み（単位：件）

業種		店舗数		業種	店舗数	
飲食業	食堂	24	29	駐車場	1	
	喫茶店	3		歯科医院	4	
	バー	2		美容院	11	
小売業	雑貨屋	18	56	ホテル	2	46
	米屋	1		病院	6	
	本屋	2		警察	1	
	写真店	6		事務所	3	
	仏壇屋	1		コピー	2	
	携帯電話販売	4		貴金属（修理）	1	
	金物屋	4		マッサージ屋	1	
	CD販売	2		薬局（医療サービス）	1	
	チケット販売	1		ゲームセンター	3	
	貴金属販売	1		コインランドリー	2	
	くじ屋	1		インターネット	5	
	服屋	15		小学校	1	
工場	製鉄所	3	7	洋裁	2	
	家具屋	1		居住	83	
	バイク修理	3		合計	221	

106

2 外部空間利用

写真4　街区での営み
ショップハウスの2階以上は居住スペースであるが、道路に面した1階は様々な業務の場となっている。1階がどういった機能に使われるかによって、前面の歩道の使われ方が決まる。飲食業や小売業や工業では、それぞれ使われ方は異なるが、室内と室外を連続的に利用するケースが多い。住居では歩道が生活の場として利用される。

飲食業では、室内だけでは狭いため歩道に椅子とテーブルを並べている。

歩道がバイク整備の作業場となっている。パンクしたタイヤの修理のための様々な種類のタイヤが並べられている。

商品が歩道に置かれている。写真では冷えた水やジュースが入ったクーラーボックスが並べられている。

サービス業の店舗では歩道が利用されることは稀である。写真では来店した客のバイクが停められているのが分かる。

住居では、洗濯物を干したり、植木鉢を置き玄関を緑で飾るために歩道が使われる。椅子に座って通りを眺めている姿をしばしば目にする。

107

(3) サービス業

理髪店、インターネットカフェ、印刷、個人病院など諸種のサービスを提供する店舗をサービス業として整理した。店頭に商品棚を置いて接客を行っている店舗もあるが、多くの店舗では店内に業務機器を設置しているため、歩道を占有しての商業活動はあまり見られない。

(4) 工場

バイク、車、家具などの修理を請け負ったり、また、製鉄所など製品を製造したりメンテナンスを行ったりする工場もショップハウスの1階部分等に見ることができる。工場で行われる作業は、歩道にまでおよぶことが多く、騒音や異臭の原因になることもあるが、人の作業の動きを見ることができ、街に活気をもたらしているともいえる。

(5) 居住

店舗として利用していた1階部分を転用し、専用住居としているものも多い。前面開口は、店舗の場合と異なり開放されていることは少なく、外部空間との連続的・一体的な利用は少ない。ただ歩道部分を活用して洗濯物を干したり、植木鉢をおいたり、バイクの駐輪場とするケースがしばしば見られる。

1-2 建物と外部空間との関係からみた空間利用の型

歩道・路地に面する1階内部空間と外部空間は一体となって様々な商行為、生活行為の場となりうる（図2-2-2）。建物と外部空間との関係から見た空間利用の型を4つに整理した（図2-2-3）。

(1) 拡張型

歩道・路地を利用し、内部空間と一体的に業務空間として使用しているケースがある。業務が店内に収まりきらず、あふれ出し、店頭に販売、作業等といった業務を持ち出すことで外部空間に賑わいを生み出している。

(2) 完結型

歩道・路地は利用せず、1階の室内のみで完結した業務空間を形成している。物を販売しないサービス業や専用住宅によく見られ、内部と外部が切り離されている。

2
外部空間利用

(3) 独立型

1階の店舗とは関係なく、路上で商売が行われることがある。商売はテーブル、椅子、パラソルなどの仮設的なものを使用し、閉店時にはたたんで脇に置いておく。街区の所々に偏在する壁面前やシャッターのおりた店舗前などの空地を商業空間として利用することで、切れ目のない賑わいを形成することにつ

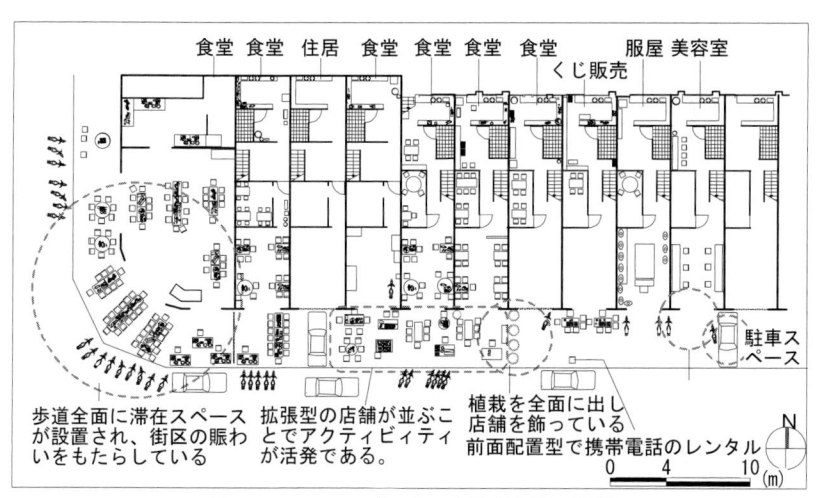

図2-2-2　ショップハウスと外部空間の関係

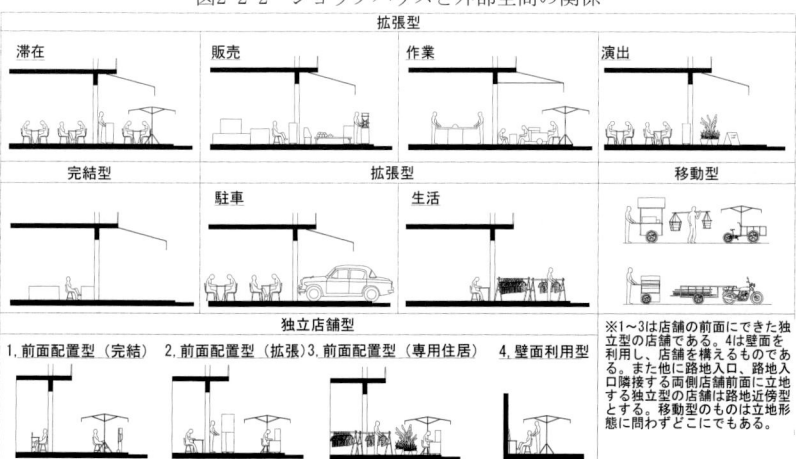

図2-2-3　建物と外部空間の関係から見た空間利用の型

109

第Ⅱ章
都市住居と街区居住

拡張型：室内の用途が拡張して歩道にあふれ出している形式。歩道と室内とが一体的に使われているレストランの写真。

拡張型：機械整備を行っている小規模工場。夜間は整備道具は室内にしまわれるが、昼間は歩道が作業場となる。

独立型：ショップハウスの一階部分とは関係なく、路上に店舗を構え果物を

独立型：歩道上に設けられた散髪屋。日よけと椅子とテーブルと鏡があれば散髪屋ができる。

移動型：小学校の前に現れるお菓子屋。パラソル付リアカーでお菓子を売る。

完結型：専用住宅の中には1階部分を閉じ歩道と繋がりを断つものもある。

写真5　外部空間利用の型

ながる。ショップハウス1階で店舗が営まれていても、その前面に独立型の店舗が設けられるケースもある。
（4）移動型
　1階の店舗とは関係なく、路上で商売が行われているタイプだが、独立型とは異なり、リアカーや天秤を担いで場所を変えながら商売を行う。炭、氷、廃品回収、お菓子やデザート等の販売を主に行う。歩道に沿う形で車道を移動して必要に応じて商品を販売するが、食品を扱うものの多くは、壁沿いやシャッターの前に一定の時間留まって販売をするものが多い。特に小中学校の登下校の際には、学校前に玩具や菓子を扱うリアカーが存在する等、機動性を活かした商売を行う。

1-3 外部空間で行われる行為

　歩道・路地の利用は、生活の場として利用されるケースと、業務の場として利用されるケースの、大きく2つに分けられる。業務の場として利用される場合に、行われる行為は、滞在、作業、販売、演出の4つに分類することができる（図2-2-3）。また、生活、駐車の場として利用されるケースもある。生活、業務が併用して利用されるケースもある。
（1）滞在
　食事やコミュニケーションの場として、椅子やテーブルが歩道・路地に設置され、利用者が一定時間滞在して利用する。店舗の主人が使用する椅子・テーブルはここには該当せず、主に客が使用するものとする。
（2）販売
　小売業の雑貨屋や金物屋など、小さい物を大量に扱う店で見られ、商品棚やブルーシート等を用いて店頭に商品を陳列し販売する。店内に収まりきらずあふれ出したものもあるが、路上に商品を陳列することで宣伝効果を狙っているものもある。
（3）作業
　バイクや家具の修理、また調理場など、歩道を作業場の一部分として使用しているタイプ。従業員が歩道で長時間、作業を行っていることが多い。
（4）演出

第Ⅱ章
都市住居と街区居住

販売：左は小売業。商品を歩道に並べられるだけ並べ、販売している。子育て中の商店主は、子守をしながら店番も同時にこなしている。下左はバイク向けのガソリン販売の様子。奥の店とは別に、車道沿いで販売している。下右は、歩道一面に柑橘系果実を並べ販売している様子。

滞在：カフェやレストランの歩道部分は、日陰でありながら風も抜けるので快適な滞在空間として機能している。

生活：街区内部で日の当たる場所を確保することは難しいため、洗濯物は歩道に干されるのが一般的である。

写真6　外部空間で行われる行為

2 外部空間利用

　歩道・路地に植木鉢や看板を設置し、客への宣伝効果を高めているケースがある。また、隣の敷地との境界線を明確にするために植栽が配置されているが、それが街に対して潤いを与えることにつながっているケースもある。こうした設置行為を演出として位置づける。植栽に関しては、住居からあふれ出たものは（5）生活と捉え、ここでは業務上、店舗の演出目的で設置されたもののみを扱う。

（5）生活
　洗濯物、椅子、ベッド、植栽等の生活物品を歩道に置き、作業、休息、物置等の場として、歩道・路地を利用している。店舗の前面にも生活物品はあふれ出すことがあり、生活空間と業務空間が並存・混在することになる。

（6）駐車
　歩道はしばしば、車、バイク等の駐車スペースとして利用される。店舗で働く従業員が駐車したり、店舗を訪れた客が一時駐車したりしている。駐車は歩道部分ならびに歩道に接する車道部分で多く見られる。大型の駐車場を別途設けるケースはまれである。

2．歩道の空間利用

　先に整理した内容をもとに、対象とした3街区のデータの分析を行う。全3街区において歩道に面して並ぶショップハウスは、222件[2]確認された。その内、1階が業務店舗として利用されているものは138件（62.2%）、住居は83件（37.4%）、空き店舗は1件（0.4%）である。138店舗の内、業務形態の内訳を見ると、飲食業は29件（21.0%）、小売業は56件（40.6%）、サービス業は46件（33.3%）、工場は7件（5.1%）である（表2-2-1）。また、138件の業務店舗の内、拡張・完結の別で見ると、拡張型は84件（60.9%）、完結型は54件（39.1%）である。

2-1　業務空間としての歩道（表2-2-2）
　業種別に見た拡張型の割合を見ると、飲食業では25件（86.2%）、小売業では34件（60.7%）、サービス業では19件（41.3%）、工場では6件（85.7%）

第Ⅱ章
都市住居と街区居住

表2-2-2　歩道における拡張型店舗の空間利用（単位：件）

		飲食業	小売業	サービス業	工場	合計
業務	滞在	22	2	2	0	26
	販売	0	17	0	0	17
	作業	1	1	4	6	12
	演出	2	14	13	0	29
合計		25	34	19	6	84

であった。飲食業、工場では全店舗数の8割以上の割合で、拡張型の歩道空間利用がされていることが分かる。

　業種と、前面歩道で行われる行為との関係については以下の通りである。まず、飲食業においては、滞在行為が多いことが分かる（25件中22件／88.0％）。歩道を併用して業務を営むケースが多く、店舗前面での活発な行為をみることができ賑わい形成に貢献している。逆に、拡張型の中でもサービス業では、歩道での滞在や販売、作業は少なく、その分、植木鉢等を用いた外部空間での演出（19件中13件／68.4％）が目立つ。小売業では販売（34件中17件／50.0％）と演出（34件中18件／52.9％）の場として歩道が活用されている。商品そのものの陳列・販売の場として歩道を利用するとともに、店舗のイメージアップ等のため、宣伝のために看板や植栽などで演出が行われている。
また、工場では作業（100.0％）のため、歩道空間を全面利用しているケースが多く、そのため、歩道を他の行為と併用することはない。
　以上から、人の動きによって賑わいが生まれるのは飲食業、工場であり、小売業やサービス業では、商品や植木鉢を店舗先に並べ、ものの配置そのものによって歩行者にアピールしていることが分かる。

2-2　生活空間としての歩道（表2-2-3）

　全3街区の1階部分において、前面歩道に生活物品の配置が確認できたのは、222件中65件（29.3％）であった。内訳は、専用住居31件（47.7％）、業務店舗34件（52.3％）である。34件の業務店舗の中でも、完結型の店舗の前面歩道に洗濯物などの生活物品が置かれるケースや、拡張型の店舗の前面歩道に陳列商品などと併置されるかたちで休息のための椅子などの生活物品が置かれるケースがある。小売業・拡張型での12件（35.3％）、サービス業・拡張型での

2 外部空間利用

表2-2-3 歩道における生活物品と業種（単位：件）

		飲食業		小売業		サービス業		工場		住居
		完結型	拡張型	完結型	拡張型	完結型	拡張型	完結型	拡張型	
生活	生活	2	2	7	12	3	7	0	1	31
	駐車	4	10	16	21	18	15	1	4	34
	無	0	0	5	0	6	0	0	0	33

7件（20.6%）、小売業・完結型での7件（20.6%）が高い数値を示した。拡張型の店舗の場合、飲食業や工場では、客や従業員が常に外に滞在し、行為が外にあふれ出すケースが多いので、業務と併用して、生活空間を作りにくい。逆に小売業やサービス業のような店舗では、商品のみの陳列、演出等のケースが多く、業務空間と併用して歩道を生活空間として利用しているものと考えられる。

また、歩道の駐車利用状況においては、222件中123件（55.4%）が確認され、内訳は、住居34件（27.6%）、業務店舗89件（72.4%）と、業務店舗における駐車利用が圧倒的に多い。街区には、特定の駐車場はほとんど存在せず、来客は、駐車スペースとして歩道を利用していることが分かる。

2-3 空地の補完（表2-2-4）

歩道では空地を利用し、店舗とは関係なく独立して空間利用を行うケースがある。前述の（3）独立型、（4）移動型がこれに該当する。全3街路の調査をもとに、立地特性を明らかにする。

全3街区の歩道では44件の独立型・移動型の空間利用が確認できた。これらは立地特性より以下の3つに分けることができる。

（1）壁面利用型

街区角地に存在するショップハウスの側面など、壁面を利用し、外部から商行為を行うものがある。雑貨、青果物などの販売、バイクの修理など歩道を占有し、イス、テーブル、パラソルといった簡易な設備を設置し業務を行う。壁面で構成された歩道は、店舗が存在しないことにより外部からの商行為が発生しやすい。

第Ⅱ章
都市住居と街区居住

表2-2-4 空地の補完[3] (単位：件)

類型	場所	型	第一街区	第二街区	第三街区	合計	合計	合計
壁面利用型	壁面(59.9m)	移動	0	0	0	0	5(0.08)	
		独立	2	2	1	5		
前面配置型 (866.2m)	住居(288m)	移動	1	1	0	2	9(0.04)	25(0.03)
		独立	1	6	0	7		
	店舗 (578.2m) 完結 (232.7m)	移動	2	0	0	2	8(0.04)	
		独立	2	2	2	6		
	拡張 (354.5m)	移動	1	0	0	1	8(0.03)	
		独立	3	4	0	7		
路地近傍型	路地(146.7m)	移動	3	0	0	3	14(0.05)	14(0.10)
		独立	1	6	4	11		
合計			16	21	7	44	0.04	

（2）前面配置型

　店舗や住居の前面道路に、建物内部の用途・業務とは関係なく、簡易な設備を設置し商売を行うケースがある。店舗の拡張型・完結型を問わず、また住居の前面にも独立型の店舗が設けられることがある。

（3）路地近傍型

　路地入口、路地入口に隣接する両側店舗前面の歩道での独立型・移動型の空間利用をさす。街区内部に居住する人々を対象とするとともに、周辺の街区で働く人々等も対象になる。街区内部への進入の妨げにならないように路地入口の両脇に発生しやすい。

　全3街区の歩道で確認された44件（0.04件/m。以下カッコ内の数値は1mあたりの件数）の独立型・移動型の空間利用の内訳を見ると、壁面利用型は5件（0.08）、前面配置型は25件（0.03）、路地近傍型は14件（0.10）であった。1mあたりの件数では、壁面利用型、路地近傍型が、前面配置型の倍以上存在することが分かる。特に、路地近傍型が多いのは興味深い。

　また、前面配置型の中で、住居前面、完結型店舗前面、拡張型店舗前面を比較すると、9件（0.04）、8件（0.04）、8件（0.03）と、いずれも同程度で、ショップハウス1階部分の利用特性には、あまり左右されていないことが分かった。

2-4 歩道の空間利用

　業務店舗の拡張型による空間利用が84件、生活空間としての利用が65件、駐車利用が123件、独立・移動型による利用が44件と、ショップハウス222件に対して、あわせて延べ316件の歩道における空間利用が確認された。個々のショップハウスに対し、平均して1.42件の外部空間利用が認められることになる。

　独立・移動型を除いて考えると、業務店舗前面での利用が207件（業務店舗138件に対して）、住居前面での利用が65件（住居83件に対して）となり、業務店舗を1階部分にもつショップハウスの存在が、歩道の空間利用の活発化に貢献していることが確認できた。

3．路地の空間利用

　街区外部空間の空間利用は、歩道だけではなく、街区内部の路地においても見ることができる。歩道とは異なり住居群が密集する街区内部の路地は、洗濯・料理などの家事行為や、椅子・ベッドを住居前に並べ、家族の団欒など、生活の場として多目的に利用される。また、商業の場としても、露台、屋台を並べ雑貨を販売したり、飲食の場としたりするなどの例を見ることができる。

　ここでは、全3街区の路地46本を対象とし（図2-2-4, 図2-2-5）、路地上に配置されている物品データをもとに、3-1において路地で行われる活動の分析を行う。また、3-2では路地の与条件と物品配置との関係を明らかにしたい。

3-1 生活空間としての路地

　全3街区の路地で、708個の物品が確認された[4]。これらの物品の内訳は、業務物品144個（20.3％）、生活物品564個（79.7％）（内、駐車は175個）である[5]。生活物品が8割を占めている。

　街区内部には、35件の業務店舗を確認することができた。35件の店舗の内、飲食業が18件（51.4％）、小売業が15件（42.9％）、サービス業が1件（2.9％）、町工場が1件（2.9％）であった。路地に設けられる業種のうち、飲食業、小売業が9割を占め、サービス業や工場はともに3％に満たない割合であった。

第Ⅱ章
都市住居と街区居住

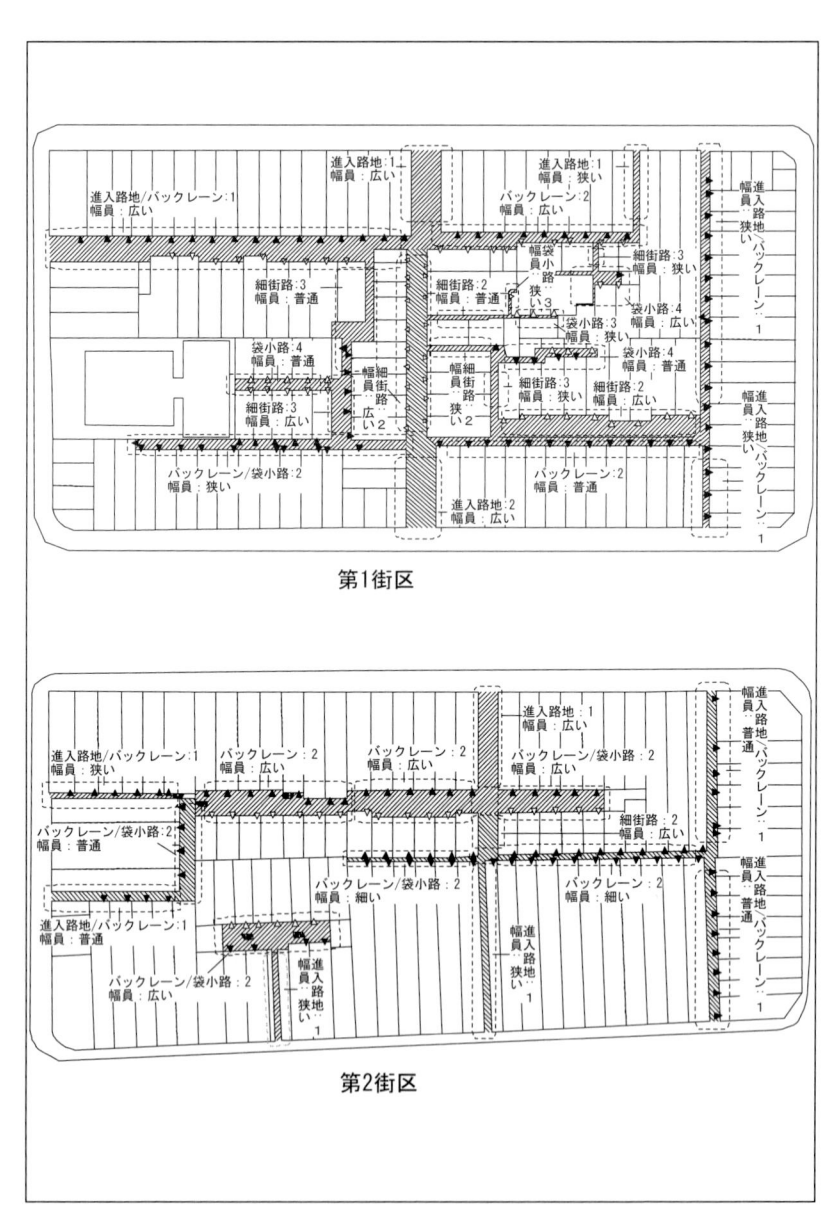

図2-2-4　街区の路地構成（第1街区・第2街区）

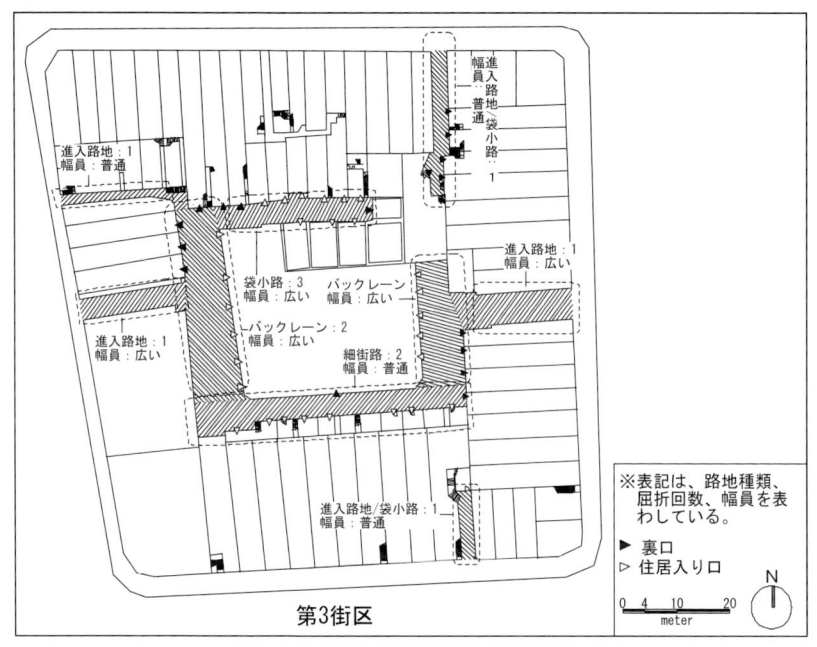

図2-2-5 街区の路地構成（第3街区）

　また、空間利用の型別に見ると、拡張型は14件（40.0%）、独立型は19件（54.3%）、移動型は2件（5.7%）確認された。完結型が存在しない点が興味深い。これは、1階部分で店舗を営む場合には、必ず路地に店舗を拡張することを示している。また、わずかの差であるが、独立型の店舗の割合がもっとも高い点も特徴的である。独立型では、日中、壁に沿って屋台や露台などを設置し飲食業や小売業を営み、夕方になると、店舗をたたむケースが多い。街区内部に位置する建物は専用住居として使われている割合が多いため、路地を商業空間として活用するには、独立型という形式をとらざるを得ない状況がうかがえる。

3-2 路地の空間利用
　幅員が一定で片面が大通りに接する歩道と異なり、街区の内部には大小様々

第Ⅱ章
都市住居と街区居住

な路地が走り、その両側に低中層の建物が建ち並ぶことで、様々なスケールの空間が形成されている。路地での空間利用の様態は様々であり、全ての路地に活気が見られるわけではない。路地の構成が活動内容に影響を与え、空間利用を誘発または抑止する要因が存在すると想定できる。

ここでは、路地の構成に関して、種類（進入路地、バックレーン、細街路、袋小路）[6]、幅員、建物の出入口の有無、歩道からその路地に至るまでの屈折回数の4つの指標を据え、路地の構成と空間利用との関係について考察を行う。

幅員は、広い（3m以上）、普通（1.5mより広く3m未満）、狭い（1.5m以下）の3つに分類する。人のすれ違いや、外開きの扉と歩行者との関係を考慮し、主に移動スペースとして利用される幅員として1.5mを挙げた。また、会話環（3m）を指標にしながら、通路としての機能と滞在スペースとしての機能とが共存しない幅員として3mを挙げた。

空間利用の度合いについては、配置物品の種類と数を指標とした。種類は、駐車、生活物品、業務物品の3つに分けた。数については、路地の長さにばらつきがあるため、1mあたりの配置物品個数の比較によって検討を行った。

表2-2-5に検討結果を整理した[7]。明らかに特徴が見てとれるのは、幅員による違いと屈折回数による違いである。狭い路地では、物品の配置は少なく、広い路地では、生活物品、業務物品ともに多く見られる。屈折回数に関しては、3回以上の路地で、生活物品が多くなることが分かる。

業務物品の多い路地として、屈折回数1回の幅員の広い進入路地が挙げられる。街区外縁から街区内に入る折れ曲がりのない路地は、幅員が十分ありさえすれば、業務空間としても活発に活用されていることが分かる。同じく、細街路は、進入路地からさらに街区内部に入ったところに位置する路地であるが、幅員が広く折れ曲がりがなければ、業務物品が多く配置されるといえる。特に、壁面あるいは裏口で構成された路地には、入口が面する路地と比較して、業務物品の配置が多くなっている。

また、生活物品は、幅員が広く入口が向けられた路地では、ほとんどの場合、屈折回数にかかわらず数多く配置されることが分かる。袋小路では、幅員や屈折回数にかかわらずほとんどの場合、生活物品が数多く配置されることも分かる。

2
外部空間利用

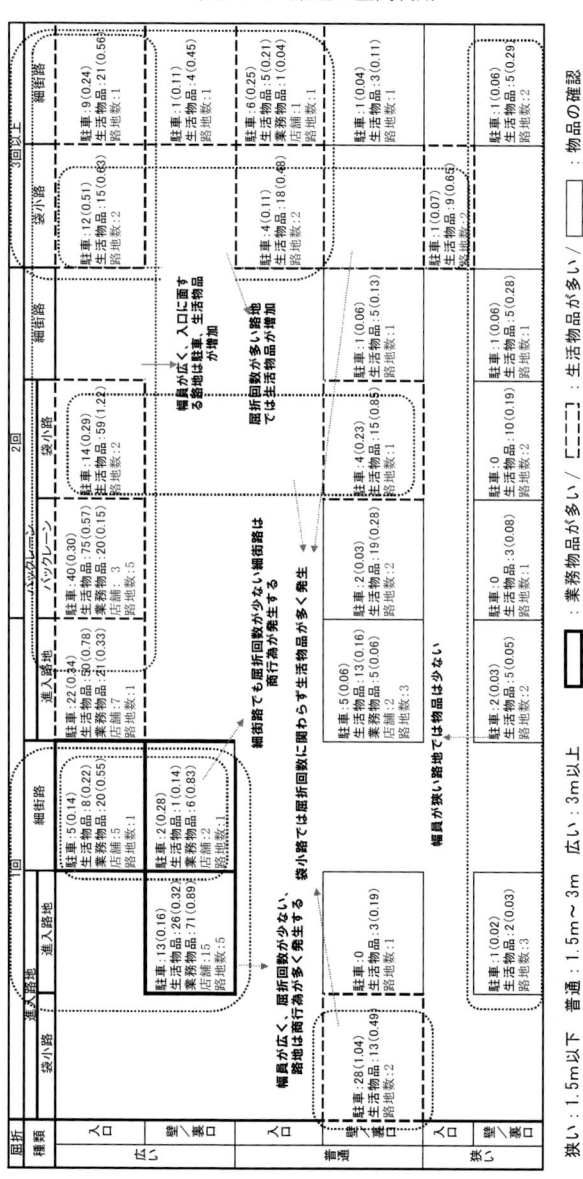

表2-2-5 路地の空間利用

屈折	種類		1回			2回			3回以上	
		進入路地	細街路	進入路地	バックレーン	袋小路	袋小路	福箱路	袋小路	福箱路
広い	入口	駐車:13(0.16) 生活物品:26(0.32) 業務物品:71(0.89) 店舗:15 路地数:5	駐車:5(0.14) 生活物品:8(0.22) 業務物品:20(0.55) 店舗:5 路地数:1	駐車:22(0.34) 生活物品:50(0.78) 業務物品:21(0.33) 店舗:7 路地数:1	駐車:40(0.30) 生活物品:75(0.57) 業務物品:20(0.15) 路地数:5	駐車:14(0.29) 生活物品:59(1.22) 路地数:2	駐車:12(0.51) 生活物品:15(0.60) 路地数:2		駐車:9(0.24) 生活物品:21(0.56) 路地数:1	
	壁/裏口		駐車:2(0.28) 生活物品:(0.14) 業務物品:6(0.83) 店舗:2 路地数:1						駐車:1(0.11) 生活物品:4(0.45) 路地数:1	駐車:6(0.25) 生活物品:5(0.21) 業務物品:1(0.04) 店舗:1 路地数:1
普通	入口	駐車:0 生活物品:3(0.19) 路地数:1			駐車:2(0.03) 生活物品:19(0.28) 業務物品:1 路地数:2	駐車:4(0.23) 生活物品:15(0.85) 路地数:1		駐車:1(0.06) 生活物品:5(0.13) 路地数:1	駐車:1(0.04) 生活物品:3(0.11) 路地数:1	
	覆/裏口	駐車:28(1.04) 生活物品:13(0.49) 路地数:2								
狭い	入口	駐車:1(0.02) 生活物品:2(0.03) 路地数:3			駐車:0 生活物品:3(0.08) 路地数:1	駐車:0 生活物品:10(0.19) 路地数:2	駐車:1(0.07) 生活物品:9(0.65) 路地数:2	駐車:1(0.06) 生活物品:5(0.28) 路地数:1	駐車:1(0.06) 生活物品:5(0.29) 路地数:2	
	壁/裏口				駐車:5(0.06) 生活物品:13(0.16) 業務物品:5(0.06) 路地数:3					

幅員が狭く、屈折回数が少ない、袋小路では物品は少ない

袋小路では屈折回数が多く発生する

細街路でも屈折回数が少ない福街路では生活物品が多く発生

幅員が広く、屈折回数が多い路地は商行為が発生する

幅員が広く、入口に置する路地は駐車、生活物品が増加

狭い:1.5m以下　普通:1.5m～3m　広い:3m以上　　　:業務物品が多い/ [ ]:生活物品が多い　　　　:物品の確認

平均:0.2　/ 生活:0.37 / 業務物品:0.41　　　単位:個 (1mあたりの個数)/表中の説明の対象とする欄を [ ]でくくる

121

第Ⅱ章
都市住居と街区居住

4．活発な外部空間利用にむけて

　本節では、プノンペンの中心部ドンペン地区を対象とし、全長980.1mの歩道と、46本の路地を事例として用いながら、都心街区の外部空間利用に関して考察を行った。222件のショップハウス1階部分の業種や空間利用の型と前面歩道での行為との関係、路地の構成と路地に位置する708個の物品との関係に着目した。
　街区での営みとして、飲食業、小売業、サービス業、工場、居住があること、建物と外部空間との関係から見た空間利用の型として、拡張型、完結型、独立型、移動型があること、外部空間で行われる行為として、滞在、販売、作業、演出、生活、駐車があることをまず明らかにした。
　また、業務店舗を1階部分にもつショップハウスの存在が、歩道の空間利用の活発化に貢献していることを明らかにした。ショップハウス1階が飲食業・工場の場合は、歩道では拡張型の空間利用の割合が高く、それぞれ滞在空間・作業空間として歩道が機能することを明らかにした。小売業・サービス業では、販売・演出のための拡張にあわせて、生活物品のあふれ出しも多い。路地入口近傍では、独立型・移動型の店舗の発生する割合が、他の場所の歩道に比べて高い。
　つまり、飲食業において多人数の飲食のために滞在する空間が必要であったり、工場において機械を用いるなどした作業のための空間が必要であったりすることが、歩道における外部空間利用の要因となっていることが分かる。また、小売業における販売・演出行為、サービス業における演出行為もまた活発な外部空間利用の要因となっていることが分かる。
　路地の空間利用に関しては、入口近くは業務空間として、奥まった路地は生活空間として利用されることを明らかにした。路地幅員が3m以上で、歩道よりまっすぐ入ることのできる路地では、業務物品の配置が多く、業務空間として賑わいを形成する。建物の入口が路地側に向けられた幅員3m以上の路地では、生活空間としての意味合いが強い。袋小路では、幅員にかかわらず、生活物品のあふれ出しが多い。

註

1）対象とする地域も異なり、結果も異なるが、台湾・台中に関する以下の論文に大きな示唆を受けている。

出口敦「都市の活力と攤販—台中市における攤販と近代都市との共生—」『アジアの都市共生』九州大学出版会、pp. 15-45、2005。

2）該当するショップハウスや店舗等の数を示す単位として、物件数を表すものとして、「件」を用いている。

3）合計欄の（ ）内の数値は1mあたりの件数を示す。

4）ベッド、洗濯物、椅子、椅子・テーブルセット、パラソル、植栽、看板、車、バイク、自転車など、それぞれ1個として数えている。同じ1個でも規模や使用人数が異なることになるが、それぞれ一つの場を形成しているとして1個として同等に扱っている。

5）生活物品には、主に、屋外でくつろいだり作業を行うためのベッド、椅子、椅子・テーブルセット、パラソルなど、また洗濯物、植栽などが該当する。業務物品には、それぞれの業種が取り扱う物品、業務のために使用するベッド、椅子、椅子・テーブルセット、パラソル、看板、植栽などが該当する。駐車には、車、バイク、自転車が該当する。

6）進入路地、バックレーン、細街路、袋小路それぞれの用語については、第Ⅱ章－2.で定義を行っている。補足説明も含め、以下に説明する。

・進入路地：歩道に接続し、街区内部に進入する際の路地で、路地の両側が壁面で構成された路地を進入路地と呼ぶ。その路地がそのまま袋小路となっているものは、進入路地/袋小路として区別する。

・バックレーン：ショップハウスの裏面を走る路地で、背面からのアクセスを可能にするために設けられた路地をバックレーンと呼ぶ。バックレーンで街区外縁の歩道から街区への進入のための路地も兼ねるものを、バックレーン/進入路地とし、バックレーンがそのまま行き止まりになっている路地は、バックレーン/袋小路として区別する。

・袋小路と細街路：ショップハウスと面することなく、街区の内部に形成されている路地で、行き止まりのものを袋小路、通り抜けできるものを細街路として区別している。

7）以下、物品数の多寡について分析を行っているが、駐車、生活物品、業務物品相互の多寡を分析するのではなく、それぞれ1mあたりの個数平均値との多寡によって分析を行っている。

第Ⅱ章
都市住居と街区居住

3
ショップハウスの空間更新

1．変わり続ける都市住居

　プノンペン都心部には中高層のショップハウスが建ち並ぶが、これらの中には既に50年以上を経たものが多く見られる。ポル・ポト期以降の混乱を経て、居住者や所有関係が変化しながらも、建物全体としては存続しているものも多い。しかし内部をのぞいてみると日本では考えられないようなやり方で増改築が繰り広げられているのを目にする。カンボジアは地震が起こらないとされており、きわめて華奢な建築構造をもつものが多い。日本の建築基準法にあたる法律もないことはないが、チェックシステムが十分に確立されておらず、都心部のショップハウスの住戸・住棟の比較的小規模な増改築に対して法の関与が及ぶような状況にはない。居住者相互の権利調整にもとづいて増改築が行われているのが現状である。
　増改築は、時の流れの中で変化する住欲求をもとに、既存の空間を更新しようとする住民の主体的な意思の発露であり、自らの住まいを確立するプロセスで重視されるべき行為であると位置づけられる。
　ここでは、カンボジアの首都プノンペンにおける都市型住居であるショップハウスを対象に、一見複雑で多様なセルフビルドによるショップハウスの空間更新の実態を現地調査をもとに把握することを通じて、住居の自律的な空間更新の仕組みを解明することを目的とする。
　プノンペン中心部には、中層のショップハウスが建ち並び、多くの住居や店舗が集積するとともに、特徴ある都市景観がつくられているが、都心部の開発

に伴い、従前の都市景観にそぐわないホテルやデパート、オフィスビルが建設されつつある。ショップハウスが新たに建て替えられる際にも、居住者の生活様式に適応しない住居形式の建物が建てられるケースが考えられる。増改築を許容する集合住宅を検討するための基礎的知見を得るというのもここでの目的の一つである。

2．事例に見るショップハウスの空間更新

2-1 ショップハウスの空間更新事例

まず4棟のショップハウスを対象に、その具体的な空間更新について概観する。

（1）事例1　District Number 06, House Number 01 （図2-3-1）

5スパンで2階建てのショップハウスで、街区の内部に位置する。中庭の幅は約4mだが、両側の住居により半分に分割して私有化され、洗濯、物干しなどの作業場や調理空間として利用されている。排煙の問題がある七輪（炭）と、水を使う作業が外部化していることが分かる。

2階廊下には4か所にドアと鉄柵が増設され、各世帯が個々の領域を形成している。増設の要因として、全ての住民が防犯を理由に挙げているが、私有化された領域には各世帯の生活物品（冷蔵庫、机、椅子、台所）があふれ出し、日中の殆どは外部で生活している。

また、廊下は隣接する建物と接続されており、別経路で2階へアクセス出来るように変更されている。廊下の私有化によるアクセス経路の分断を、別の建物と接続することで回避している。屋根形状は寄棟だが、中庭側の約3mが水平なため、小屋を建設して居住空間として利用している。2階廊下に階段が2か所増設され、そこから屋上へアクセスする。住戸内には個室が作られ、その上には中2階が併設されている。入口側から居間・個室・水回りといった基本的な空間構成が読み取れる。

（2）事例2　District Number 14, House Number 03a （図2-3-1）

全6スパンの低層2階建てのショップハウスである。比較的オリジナルの形態を残しているが、住戸2階後部の床が崩壊している。屋根はもともと中庭には掛けられていなかったが、現在は建物全体を覆うように掛け直されている。

第Ⅱ章
都市住居と街区居住

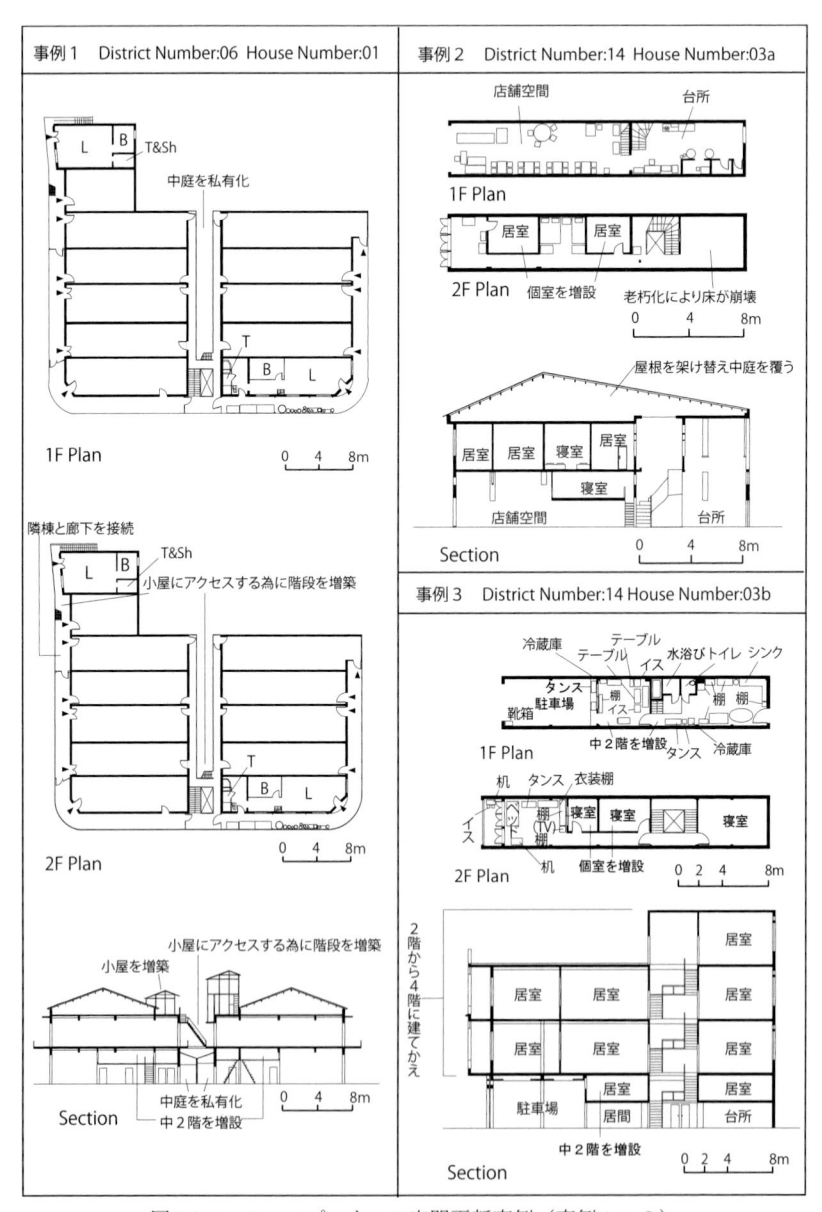

図2-3-1　ショップハウスの空間更新事例（事例1～3）

1階前部には中2階が増築され、2階は個室を2室増築して空間を4分割している。1階は食堂として利用されており、前部が店舗空間、後部が調理空間として利用されている。中2階は夫婦の就寝のために利用される。閉店後は1階のテーブル類が片付けられ、前面は駐車場として使われ、子どもは2階の個室で寝ている。

（3）事例3　District Number 14, House Number 03b（図2-3-1）

事例2と同じショップハウスで、この住居のみが4階建てに高層化されている（4階は後部にのみ部屋が配置される）。1993年に改装工事を開始し、現在も工事が続いている。4世代14人の家族が住むための居住面積が不足している、というのが高層化の理由である。また、建物自体も老朽化しており、内壁などの内装も全て改装されている。1階の前部には中2階が増築され、中庭だった部分にはトイレ・シャワー室が増築された。後部の奥には大きな台所が増設され、後部の全体に中2階が増築されている。中庭だった部分は階段室として機能し、そこから上階前後部の個室にアクセスする。2階以上の室配置は基本的に同じであり、前部には入口側から個室が並び、奥に居間、ベランダが設置されている。階によっては入口側の部屋が浴室として利用され、後部は全体が個室として利用される。

（4）事例4　District Number 17, House Number 03（図2-3-2）

通路を挟んで前部が5階、後部が2階建てのショップハウスだったが、現在は後部が4階建てに高層化している。前部の住居内部には階段室があり、かつては1階住居内部を通って上階へとアクセスしていた。しかし、現在は1、2階を同一世帯が管理する以外は階層毎に違う世帯が居住しているため、階段室の2階と3階を繋ぐ部分を閉鎖して各階を独立させ、階層毎に別のアクセス経路を確保している。後部の高層化は段階的で、まず陸屋根の3階が増築され、次いで平入りの4階が3階の屋上に増築された。

2階部分への移動は通路に併設した階段から行うが、ここに更に階段を増築することで、3階へのアクセスを可能にしている。また、前部は1階が業務空間、2階が住居として利用されており、2階からも独立して外部階段に出られるようになっている。隣棟は以前は壁で分断されていたが、現在は取り除かれてこの階段から二方向に移動できるようになっている。3階後部は約5mセッ

第Ⅱ章
都市住居と街区居住

左：間仕切り壁を壊し通路を確保。中：内部階段の封鎖。右：住棟間を橋を渡して接続。

図2-3-1　ショップハウスの空間更新事例（事例1～3）

事例4　District Number:17 House Number:03

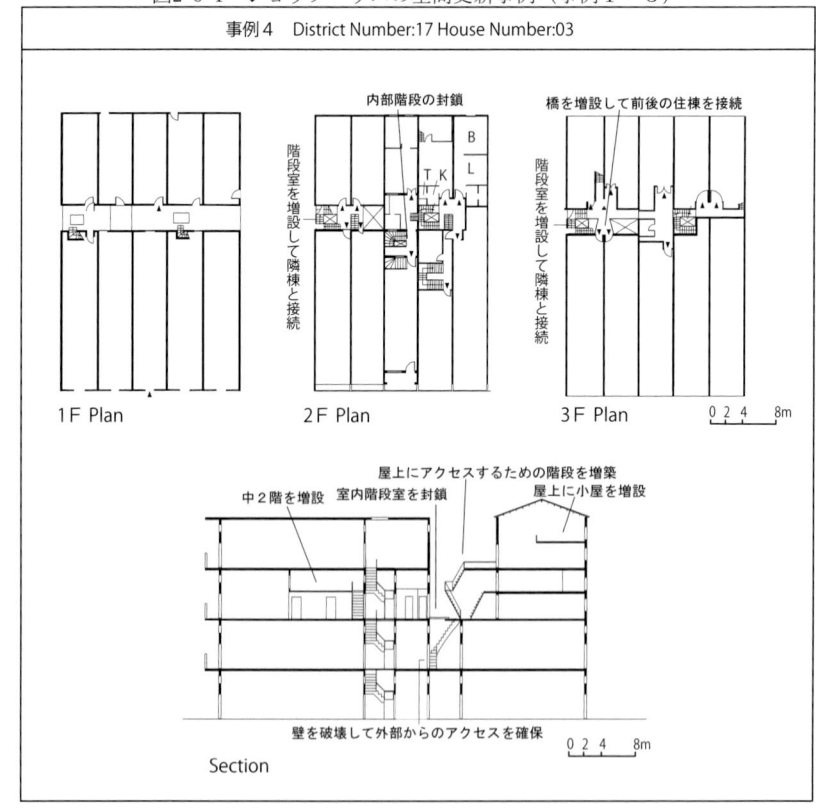

1F Plan　　2F Plan　　3F Plan

図2-3-2　ショップハウスの空間更新事例（事例4）

ショップハウスの空間更新

トバックしており、4階へはここに更に増築された階段からアクセスできる。また、前部の3階以上には、前後部を繋ぐために増設された橋から階段室に渡り、そこから各階層にアクセスする。階段室自体はドアで区切られた閉鎖空間に改変されており、各階層の独立性は担保されている。室内は住戸中央の個室配置とその上部への中2階の増築といった基本型を踏襲している。

2-2 空間更新の要因
事例をもとに空間更新の要因を整理すると、以下の3点を挙げることができる。
（1）居住空間の確保
住居面積の不足や、従前の機能の不足を補うために、増改築を行うことが分かる。すべてに水回り・中2階の増築が見られる。住居の高層化（事例3）や屋上小屋の建設（事例4）は居住空間の確保のために新たに建物を建てるケースである。廊下の私有化や路地の室内化（事例4）は共有空間の占拠し居住空間を拡大している。
（2）独立性の確保
大家族によってショップハウスを複数層にわたって所有する形式が減少する中、現存する内階段形式の階段の多くが封鎖される傾向にある（事例4）。住戸そのものの独立性を高めるケースである。また、すべての事例で見られたの

写真1 住居の高層化　　　写真2 外階段の設置

第Ⅱ章
都市住居と街区居住

が、個室の増築である。個室を設け就寝スペースとしている。住戸内部に独立した空間を設けるケースである。幅4mの細長い住戸を分割して利用している。

（3）アクセス方法の変化

増改築が行われることで、各住戸へのアクセスが阻害されるケースがある。事例1では、各住戸が廊下を私有化することで、移動経路が失われたが、隣棟との壁を除去し隣棟からアクセスできるようにしている。事例4では、内部階段が封鎖されることによって2階以上の住戸へのアクセスが失われたが、隣棟との間の空間を活用して階段や橋を設置するとともに、壁を一部除去することで新たにアクセスを可能にしている。

2-3 空間更新の場所

4つの事例を見ると、空間更新の場所としては、住戸内部がもっとも多いことが分かる。事例1では中2階・個室の増築が、事例2では中2階・個室・水回りの増築が、事例3では中2階・個室・水回りの増築ならびに住居の高層化が行われている。事例4では、中2階・個室・水回りの増築とともに、内部階段が封鎖されている。

しかし、住戸内部以外にも、増改築が行われる場所がある。外部階段や廊下など共有空間での増改築が事例1、4で見られる。事例1では、2階廊下の私有化や1階中庭への水回りの増築、2階廊下への階段の設置と屋上小屋の増築が、事例4では、屋上部分への小屋の増築、階段の増築、廊下の私有化、水回りの増築が行われている。また、路地への増築も見られる。事例4は、もともと2つの建物であり、建物間の路地を階段スペースならびに住居スペースとして取り込んだ例である。

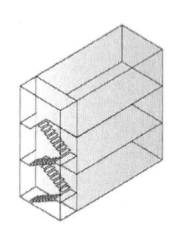

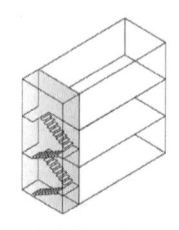

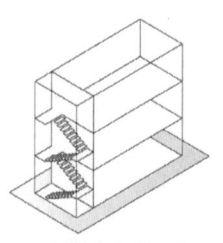

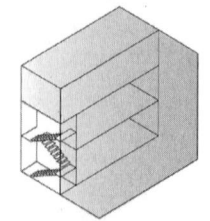

(a) 住戸内部：107　(b) 住棟内部：47　(c) 街区空間：37　(d) 住棟単位：48

図2-3-3　空間更新の場所の概略図

ショップハウスの空間更新

以上2つは、住棟内部、街区空間で行われる空間更新のケースと位置づけることができる。その他、2-2（3）のアクセス方法の変化の事例は、単一の住戸・住棟内部だけで完結するものではなく、相互をつなげるケースと位置づけることができる。

以上より、空間更新が行われる場所として以下の4か所を挙げることができる。
(a) 住戸内部：
ショップハウスの内部の増改築。外部階段・廊下など共有空間は除く。
(b) 住棟内部：
外部階段・廊下など、住民が共有して利用する空間での増改築。
(c) 街区空間：
主に路地における増築。街区空間の空地・路地スペースへの増築。
(d) 住棟間：
ショップハウスどうしを接続するなど住戸・住棟単位を超えた増改築。

3．ショップハウスでの空間更新の特性

3-1 空間更新の傾向

実測調査を行った60棟のショップハウスで確認された空間更新について、以上の4か所における内容を整理した（表2-3-1、表2-3-2、表2-3-3）。なお、分析の母数には、60棟のショップハウスのうち、空間更新の部位と内容が確認できるものを設定した。

まず、(a) 住戸内部では大きく7つの手法が存在する。分析対象である74戸の住居のうち、a-1：中2階の増築が56戸（76％）、a-2：個室の増築が60戸（81％）、a-3：住居の外部拡張が1戸（1％）、a-4：水回りの増築が26戸（35％）、a-5：屋根裏の利用が3戸（4％）、a-6：住居の高層化が4戸（5％）、a-7：内部階段の封鎖が7戸（9％）確認された。

次に、(b) 住棟内部では、7つの手法が存在する。分析対象である47棟のショップハウスのうち、b-1：テラスの室内化が14棟（30％）、b-2：中庭の占有が7棟（15％）、b-3：屋上に小屋建設が14棟（30％）、b-4：廊下の私有が23棟（49％）、b-5：廊下に階段増築が12棟（27％）、b-6：廊下に水回り増築が20棟

131

第Ⅱ章
都市住居と街区居住

表2-3-1　調査住居と空間更新の種類

(a) 住戸内部	合計：107戸	(b) 住棟内部	合計：47棟
1：中2階の増築	56	1：廊下の私有	23
2：個室の増築	60	2：水回りの増築	20
3：住居の外部拡張	1	3：テラスの室内化	14
4 水回りの増築	26	4：屋上に住居建設	14
5：屋根裏の利用	3	5：階段の増築	12
6：住居の高層化	4	6：中庭の占有	7
7：内部階段の封鎖	7	7：階段室の封鎖	1
(c) 路地空間	合計：37棟	(d) 住棟単位	合計：48棟
路地の室内化	12	住棟内部同士の接続	13
路地に階段を増築	5	住居同士の接続	6
路地と1階を接続	2	住居と住棟内部の接続	3

(43%)、b-7：階段室の封鎖が1棟(2%)確認された。

　(c) 街区空間では、3つの手法の存在が確認された。37棟の分析対象のうち、c-1：路地の私有が12棟(32%)、c-2：路地と1階を接続したものが2棟(5%)、c-3：路地に階段を増築したものが5棟(14%)確認された。

　(d) 住棟間では、48棟の分析対象のうち、d-1：住居どうしの接続が6棟(13%)、d-2：住居と住棟内部の接続が3棟(6%)、d-3：住棟内部どうしの接続が13棟(27%)の3つの接続形式が確認された。

　それぞれの増改築の割合を比較すると、(a) 住戸内部が74戸中157個と1戸平均で約2個の改変が行われており、次いで(b) 住棟内部が47棟中91個と割合が高い。(c) 路地空間では37棟中19個と約半数であり、(d) 住棟単位が48棟中22個と半数弱になる。

　これらの結果から、住戸内に限らず、ショップハウス内部の共有空間から外部空間、ショップハウス相互に至るまで、増改築による住みこなし行為が定着していることが分かる。特に(b)住棟内部での増改築の多さは特徴的である。b-1：テラスの室内化、b-3：屋上小屋の建設、b-4：廊下の私有、b-5：廊下に階段増築、b-6：廊下に水回り増築は数多く、中でもb-4：廊下の私有が約5割を占めている点は特徴的である。

3-2　空間更新手法

　以上の分析より、4つの箇所で合計20の空間更新手法があることが明らかに

ショップハウスの空間更新

表2-3-2 空間更新の集計表（その1）

```
a-1  中2階の増築       b-1  テラスの室内化      c-1  路地の私有
a-2  個室の増築         b-2  中庭の占有          c-2  路地と1階の接続
a-3  住居の外部拡張     b-3  屋上小屋の建設      c-3  路地に階段増築
a-4  水回りの増築       b-4  廊下の私有
a-5  屋根裏の利用       b-5  廊下に階段増築      d-1  住居どうしを接続
a-6  住居の高層化       b-6  廊下に水回り増築    d-2  住居と住棟内部の接続
a-7  内部階段の封鎖     b-7  水回りの増築        d-3  住棟内部どうしの接続
```

街区番号	建物番号	部屋番号	a-1	a-2	a-3	a-4	a-5	a-6	a-7	b-1	b-2	b-3	b-4	b-5	b-6	b-7	c-1	c-2	c-3	d-1	d-2	d-3
2	1	a	○			○				−	−	−	−	−	−	−				−	−	−
	2	a	○											○								
		b		○		○																
	3	a	○	○																		
		b	○	○													○	○				○
		c	○	○																		
	4	a	○	○														○				
	5	a	○	○																		○
		b		○																		
	6		−	−	−	−	−	−	−								−	−				○
4	1	a	○	○																		
		b																				
	2	a	○											○			−	−	−			
	3	a	○	○																		
6	1	a				○			○					○		○	−	−	−			
		b		○		○																
	2	a	○	○																		
		b	○	○																		
		c	○	○						○	○	○	○	○					○			
		d																				
		e	○	○																		
	3	a									○	○	○	○			○		○	○		
		d	○	○		○																
	4		−	−	−	−	−	−		○		○	○		○		○		○			
8	1	a	○	○									○		○							
	2	a		○													−	−	−			○
		b																				
10	1	a		○		○											○					
13	1	b				○					○		○				○					
		c	○	○		○																
14	1	a	○	○						○							−	−	−			○
		b	○	○		○																
	2	a	○	○		○																
		b	○	○		○	○															
	3	b	○	○		○							○	○			○					

133

第Ⅱ章
都市住居と街区居住

表2-3-3 空間更新の集計表（その2）

街区番号	建物番号	部屋番号	(a) 住居空間の増改築の状況							(b) 住棟空間の増改築の状況							(c) 街区空間の増改築の状況			(d) 住棟単位		
			a-1	a-2	a-3	a-4	a-5	a-6	a-7	b-1	b-2	b-3	b-4	b-5	b-6	b-7	c-1	c-2	c-3	d-1	d-2	d-3
17	1	a	○	○															○			
	2	b	○							○		○					○					
	3	a	○	○		○		○	○			○		○	○		○		○		○	
	4	a		○		○			○														
		c	○	○		○						○	○	○			○					○	○
		d	○	○					○														
	5		−	−	−	−	−	−	−								○					○
	6		−	−	−	−	−	−	−	○		○										
	7	a	○	○		○						○										○
	8		−	−	−	−	−	−	−	−	−	−	−	−	−	−	−	−	−	−	−	−
	9	a	○	○		○	○	○						○								
	10	d	○	○																		
		f		○								○		○	○							
		g				○																
	11	a	○	○																		
		b	○	○							○		○		○		○					○
		c		○			○	○														
18	1	a	○	○						○	○	○	○	○	○							
		b	○			○				○	○	○		○								
	2		−	−	−	−	−	−	−	○	○	○		○								○
20	1	a	○	○		○			○	○			○	○				○		○		
		b	○	○			○																
	2		−	−	−	−	−	−	−	−	−	−	−	−	−	−	−	−	−	−	−	−
21	1		−	−	−	−	−	−	−	○	○	○	○	○			−	−	−			
25	1	a	○	○							○		○									
		b	○	○																		
27	1	a	○	○		○				○										○		
		b	○	○		○				−	−	−	−	−	−	−						
	2	a	○	○																		
	3	a	○	○								○										
	4	b									○		○				−	−	−			
		c	○	○																		
	5	a	○	○						○	○		○						○			
		b	○	○																		
	6	a										○										
	7	a	○	○		○																
	8	a	○	○		○				○							−	−	−			
	9	a	○	○		○																
28	1	a		○						○												
	2	a	○	○		○				○												
	3	a	○	○	○	○																
	4	a	○	○																		
		b	○	○						○	○	○	○	○			−	−	−	○		
		c	○	○																		
		d	○	○																		
31			−	−	−	−	−	−	−	−	−	−	−	−	−	−	−	−	−	−	−	−
34	1	a	○	○	○	○						○		○								

134

3　ショップハウスの空間更新

増改築の空間類型	(a) 住戸内部			
	(i) 居住面積の確保			(ii) 独立性の確保

(a) 住戸内部:107

a-1) 中二階の増築:56 (52%)　a-4) 水回りの増築:26 (24%)　a-6) 住戸の高層化:4 (4%)　a-2) 個室の増築:56%

a-3) 住戸の外部拡張:1 (1%)　a-5) 屋根裏の利用:3 (38%*)　a-7) 内部階段の封鎖:7 (41%*)

(b) 住棟内部:47

(b) 住棟内部　(i) 居住面積の確保　(ii) 独立性の確保

b-1) 廊下の私有:23 (49%)　b-4) 屋上小屋建設:14 (30%)　b-6) 中庭の私有:7 (15%)　b-7) 階段室の封鎖:1 (2%)

(iii) アクセスの変更

b-2) 水回りの増築:20 (43%)　b-3) テラスの室内化:14 (30%)　b-5) 階段の増築:12 (27%)

(c) 街区空間:37

(c) 街区空間　(i) 居住面積の確保　(iii) アクセスの変更

c-1) 路地の私有:12 (32%)　c-2) 路地に階段増築:5 (14%)　c-3) 路地と1階を接続:2 (5%)

(d) 住棟単位:48

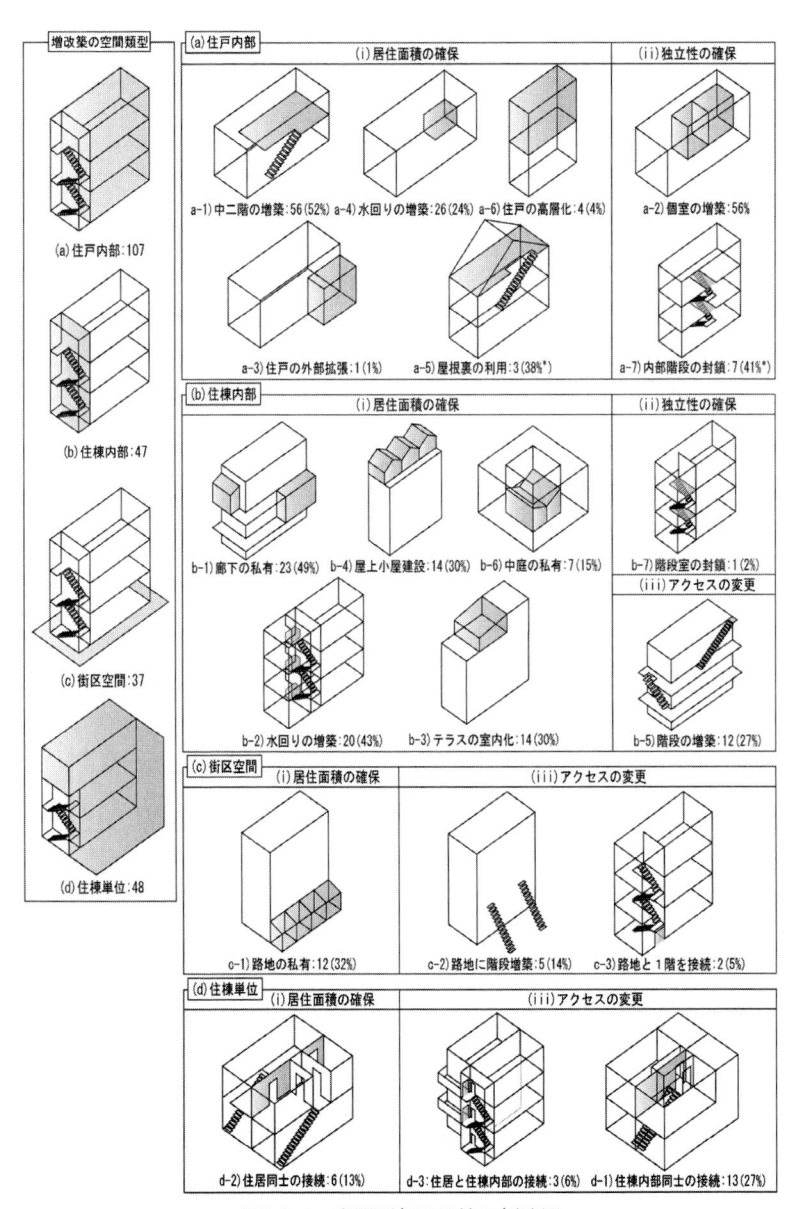

(d) 住棟単位　(i) 居住面積の確保　(iii) アクセスの変更

d-2) 住居同士の接続:6 (13%)　d-3) 住居と住棟内部の接続:3 (6%)　d-1) 住棟内部同士の接続:13 (27%)

図2-3-4　空間更新の手法の概略図

第Ⅱ章
都市住居と街区居住

屋上小屋の建設　　　　　　　階段の封鎖

中2階の増築 　　　　住宅の高層化 　　　　路地の占有

水回りの増築 　　　　　　　個室の増築

ショップハウスの空間更新

なったが、これらを2-2で明らかにした要因との関わりで分析を行うと図2-3-4のようになる。
（1）居住空間の確保のための手法として、a-1中2階の増築、a-3住戸の外部拡張、a-4水回りの増築、a-5屋根裏の利用、a-6住戸の高層化、b-1廊下の私有、b-2水回りの増築、b-3テラスの室内化、b-4屋上小屋建設、b-6中庭の私有、c-1路地の私有、d-2住戸どうしの接続が挙げられる。内容別に整理すると、積層（a-6、b-4）、内部床の設置（a-1、a-5）、水回りの増築（a-4、b-2）、戸外空間の占有（住戸の拡張a-3、住棟内部の占有b-1、b-3、b-6、街区空間の占有c-1）に分けられる。
（2）独立性の確保のための手法として、空間の囲い込み（a-2個室の増築）、階段室の封鎖（a-7内部階段の封鎖、b-7階段の封鎖）の2つに整理できる。
（3）アクセス方法の変化のための手法として、b-5階段の増築、c-2路地に階段増築、c-3路地と一階を接続、d-1住棟内部どうしの接続、d-3住戸と住棟内部の接続が挙げられる。階段の設置（b-5、c-2）と壁の除去（c-3、d-1、d-3）の2つに整理できる。
　空間更新手法を整理すると、①積層、②内部床の設置、③水回りの増築、④戸外空間の占有、⑤空間の囲い込み、⑥階段室の封鎖、⑦階段の設置、⑧壁の除去の8つの手法が用いられていることが分かる。

4．更新を許容するショップハウスへ

　本節では、プノンペンのショップハウスを対象に、セルフビルドによるショップハウスの空間更新の実態を現地調査をもとに把握するとともに、住居の自律的な空間更新の仕組みを解明することを目的とした。プノンペンの中でもっとも古くから開発が行われた地区であり、また現在もっとも高密度な居住が行われているドンペン地区の60棟のショップハウスを対象とした。
　詳細事例として4事例を挙げ分析を行い、空間更新の要因として、①居住空間の確保、②独立性の確保、③アクセス方法の変化の3点が挙げられること、空間更新箇所として、(a)住戸内部だけにとどまらず、(b)住棟内部、(c)街区空間、(d)住棟単位の4つの箇所が挙げられることを明らかにした。

第Ⅱ章
都市住居と街区居住

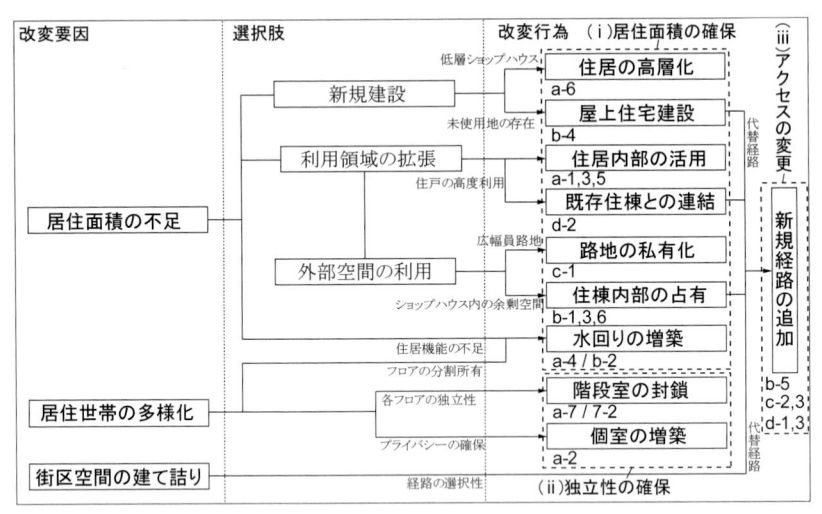

図2-3-5 空間更新プロセス

　また、60棟74戸を対象に分析を行った結果、289の空間更新の箇所があることがわかった。(a)住戸内部ではa-1：中２階の増築、a-2：個室の増築、a-3：住居の外部拡張、a-4：水回りの増築、a-5：屋根裏の利用、a-6：住居の高層化、a-7：内部階段の封鎖の７つ、(b)住棟内部では、b-1：テラスの室内化、b-2：中庭の占有、b-3：屋上小屋の建設、b-4：廊下の私有、b-5：廊下に階段増築、b-6：廊下に水回り増築、b-7：階段室の封鎖の７つ、(c)街区空間では、c-1：路地の私有、c-2：路地と１階の接続、c-3：路地に階段増築の３つ、(d)住棟間では、d-1：住居どうしの接続、d-2：住居と住棟内部の接続、d-3：住棟内部どうしの接続の３つ手法が用いられていることを明らかにした。特に(b)住棟内部の増改築が多いのが特徴的であり、廊下の私有化や水回りの増築、テラスの室内化、屋上小屋の建設が数多く見られる。これらの空間更新手法を整理し、①積層、②内部床の設置、③水回りの増築、④戸外空間の占有、⑤空間の囲い込み、⑥階段室の封鎖、⑦階段の設置、⑧壁の除去の８つの存在を明らかにした。
　変化のただなかにあるプノンペンでは、生活様式の変化、居住世帯の多様化が急激に進んでいる。また、時の流れとともに変化する家族構成にフレキシブ

ルに対応することを住居は強いられる。プノンペンのショップハウスに見られる豊富な空間更新の事例は、時の流れに対応する集合住宅の姿を示している。これらの更新を制限するのではなく、こうした更新が活発に行えるような集合住宅計画が求められているといえる。増改築を許容するようなコアハウジングシステムや垂直・水平方向への建て増しを可能にする構法システムを兼ね備え、オープンエンドな住みこなしを許容する計画を実施することが重要である。

第Ⅱ章
都市住居と街区居住

4

都市住居と都市景観

1．プノンペンの街並み

　プノンペン都心部には、ショップハウスによって形成される魅力的な街並みが広がっている。東南アジアで街並みを語る際にしばしば出てくるのは、植民地統治期に建てられたコロニアル建築であり、同じく植民地統治期に建てられた華人によるショップハウスである。しかし、プノンペンの現在の街並みを構成するのは、主に1960年代に建てられた中層のショップハウス群である。4 mスパンで道路側にベランダを配した中層のショップハウスが連続する街並みは、賑わいと美しさの共存する独特な景観を作り出している。
　1990年代中ごろから開発圧力が高まり、そうしたショップハウスが、次々に更新されつつある。2009年には、高さ120mのタワー状の高層建築物がはじめて都心部に建てられた。カナダ銀行関連のOCICタワーである。プノンペン駅の東側、プノンペンの中心ともいえる位置に建てられた。2009年から2011年までに20階以上の高さの建物が5棟建てられており計画中・建設中のものも多い。街区全体がショッピングセンターとして面的に開発されるケースもある。一つ一つのショップハウスも、ホテルやレストランなどの商業施設・集客施設に建て替えられつつある。
　個々のショップハウスの建て替えの際に、街並みの調和や連続性が配慮されることはほとんどない。大規模建造物の計画に際しても、同様である。街並みを構成する文法とは、全く異なったファサードが唐突に出現する。新しい建物への更新が点々と進むことで、これまでベースとなってきた独特な街並みが壊

都市住居と都市景観

されつつあるのが現状である。

　このプノンペン独自の街並みを継承していくには、1960年代のショップハウス群によって構成される街並みの特徴を整理する必要がある。この独自な街並みが、どういった構成原理に従って作られているのかを明らかにすることが本節の目的である。

　街並みの分析軸として、各住戸のファサードの構成要素のデザイン、住戸相互のファサードデザインの関係、ベランダならびに1階（歩道上）に置かれる物品、屋上部分の増改築を設定した。また、街区計画と都市景観との関係にも着目して分析を行った。

　プノンペンのショップハウスは開口・階高が約4mのユニット[1]を基本単位としている。1階は店舗、2階以上が住戸で、基本的にベランダを通り側に持つ。それぞれのユニットの袖壁ならびに床スラブで構成される約4mの矩形が

写真1　OCICタワー（遠景）
都心部のショップハウスの屋上からの写真。120mの高層建築は目立つ。

写真2　建設中のバタナック銀行本店
38階200m近い高層建築。2013年完成予定。OCICタワーの北隣に位置する。

図2-4-1　ショップハウスがつくる街路景観

141

第Ⅱ章
都市住居と街区居住

写真3　プノンペン都心部の街並み
都心部には1960年代以降に建てられた多くのショップハウスが残り、街並みを構成している。写真中（右・左）はオルセイ市場周辺の、写真下はトンレサップ川沿いを走るシソワット・キー通りの街並み。西洋人が集まるエリアで町並みの更新が進んでいるが、元の構成が継承されている。

写真4　建替えによってショップハウスの街並みが壊れている

4
都市住居と都市景観

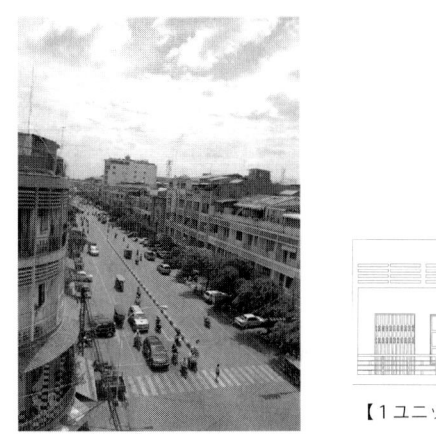

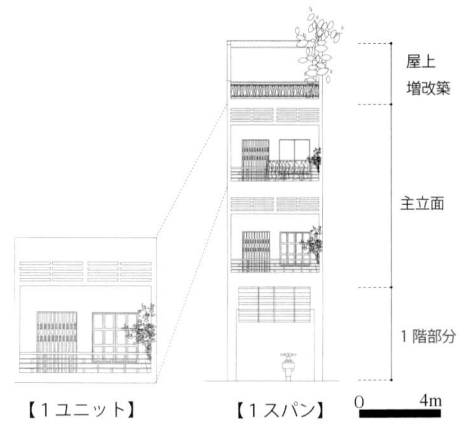

写真5 シャルル・ド・ゴール通り　　図2-4-2 ショップハウスの基本構成

表2-4-1 対象街区の構成要素　用途分類

用途	該当スパン [単位:スパン]	
ショップハウス	292	83%
店舗	17	5%
商業ビル	10	3%
ホテル	11	3%
学校	19	5%
銀行	3	1%
合計	352	100%

表2-4-2 対象街区の構成要素　階数分類

階数	該当スパン [単位:スパン]	
1	3	1%
2	4	1%
3	232	66%
4	78	22%
5	24	7%
8	6	2%
9	5	1%
合計	352	100%

垂直・水平方向に連続することで街並みのファサードが構成される(図2-4-1)。

　分析の対象として取り上げるのは、プノンペンの目抜き通りでもあるシャルル・ド・ゴール通りである。この通りはプノンペン都心部の中心の一つである中央市場プサー・トゥメイへのビスタを形成している。フランス統治後期に、プサー・トゥメイを中心に都心部南部の道路計画が実施され、プサー・トゥメイから放射状に道路が計画されたが、その特徴をもっとも顕著に表わすのが、この通りである。

　戦後の建設ラッシュ期に都心部の2階建てショップハウスは中層階のモダン

第Ⅱ章
都市住居と街区居住

ショップハウスに建て替えられた。その姿をもっともよく残す通りの一つとしてシャルル・ド・ゴール通りは位置づけられる。

分析対象として取り上げたのは、計352スパン、660ユニットのショップハウス群である。そのうち、1階で店舗を営み2階以上を居住階とするショップハウスが292スパン（83％）と大多数を占めている（表2-4-1）。カフェや販売業など店舗専門に利用されているものが17スパン（5％）、オフィスや倉庫などの商業的機能な利用が10スパン（3％）である。街並みを構成する建築物はほとんどがショップハウスに占められている。

また、それぞれのスパン毎の階数を見ると（表2-4-2）、3階のものが232スパン（66％）と大半を占め、続いて4階のものが78スパン（22％）、5階のものが24スパン（7％）見られる。8階、9階建の高層のもの、および1・2階建ての低層のものも数スパン見られた。対象地の街並みは、主に3・4階建の中低層建築によって形作られていることが分かる。

これは都心部全域に共通していたと考えられる。こうしたショップハウスの街並みが現在失われつつあり、かろうじて群として残るシャルル・ド・ゴール通りを対象に分析を行うことが、これからの建てられる街並みを構成する建築の考える上で大きな示唆を与えうる。

2．ショップハウスのファサード構成

2-1 ファサードの構成要素

個々の住戸のファサードはベランダ空間によって特徴づけられる。ベランダは、物干しの場や休憩の場として活発に利用されるとともに、ベランダ空間の凹凸が街並み景観を特徴的なものにすることに貢献している。

ベランダ空間の道路側の立面は、床スラブ、手摺、垂壁ならびに隣接住戸との共有壁で構成される。ベランダと住戸との境界面、つまり住戸の外壁面は、開口部（ドア・窓）、壁面、欄間（穴あきブロック）で構成される。原則として、住戸のファサードは、これらの構成要素によってかたちづくられる。

住戸立面上部に位置する垂壁や外壁面上部に位置する欄間は、住戸内に自然光と通風を取り入れる役割を果たす。垂壁は直接の採光や雨の吹き込みを防い

でいる。手摺は細い鉄製のものが多い。風通しが確保されると共に、手摺の存在感が薄いことで、床スラブと両側の共有壁による正方形に近いかたちが際立ってファサードを構成することにつながっている。壁面は白色あるいは薄い黄色のものが一般的だが、中にはタイル張りや装飾を施したもの、派手な装飾をあしらうものも見られる。後に付加されたものとして、特に1階上部に庇が設けられる例がしばしば見られる。強い日差しと雨の吹き込みを防ぐため設けられる。また、ベランダを金網で覆って室内化しているものや、完全に壁面で覆ってベランダを無くしたものもある。植栽や祠や家具がベランダに置かれ、生活感を感じさせる。

　具体的に見てみよう。660件の住戸を対象に分析を行った。95％にあたる624件にはベランダが見られる。そのうち垂壁が見られるのは390件（62.5％）である。必ずしも垂壁の存在が支配的でないことが分かる。

　36件（5％）では、ベランダが消失している。もともとベランダであったスペースが住宅内部に取り込まれるケースと、ベランダ全面を覆うような大規模な看板がとりつけられ通りからベランダを見ることができなくなっているケースがある（図2-4-4）。それぞれ13件、23件であり、多い数ではない。しかし、ベランダをもつユニットにおいても、外壁に防犯のためのフェンスやベラ

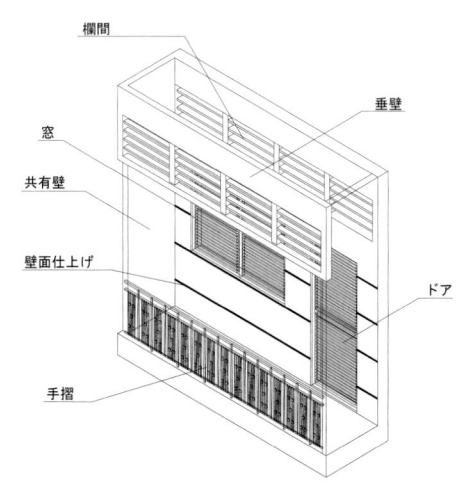

図2-4-3　ショップハウスのファサード基本構成

第Ⅱ章
都市住居と街区居住

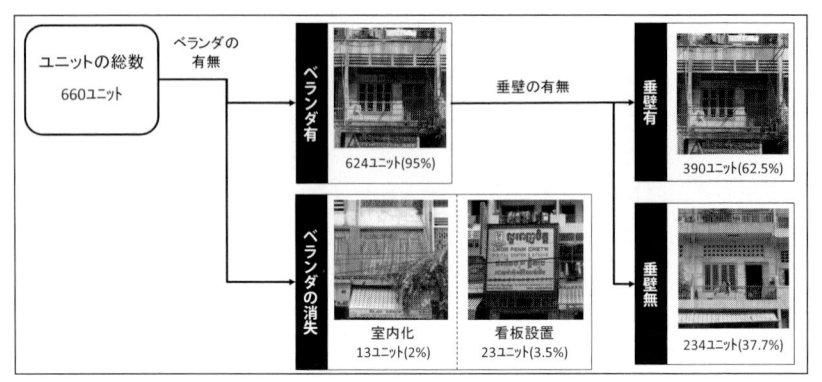

図2-4-4　各ユニットにおけるベランダ・垂壁の有無

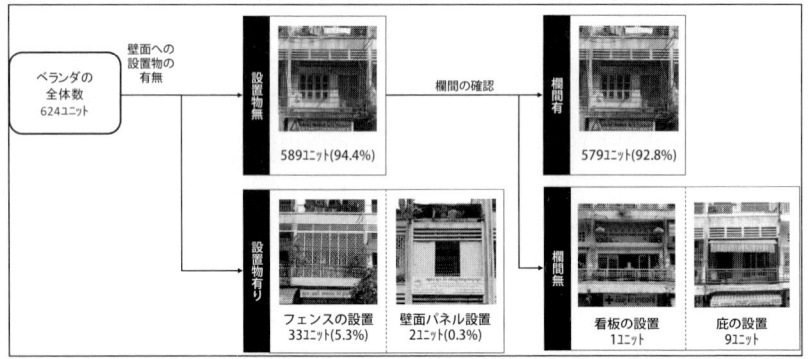

図2-4-5　壁面への設置物による分類

ンダや室内を窺えないようなパネルなどを施しているケースも確認された(図2-4-5)。これらは全部あわせても1割程度であるが、通り全体として捉えた時、奥行きのないユニットが存在することでファサードに大きな変化を及ぼすと考えられる。

　他、垂壁、欄間、手摺、開口部のデザインは、個々のユニットの居住者により個別に更新され、様々なデザインパターンが採用されている。

　開口部、欄間(穴あきブロック)、垂壁、手摺について、デザインパターンを図2-4-6～図2-4-9に整理した。開口部は、9割近くが片側ドア・片側窓の形式である。欄間部分は、換気・採光用の穴あきブロックで開口を設ける形式

4 都市住居と都市景観

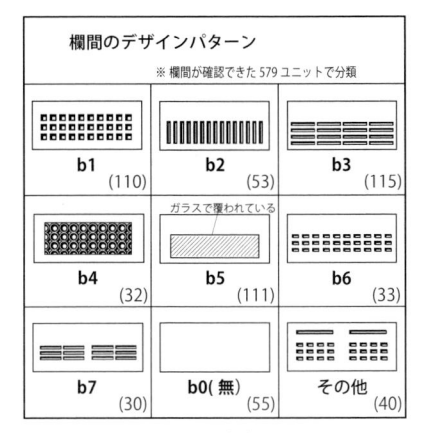

図2-4-6 欄間のデザインパターン

図2-4-7 垂壁のデザインパターン

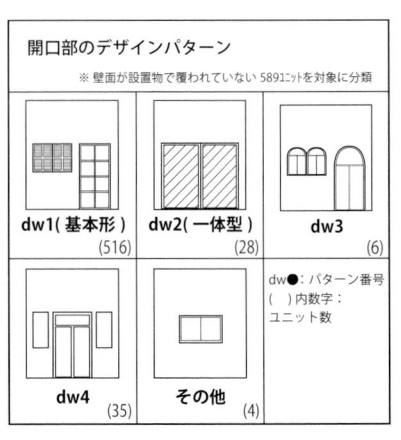

図2-4-8 開口部のデザインパターン

図2-4-9 手摺のデザインパターン

が、全体の7割を占める。2割がガラス窓、1割は開口なしとなる。穴あきブロックによる開口デザインは、それぞれがバラバラなわけではなく大きく6つに分けられる。10cm四方の正方形の穴をもつブロックで構成される形式、10cm×80cm程度の横長スリットで構成される形式がそれぞれ全体の2割を占める。垂壁は全体の6割程度しかないが、そのデザインも6つに分けられる。横長のスリットが入る形式が半分を占めるのが特徴的である。手摺は、全体の9割が

147

第Ⅱ章
都市住居と街区居住

鉄製のシンプルなデザインである。
　各住戸のファサードでは、ベランダを介して外側の外層（垂壁・共有壁・床スラブ・手摺）と内側の内層（壁面・開口・欄間）との2層が平行に並立することで特徴あるファサードを作り出している。中でも外層の共有壁・床スラブがおおむね4m四方の格子を街並みファサード全体に作り出しながら、垂壁、欄間、手摺、開口部が変化を生み出している状態が個々の変化と全体のまとまりの調和を生み出しているといえる。

2-2　ベランダの生活景

　ベランダは生活の場として機能している。1階や2階だけでなく3階以上の階でも生活の姿を通りから垣間見ることができる。具体的に、配置物品からベランダの使われ方を考察するために、ベランダが設置されている624ユニットの住戸を対象に通りから配置物品の調査を行った。
　およそ4分の3（73.4%：458ユニット）のベランダで物品の配置が確認できた（表2-4-3）。中でも6割近くのベランダで祠と植栽を確認することができた。洗濯物はおよそ半分で確認できた。

表2-4-3　ベランダの配置物品

| 物品確認 | 物品 | | | | | | |
ベランダ	植栽	祠	洗濯物	イス	ハンモック	テーブル	ブランコ
458	266	269	233	98	5	7	5
73.4%	58.1%	58.7%	50.9%	21.4%	1.1%	1.5%	1.1%

(単位：ユニット)

写真6　人の居場所となっているベランダ

植栽に関しては、樹種やサイズの異なる植栽が見られ、様々なかたちでベランダ空間に潤いを与えるとともに街並みを演出しているといえる。毎日の生活に密接にかかわる洗濯物や祠が多くのベランダに見られるのも特徴的である。また、主に休憩や談話に利用されるイス(98ユニット:21.4%)、ハンモック(5ユニット:1.1%)、テーブル(7ユニット:1.5%)、ブランコ(3ユニット:0.7%)といった物品も見られた。ベランダは日常の一時的な生活行為だけでなく、人が滞留する場としても活用されていることが分かる。
　各ユニットは単体ではひとつのベランダのファサードにすぎないが、それらが連続することで結果的に街路の景観に変化を与え、人がいるベランダが点在することで賑わいのある街路景観が生まれている。

2-3　1階部分の賑わい景観

　ショップハウスの1階部分は、店舗が建ち並び、活気と賑わいのある景観を作り出している。ショップハウスの1階部分の設えと周辺物品の種類から、ショップハウスの1階部分が作り出す景観について見てみよう。

(1) 壁面構成

　1階部分において壁面ファサードを構成する要素に着目し分析を行った結果、下記のような結果を得た。壁面に着目すると、全292件のうち166件(57%)において色彩、材質の改変が見られた。このような個々のショップハウスの改変が、変化のある壁面の連続を生み出している。そのうち19%(166件中32件)については、商品の写真やイラストを壁面に施し、歩行者に店舗のアピールしている例が確認できた。

　壁面に付帯するものに着目すると、主に看板などの物品の設置が見られる(図2-4-10)。特に、垂壁部分に設置された店名の看板(設置型看板)は多くのショップハウスで採用されており(174件:60%)、収納可能な簡易庇の設置も顕著である。

　個々のショップハウスにおける壁面の改変や看板の設置などの、歩行者へのアピールの仕掛けが1階部分のファサードの特徴的な要素となっていることが分かる。

第Ⅱ章
都市住居と街区居住

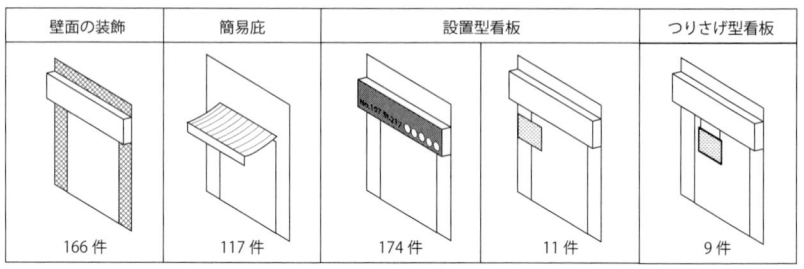

壁面の装飾	簡易庇	設置型看板	つりさげ型看板
166件	117件	174件	11件	9件

図2-4-10　1階部分の壁面の変化と壁面への付加物

写真7　壁面への付加物の例

（2）物品から見る1階部分の景観特性

　全292件のうち274件（93.8%）の前面歩道に物品が確認され、前面歩道は積極的に活用されていることが分かる。これらの物品は、1階の景観を作り出す重要な要素と捉えられる。

　前面歩道の物品をその役割から、①演出、②商業、③作業、④生活、⑤居場所形成、⑥駐車の6つに分類した（表2-4-4）。植栽や立て看板などは①の歩行者への演出に、②の商業（図2-4-11）には、歩道に陳列されている商品（115件）や、商品が並べられたショーケース（29件）、飲食業店舗が歩道に出して調理する調理台（4件）などが挙げられる。パラソルの下で独立した店舗（小売）を営んでいる場合も、屋台と同様商業物品とした。③作業には、塗装業、バイク修理、金属加工などを営む業種が該当する。屋内での作業があふれ出し、歩道で作業を行っている。これらの作業に伴う機材や作業台などが作業物品である。④生活には、洗濯物など日常生活にかかわる生活物品が当てはまる。⑤居場所

都市住居と都市景観

表2-4-4　1階街路の物品配置

商業				
パラソル	ショーケース	調理台	屋台	商品
21	29	4	2	115
7.2%	9.9%	1.4%	0.7%	39.4%
居場所形成			乗り物	
椅子	露台	机	車	バイク	自転車
94	1	3	74	169	11
32.2%	0.3%	1.0%	25.3%	57.9%	3.8%
作業系		演出		生活物品
作業台	機材	立て看板	植栽	洗濯物
10	3	14	30	1
3.4%	1.0%	4.8%	10.3%	0.3%

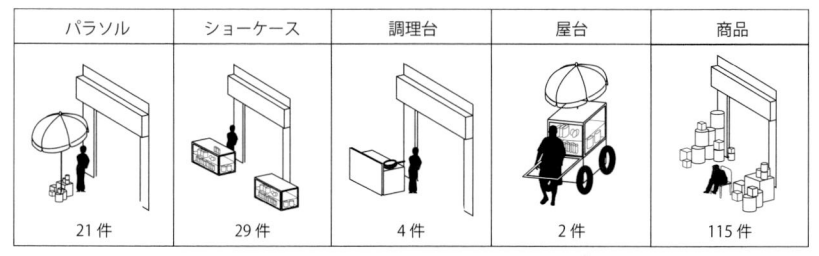

図2-4-11　商業物品の種類

図2-4-12　居場所を形成する物品配置

形成(図2-4-12)に関しては、小売業の店主が商品の中に椅子を置いて座る例や、作業を行うために椅子が置かれている例、道に無造作に露台が配置されている例などが見られた。椅子、机、露台が配置されることで人が休憩し滞留する場が形成されている。また、②に挙げられたパラソルは日陰をつくり、人が滞留する場を形成するといえる。⑥駐車に関しては、バイク、車、自転車が停

151

第Ⅱ章
都市住居と街区居住

まっている状況や、トゥクトゥクが客を待っている光景も見られる。時間毎に行きかい、配置を変えるこれらの要素は歩行空間の景観を変化させている。
　商業、演出に関する物品は、歩行者へのアピールを行っていると同時に、建物前面の景観に大きな影響を及ぼしている。歩道での作業、居場所の形成により、人の歩道での滞留がみられ賑わいのある景観に寄与しているといえる。
　商業物品や作業物品を含めたこれらの物品は夜間の閉店時には室内に収納される。また、乗り物は目まぐるしく行き来し配置を変える。これらは人の営みと共に時間的変化をする物品である。
　以上のように、1階部分の景観は建物に付随する要素のみではなく、簡易な物品の前面への配置が強い影響を及ぼしている。多様な特性の物品が同一街路に存在することで、歩行空間を豊かにしている。また、これらは人の営みと共に時間的変化をする物品であり、「時間的変化のある景観」を作り出し、1階部分の景観を特徴づけている。

2-4　屋上のスカイライン
（1）屋上階における増改築
　ショップハウスの頂部はもともとフラットルーフであるが、上下水道や電気を敷設して住戸が増築される例がしばしば見られる。調査対象地では、ショップハウス292スパン中、216スパンの屋上において何らかの増改築が見られた。
　屋上増改築の多くは、トタン屋根を持ち下階壁面からセットバックしている住居（165件）である（図2-4-13）。これらは下階住戸と関係を持たないが、下階同様ベランダを街路側に向けて建てているものが多い。下階住戸が、屋上部分に同じ装飾の住居を増築をしている例も14件見られた。住戸の増改築ではないものの、住戸増築の際に活用すると考えられる柱梁が既に設置されているケースが37件に見られた。
（2）屋上増改築によるスカイライン
　屋上増改築の屋根形状に着目すると、ほとんどのものが緩やかな平入りの片流れあるいは切妻屋根であるのに対し、少数ではあるがヴォールト、切妻・妻入りの三角屋根の採用も見られた。また、屋上増改築の積層化（2層）が11件見られた。

4
都市住居と都市景観

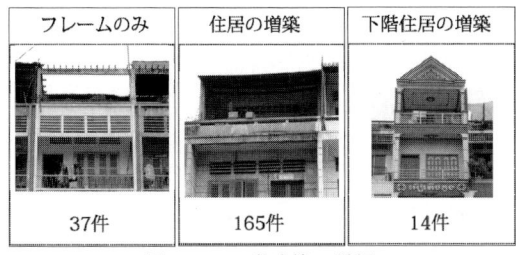

フレームのみ	住居の増築	下階住居の増築
37件	165件	14件

図2-4-13　増改築の種類　　　　写真7　スカイラインの変化

3階建、4階建と階層の異なるショップハウスの上に、また新たに増改築が行われ、個々の増改築が変化にとんだスカイラインを形成している。

3．ショップハウスの街並み景観

3-1　街並み連続立面の全体構成[2]

これまで見てきたショップハウスのファサードが街並みを構成した時に、全体でどういった街並み景観を作り出すのか、その特徴を明らかにしたい[3]。街並みを特徴づける開口部、欄間、垂壁、色彩に着目して整理する。

隣接したユニットにおいて、同一の要素で同じデザインパターンを採用している場合、それらは連続性をもち、ファサードとしてのまとまりをもつと考えられる（図2-4-14）。ここではそのまとまりを「連続単位」と定義する。垂壁、欄間、開口部については、抽出したパターンをもとに、色彩については、隣接するユニットの色彩が同一と認識できるか否かで、連続単位を抽出する。対象街区のショップハウスにおけるユニットと連続単位の関係は図のように示される（図2-4-15～図2-4-17）。

具体的に見てみよう。スパン46,45と44,43においては、開口部、欄間、垂壁、色彩の4種の連続単位が一致していることが分かる。これらのユニットは、連続単位の中でユニットごとが強く結びつき、他から独立したかたまりを作っている。このように複数の連続単位が同一の範囲を包括している場合、その複数の連続要素の位相関係を「重合」と呼ぶ。重合の関係にある連続単位の数が多いほど、その連続単位内のユニットにおける共通点が多く、結びつきが強いといえる。

153

第Ⅱ章
都市住居と街区居住

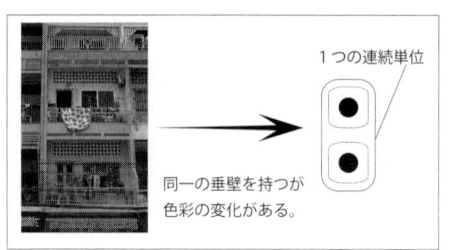

ここでは垂壁・欄間・開口部・色彩といった4つの要素に対してユニット相互の相関関係を整理している。相互の関係を規定するのが連続単位という考え方である。

図2-4-14　各ユニットの連続単位

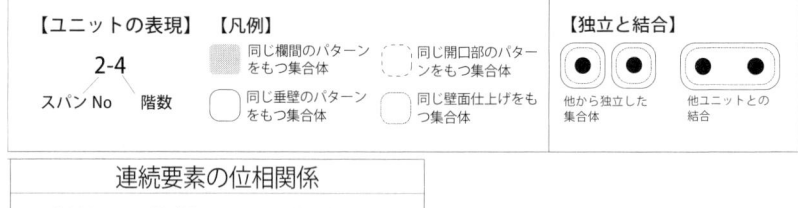

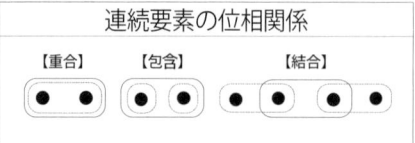

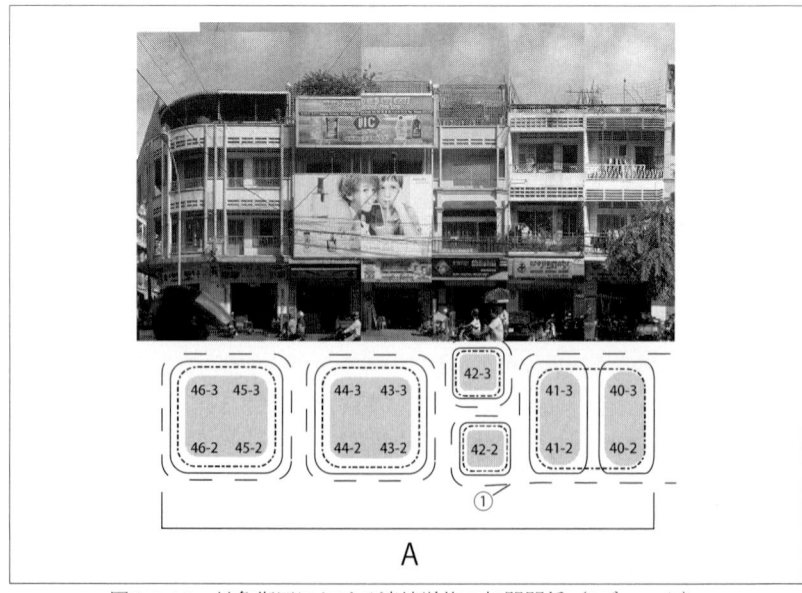

図2-4-15　対象街区における連続単位の相関関係（Aブロック）

4
都市住居と都市景観

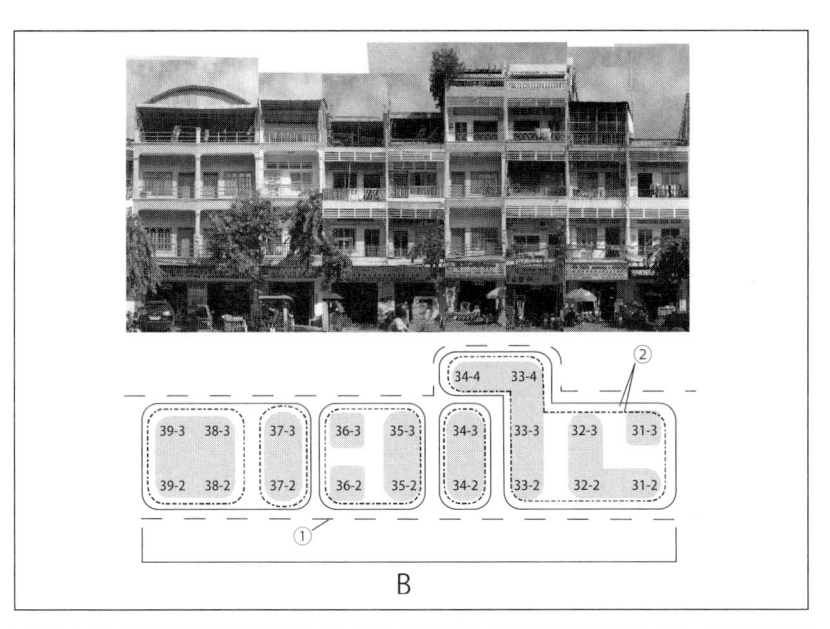

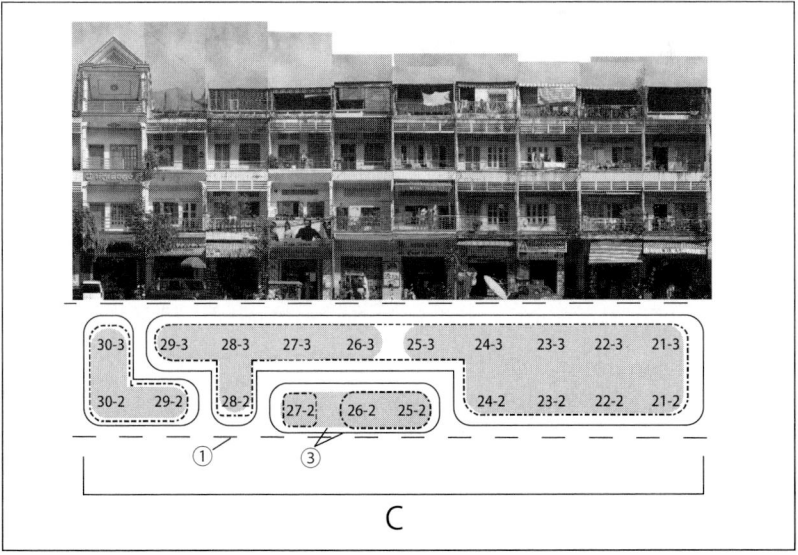

図2-4-16 対象街区における連続単位の相関関係（B・Cブロック）

第Ⅱ章
都市住居と街区居住

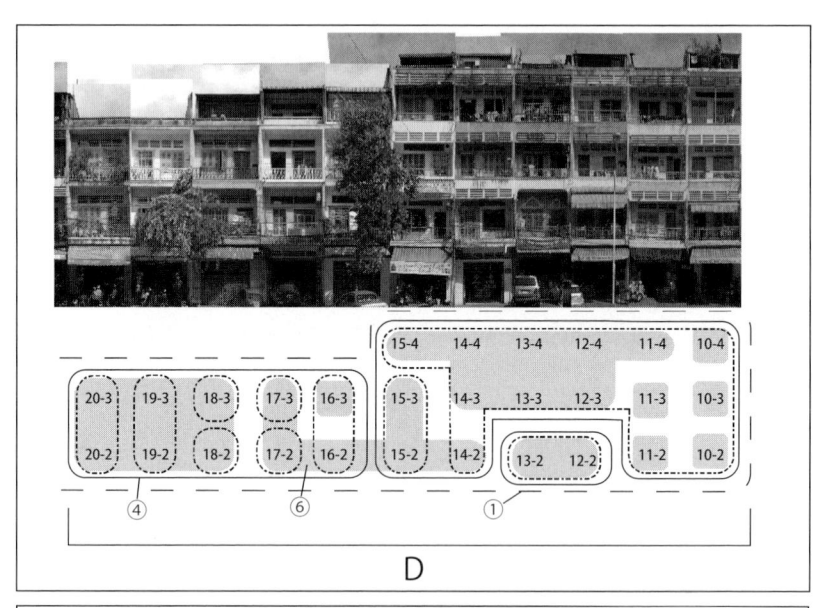

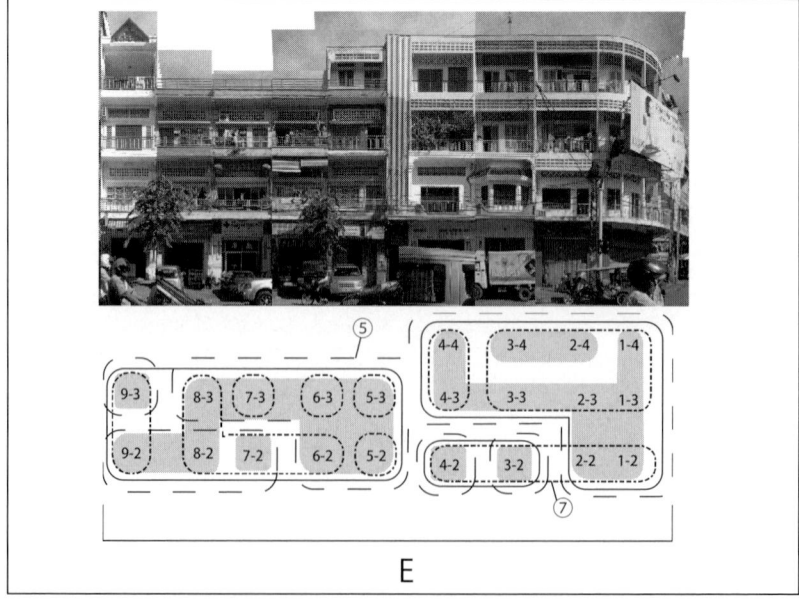

図2-4-17 対象街区における連続単位の相関関係（D・Eブロック）

156

開口部による連続単位①はスパン10から42まで、広範囲のユニットを統合している。同時に①は、他の連続単位の集合体であることが分かる。このように一つの連続単位が他の連続単位を完全に含んでいる場合、この位相関係を「包含」と呼ぶ。②、③、④、⑤にみられる関係も「包含」である。
　欄間のデザインによる連続単位⑥は、異なる連続単位を「結合」している。複数の連続単位の一部を他方の連続単位が「結合」している例はスパン34にも見られる。
　このようにユニットは同一壁面の中で、要素の共通性により連続単位を形成したり、他との共通要素を持たず独立したりする。連続単位同士は、「重合」「包含」「結合」を組み合わせ重なり合いながら、壁面の中で強弱のある結びつきを形成している。
　各ユニットが行う個別更新は、結果的に隣接ユニットとの関係をもちながら、壁面ファサードを形成していることが分かる。それらが同一間口、同一高さという条件のもと、同一壁面にあることで、壁面はなだらかな連続性を保っているといえる。
　一方、看板が設置されたスパン43, 44は、周辺ユニットとの共通点を持たず、壁面の中で独立していることが分かる。看板設置などによる壁面の一体型改変は、その両側のショップハウスの連続性を奪っていることが明らかである。

3-2　街路景観とショップハウス

　シャルル・ド・ゴール通りの特徴的な道路配置も、街並みを形作る要素となっている(図2-4-18)。その特徴として(1)プサー・トゥメイへのビスタ、(2)通りに直行する道のシークエンス、(3)角地のアール建築の効果の3つを挙げることができる。以下に詳述する。
　(1) プサー・トゥメイへのビスタ
　シャルル・ド・ゴール通りはプサー・トゥメイから南西に延びる道路であり、通りからはプサー・トゥメイへのビスタが形成されている。ショップハウスによってつくられる街並みは、通りの両側に同様のファサード構成で並んでおり、共有壁で構成される垂直のラインがリズムを刻みながら、床スラブならびに垂壁によって構成される水平のラインが遠近感を強調するようにプサー・

第Ⅱ章
都市住居と街区居住

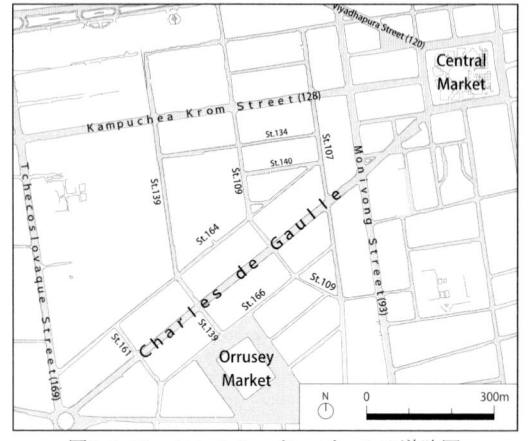

図2-4-18　シャルル・ド・ゴールの道路図

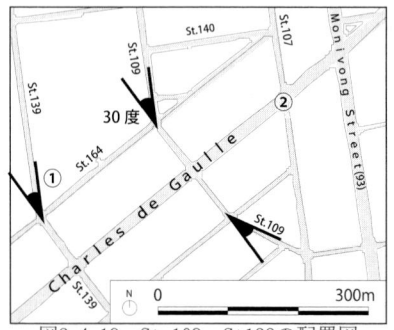

図2-4-19　St.109、St139の配置図

トゥメイにまで伸びている。
（2）通りに直行する道のシークエンス
　通り沿いの街区が、シャルル・ド・ゴール通りならびに通りに直行する道によって分割される箇所がある。特に、St.139とSt.109は1つの街区をまたいで北へ30度傾いている（図2-4-19）。シャルル・ド・ゴール通りから眺めると、終点のない壁面の連続が奥行きをもちながら続いており、側道へのシークエンスを演出しており興味深い。
（3）角地のアール建築の効果
　対象地には20か所の角地が存在しているが、そのうち14か所においてショッ

4
都市住居と都市景観

表2-4-5　対象地の角地建築

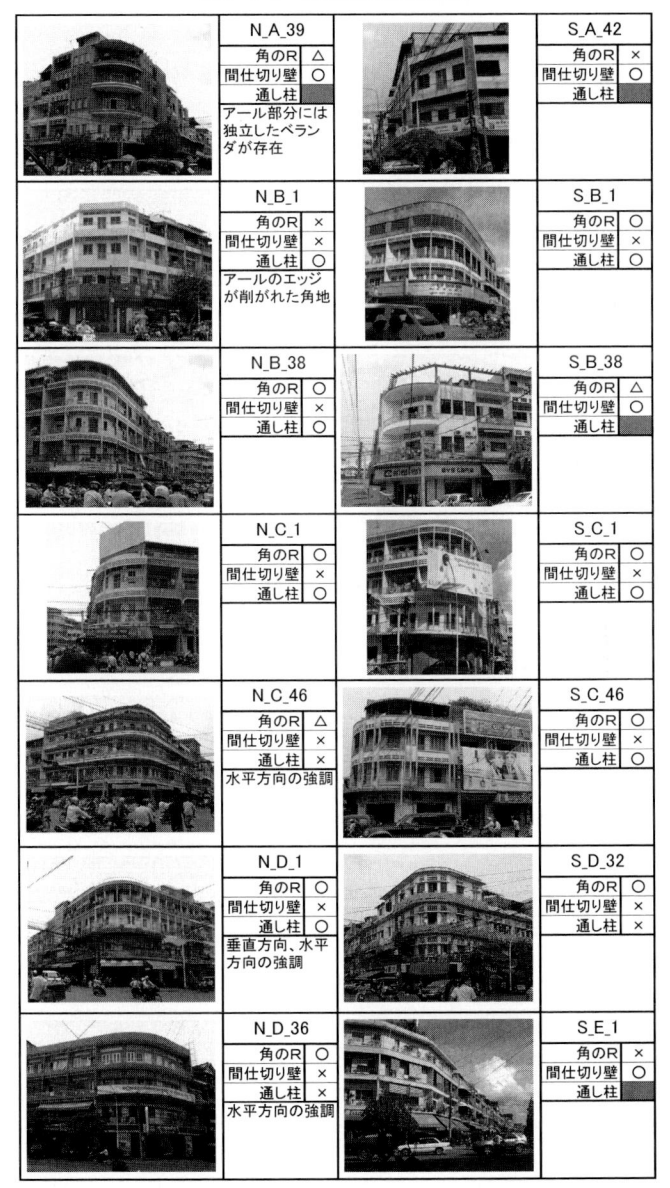

	N_A_39		S_A_42	
	角のR	△	角のR	×
	間仕切り壁	○	間仕切り壁	○
	通し柱	○	通し柱	
	アール部分には独立したベランダが存在			

	N_B_1		S_B_1	
	角のR	×	角のR	○
	間仕切り壁	×	間仕切り壁	×
	通し柱	○	通し柱	○
	アールのエッジが削がれた角地			

	N_B_38		S_B_38	
	角のR	○	角のR	△
	間仕切り壁	×	間仕切り壁	○
	通し柱	○	通し柱	○

	N_C_1		S_C_1	
	角のR	○	角のR	○
	間仕切り壁	×	間仕切り壁	×
	通し柱	○	通し柱	○

	N_C_46		S_C_46	
	角のR	△	角のR	○
	間仕切り壁	×	間仕切り壁	×
	通し柱	×	通し柱	○
	水平方向の強調			

	N_D_1		S_D_32	
	角のR	○	角のR	○
	間仕切り壁	×	間仕切り壁	×
	通し柱	○	通し柱	×
	垂直方向、水平方向の強調			

	N_D_36		S_E_1	
	角のR	○	角のR	×
	間仕切り壁	×	間仕切り壁	○
	通し柱	×	通し柱	
	水平方向の強調			

159

第Ⅱ章
都市住居と街区居住

プハウスが確認できた(表2-4-5)。
　基本的なファサードの構成要素は、角地以外に存在するショップハウスと変わらないが、角の形状にアールが用いられているのが特徴的である。このアールはコロニアル建築にも多用されたアールデコのデザインに関連すると考えられる。アールの存在により、シャルル・ド・ゴール通りから側道へと滑らかに壁面が繋がり、エッジにすることで失われるベランダの連続性を保っている。ベランダと壁面、共にアールのもの(8件)も見られる一方で、角のアールをそぎ落とし直線的なベランダに改築しているショップハウスも見られる。
　隣接のベランダとは、境界壁をもたないものが多く(10件)、それらは隣家とベランダを共有していると考えられる。境界壁をもたないが、ベランダの端に下階と繋がる通し柱をもつものも見られる(7件)。この柱はファサードにも表出しており、アール部分の垂直方向を強調している。ベランダが強調する水平方向と、垂直方向の強調により、アール部分にパースペクティブ効果がもたらされている。境界壁と通し柱を共にもたないケースでは、水平の奥行き感が強調されているといえる。
　角地建築のアールの存在により、歩行者の動線が側道へ滑らかに誘導される。

4．街並み景観の継承

　本節では、プノンペンのシャルル・ド・ゴール通りを対象に、ショップハウスがつくる街並みの特性について明らかにした。
　袖壁と床スラブならびに垂壁で構成される約4ｍ四方のグリッドがファサードの外層を形づくっている。その外層から1ｍ程度セットバックした位置にある住戸内部との境界は、壁面・開口部・欄間によって構成されている。ファサードが2層構成になり奥行きのある街並みが作り出されている。また、外層のグリッドによって全体のまとまりが確保されながら、手摺・垂壁・開口部・欄間がそれぞれ限られたコードに従いながらも個々の住戸で選択されることで、全体性と個別性が共存した独特な景観を作り出している。
　通りに面して各戸にベランダが配置されることで、街並み全体が人の居場所となり生活・人の動きがまち全体に表出する。ベランダには植栽や祠や洗濯物

都市住居と都市景観

が配置される。特に植栽や祠が様々な高さで街並みの中に表出することでまた、独特な景観を作り出している。

　1階は店舗として使われることが多く、壁面装飾が施され簡易庇や看板が取り付けられている。前面歩道には商業スペース、駐車スペース、また店主や住人の居場所として様々な物が置かれており、これらは時間的変化のある景観を作り出している。また屋上は積極的に増改築がなされており、変化に富んだスカイラインを形成している。

　こうした街並みは単なる一面の壁として存在するだけではなく、道路両側に配置されるとともに、それらが街区レベルで連続することで、またプサー・トゥメイをアイストップとしたビスタを計画するアーバンデザインと連携することで、都市景観に埋め込まれることに成功している。

　ショップハウスがつくる景観の特徴が継承されるためには、袖壁と床スラブによって構成される街並み立面のグリッド構成と居場所としてのベランダの存在が重要である。ベランダを覆うような更新あるいは一面的なファサードの建築は避けられるべきである。各住戸の多様な更新が評価されるのは、街並みの全体性が確保されることが前提である。

　賑わいのある景観を作り出すためには、1階部分の商業利用ならびに前面歩道の利用が継承される必要がある。スパンごとに行われる屋上の増改築や各住戸の多様な増改築も個別に行われながらも、現在のところ相互に関連を保持しており、個別更新は尊重されていい。

　都市景観との関係でいえば、角地のアールをもつ建築が重要である。他のショップハウスよりも、この角地の建築の都市景観形成上の意味は大きく、存続は優先される必要がある。

註
1）間口約4mのユニットが垂直方向に連続するものを1つの単位「スパン」とし、また立面に現れる約4m四方の基本構成を1「ユニット」とする。
2）3－1の議論は以下の文献を参考にしている。
小林はるか、北原寛司、是永美樹、八木幸二「パリにおけるブロックインフィル建築の表層の表現」日本建築学会計画系論文集、No74, pp1043-1050, 2009年5月。
中谷豪、奥山信一、山田秀徳「街路型建築のファサードの表現—ファサードの連続性に

第Ⅱ章
都市住居と街区居住

より形成された都市空間に関する研究(1)―」日本建築学会大会学術講演便概集(中国), No9311, 1999年9月。
中谷豪、奥山信一、山田秀徳「街路型建築のファサードの連続性―ファサードの連続性により形成された都市空間に関する研究(2)―」日本建築学会大会学術講演便概集(中国), No9312, 1999年9月。
3) 具体的には、シャルル・ド・ゴール通りの中でもショップハウスが連続して街並みを構成する街区を取り上げ、46スパンの住戸のファサード相互の関係を分析した。

第Ⅲ章

土着的な住居と集落

第Ⅲ章
土着的な住居と集落

1

農村集落

1．農村集落と高床式住居[1]

　カンボジア人の8割が暮らすといわれる農村では、高床式住居が一般的である。カンボジア人は、核家族単位で住居を持ち、妻方居住の特徴をもつ。住居は12本の柱で構成されるケースが多く、その場合桁行方向4本、梁間方向3本となる。桁行が8mから12m、梁行が6mから7mが一般的で、ベランダ等を付加して規模が大きくなるものもある。床上に上がる階段は、奇数段がよいとされ住居の前面に配置される。入口は、カンボジアで吉の方角とされる東側に面するように配置される。壁材は板、カヤで作ったマットが用いられる。屋根材は瓦、カヤ、トタンである。
　カンボジアの住居は屋根の形態で分類される。プテァッ・クンは、入母屋の屋根形態であるが、上部の切妻屋根の部分と寄棟の下屋とは架構的に分離して

写真1　農村集落の様子

1

農村集落

形式をしている。バイヨン寺院のレリーフにも同様の形態が描かれており、アンコール時代の王宮建築の形態に近い。プラック・ビレックの現地調査によると、バッタンバン州とバンテアイ・ミンチェイ州に1棟ずつ見られたのみだという。現存数は極々限られると考えられる。プティッ・ロン・ダォルやプティッ・ロンドゥンは、一般的な入母屋の屋根形態をもつ住居である。片面に妻面を見せ3面の屋根で構成されるのが前者で、4面屋根が葺かれるのが後者である。寄棟の屋根をもつ形式がプティッ・ペッである。前面に母屋を建て、後ろに台所を建てる形式が一般的である。切妻屋根の形式がプティッ・コンタンである。現在ではプティッ・ペッならびにプティッ・コンタンが一般的な住居形式である。

　住居内部は、主室と寝室に仕切られる。大抵の住居は寝台がなく、むしろ（ござ）を広げて蚊帳をかけ就寝する。衣類は、手製の木箱の中に整頓されるか、その他の「衣類掛け」に掛けられる。台所では、8字形のたらいのような

写真2　畜舎

写真3　鵜舎

写真4　物置

写真5　作業場

165

第Ⅲ章
土着的な住居と集落

　土製の炉がつかわれ、丸い土製の鍋やかめが見られる。また、ザルや籠の細工物も見られる。
　床下空間は、床高が十分ある場合、畜舎、鵜舎、物置あるいは作業場として利用される。夜間牛が繋がれ、畜舎として利用する場合は、割竹で作った長方形の飼槽が備え付けてある。鵜舎は鶏が留まる丸太が設置され、豚舎は枝で小さな囲いが作られている。農具（すき、くわ、かま）、牛車、小船あるいは籾摺り臼など置かれる物置としての利用も見られる。織機が置かれることもある。
　家の前には、必要に応じて井戸、足踏みの杵と木臼がある。杭の間は農具、牛や水牛、離れたところに畜舎があることもある。家のそばに独立した籾小屋・穀倉がある。穀倉は小さな長方形の建物（4〜10㎡）で、切妻屋根をもち床高は50cm程度と低い。鼠が侵入しないように壁は泥と乾し藁を混ぜた土壁でできている。
　集落には、一般的に所有地の明確な境界線がない。ある樹木の位置などが敷地を表す目印となるのだが、住民が示す敷地境界の概念はおおまかなものである。住戸が密集する集落内部には、公共的な道路や広場はなく、住民は住居と住居の間や各住戸の高床の下を自由に通り抜けるなど、公私の空間概念はなく、極めてフレキシブルな利用がなされている。

2．ロヴェア村の住居・集落構成

2-1　概要
　ロヴェア村は、中心には村の守り神である「プリャ・プム」が祀られる環濠集落である。シェムリアップ州ポーク郡ロヴェア区に所属しアンコール・ワットから西方17kmに位置する農村集落である。1975年に始まるポル・ポト政権時代に住居は数軒を除き全焼し、住民は他集落へ追いやられた。その後1979年には住民は村に帰還し、元所有地に住居再建し始めた。以後現在まで人口増加によって高密化しつつある。一部中国系を含むクメール人集落である。

2-2　集落の構成
　この集落は居住域と農地により構成されている。居住域には住居が密集して

農村集落

写真6　ロヴェア村の住居

境内にあるラテライト製のリンガ　　　　本堂の内部空間

写真7　ロヴェア村の寺院

おり、直径約300ｍの円状に広がっている。集落の公共施設としては、東方にある寺院、中心に祀られる祠（プリャ・プム）、集落に数か所点在する井戸が挙げられる。明確に道として整備されている道路は数少ない。牛車が農地へと

第Ⅲ章
土着的な住居と集落

村の中心には、村の守り神であるプリァ・プムが祀られている。

集落には、数か所に井戸が点在している。

写真8　集落の公共施設

写真9　農地へ向かうための道

写真10　敷地境界にある柵

向かうための道と、祠がある中心部から放射状に延びる3本の道のみが、整備された公共の道である。住居間の移動にはこの道が使われることはほとんどなく、住居と住居との間のすきまを通ることになる。

　住居は、敷地が比較的ゆったりと確保された中で連続して配置される。敷地境界には、原則として柵や樹木、あるいは木製またはコンクリート製の杭が設置され目印として機能している。特に道路との境界には柵や樹木等の明確な境界が設けられる。住居が隣り合わせながら建ち並ぶエリアでは、境界が物理的に明確に表示されることは少なく、杭が目印として配置されたり、何も設けられなかったりする。私有地を通らずには住居間を行き来することはできず、敷地内の空地が通り道やたまり場として用いられているケースが多い。

2-3 居住空間の構成

具体的に86件の住居を対象に敷地内の構成を見ると、敷地には、住居に加え釜屋、井戸、トイレ、牛餌、鳥小屋、肥溜めが配置されることが分かった。86件中、釜屋15件、井戸11件、トイレ11件、牛餌9件、鳥小屋4件、肥溜め2件見られた。敷地の構成要素としては、住居のみのものが53件であり、住居のみで構成されるものが一般的であることが分かる。

（1）住居の基本構成

集落内でもっとも典型的だと思われる住居を例に住居の基本構成を説明する。屋根は切妻屋根から片側に下屋を伸ばした形態をもち、柱は桁行2間梁行3間で、柱間はそれぞれ2500mm、2400mmである。住居床上に上がるには、下屋の妻側に設けられた階段を利用する。床上空間には長方形の一室空間の隅に個室が設けられている。

釜屋 　　　　　　　　　井戸

肥溜め 　　　　　　　　牛餌

写真11　屋敷地の構成要素　その1

第Ⅲ章
土着的な住居と集落

トイレ　　　　　　　　　　　　　鳥小屋

写真12　屋敷地の構成要素　その2

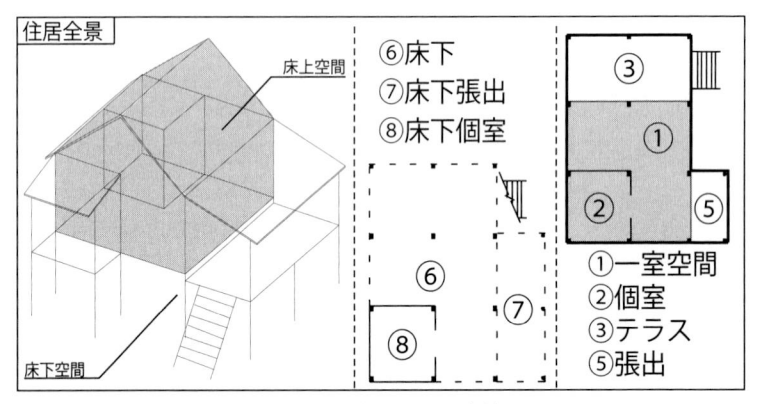

図3-1-1　住居空間の定義

　住居床上は大きく主室と、付加空間であるテラス、張出により構成される。主室は住居床上空間の多くを占める。またテラス・張出は、主室とは空間としての連続性をもち、いずれも壁で囲まれる空間であるが、その上に掛かる屋根は主室とは異なる。特に下屋下の空間であるテラスは、床にレベル差を設けることで意識的に主室とは区別されている。
　住居床下は床上を支える柱により構成された空間と、床下に庇を設けた庇下の空間、また床下の一部に壁を設けることで一部室内化した空間により構成される。

170

(2) 住居の空間構成とその利用
　床上、床下の空間の機能を以下に整理した。団らん、休憩、調理・炊事、食事、収納、作業の6つが挙げられる。団らん・休憩の場には、露台・机・ゴザ・椅子・ハンモック・テレビが置かれ、炊事の場には、バケツや水場台、食器、調理道具、炉やコンロが置かれる。食事のための場には、露台・机・椅子・食器が配置される。建材・自転車・バイク・棚・農具等の物品が置かれている空間は、収納のための場である。漁具やミシン、脱穀のための道具が使われている状態で置かれているのであれば、そこは作業の場と判断することができる。
①床上空間
　住居の床上空間の主な用途は、就寝、収納、炊事、作業である。主室は、昼間はあまり使われることないが、夜は蚊帳が張られ、未婚の女性以外の就寝場所として利用される。身近な生活用品や米などの貴重なものが収納される場所でもある。個室は、マットやベッド・ゴザの設置が多く、就寝空間として利用される。また物干しロープや衣類棚、また鏡も多く見られ、よりプライベートな空間である。室内テラスは、食器・コンロ・炉の設置が多く、炊事場として利用される。また椅子・ゴザ・ハンモックの設置も見られ、休憩のための空間としても利用される。同じく室内の張出空間は、炉・調理道具・バケツ等の配置が多く、炊事場として利用される。露台・椅子・建材・漁具等の配置も見られ、物置としての利用も行われる。室外のベランダは、ゴザ・ミシン・椅子・水タンク・米等の設置が見られ、休憩や作業、物の保存場所として利用される。
②床下空間
　一方、床下空間は日常生活行為全般を受容する空間として機能している。住居床の真下の空間は、露台・ハンモック・浄水器・薪・食材・建材・漁具・バイク・自転車・牛車等が置かれ、休憩・団らん・食事・作業・保存場所として多目的に利用される。表に面した空間は生活空間として日常的に利用される場所となっているが、裏の空間は、物品の保管場所や鶏や牛の居場所として機能することが多い。床下に部屋がつくられているケースがあるが、その場合、部屋にはバイクや椅子が見られた。物置として利用されている。例外的に2件のみで床下の部屋が居室として利用されており、衣類・電化製品等の生活物品が置かれていた。住居床回りの軒下空間には、炉・商品・露台・リヤカー、バケ

第Ⅲ章
土着的な住居と集落

ゴザが敷かれ、蚊帳がかけられた就寝空間。

テレビ、スピーカー等が置かれ、団らん

露台が置かれ、人々が作業、団らんを行っている。

床下空間は、牛や鶏の居場所として機能することが多い。

写真13　床下空間の利用

表3-1-1　建設年代と空間利用

時期(調査件数)	調理場				米置き場						
	床下	床上	釜屋	別家	床下	床上	穀倉	台所兼用	下個室	別	無し
1975年以前(33)	1(3%)	30(91%)	2(6%)	0	5(15%)	15(45%)	12(36%)	1(3%)	0	0	0
1975年以降(117)	30(26%)	64(55%)	23(20%)	0	27(20%)	55(47%)	12(10%)	16(13%)	0	2(1%)	5(4%)
現在(117)	47(41%)	40(34%)	29(25%)	1(1%)	27(23%)	46(39%)	12(10%)	23(19%)	1(1%)	2(1%)	5(4%)

ツ・調理道具・炉・食器・米袋が見られた。様々な用途に使われているが、中でも炊事空間として使われるケースが多く見られた。

2-4　居住形態の変遷

　カンボジアの多くの農村集落では、ポル・ポト政権時に集落の破壊や強制移住を経験しており、1975年から1979年の3年9か月の前と後とでは明確な断絶が存在する。この間の変化・変遷について居住者にヒアリングを行った（表3-1-1）。

1 農村集落

（1）炊事空間

　1975年以前は床上に炊事空間をもつケースが91％あったが、その後の再建で60％に減っている。床上での炊事はテラスで行われ、就寝や家族の団らんの場とは切り離された行為である。再建後は、床下や釜屋での炊事が数を増やしている。建て替えで屋根材がヤシの葉からトタンに代わることで排煙・排熱に支障をきたし、場所を移動するケースが多い。現在は床下47件（41％）、床上39件（34％）であり、床下に炊事の空間を設ける住居数が、床上に設ける住居数を上回っている。釜屋についても、1975年以前では調査対象のうち6％の住居にしか存在しなかったが、再建時に20％、現在は25％と増えており、炊事空間の外部化が進んでいることが分かる。

（2）米の保存場所

　現在の米の保存場所として、床上（39％）、床下（24％）、釜屋（19％）、穀倉（10％）が挙げられる。一方1975年以前は、床上（45％）、穀倉（36％）が一般的であった。現在では穀倉はほとんど見ることができないが、以前はほぼ3分の1の住居に穀倉が存在していたことが分かる。周辺の集落を見ると、約70mm角の角材を格子状に組み壁面を構成しながら、その内側に竹木舞をもつ土壁で貯蔵スペースをつくる特徴的な穀倉が現在も使われており、かつてはこの集落においてもこの形式の穀倉があったと考えられる。現在も10％の住宅で穀倉が存在するが、この形式のものは使われておらず簡素なものばかりである。

写真14　床下の柱材にRC造を用い、3m以上の床高をもつ高床式住居。

第Ⅲ章
土着的な住居と集落

いずれにしても1975以後の再建当時、現在へと穀倉所有の割合は大きく減少し、一方で床下に保存するケースが増加し、穀倉の用途を補っている。

（3）床高の変化

1979年から現在まで2m以下の床高で建設されるのが一般的である。年代による分布を見ると、1990年代以降2m以上の床高をもつ住居が増加し2000年代には3mを超える住居も見られる。かつては柱は木造の通し柱であったのに対し、現在床下の柱材にRC造を用いることが可能になり、最高で床高3.7mの住居も見られた。また住居の建て替えや傷んだ柱材を変更する際には、床高を上げると同時に床下に個室を設ける住居も見られる。

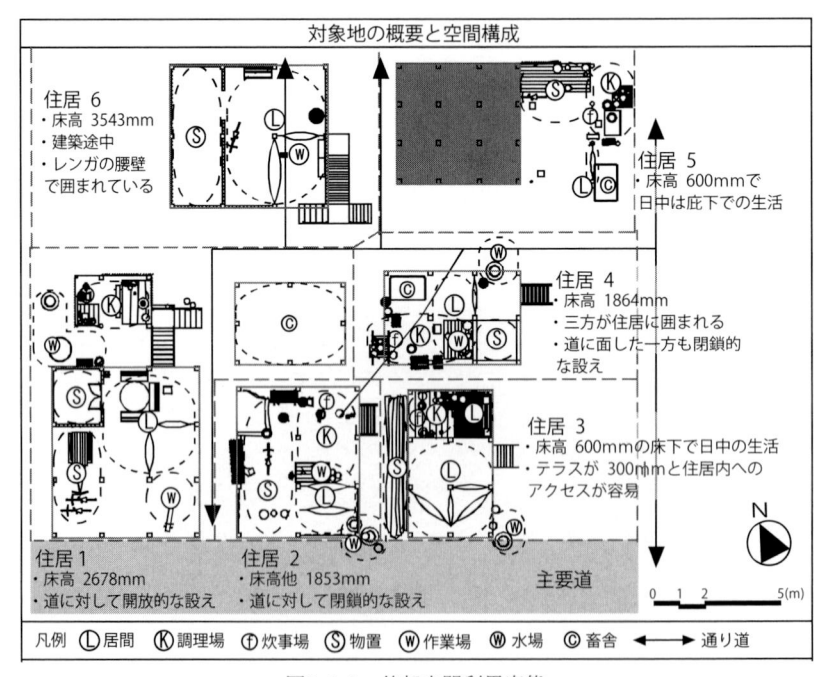

図3-1-2　外部空間利用実態

3．外部空間利用

　塊村であるこの集落で、高床式住居の床下空間を含め外部空間がどのように使われているのかを実態調査をもとに明らかにしたい。6棟の住居、1棟の牛舎が位置する一画を対象に、実測調査から床下空間の構成を明らかにするとともに、午前9時から午後6時までの間15分ごとにそこで行われる行為を記録し空間利用について分析を行った。

3-1　空間構成

　住居5は床高が600mmと低く、床下空間が利用されない代わりに、住居前面に下屋を大きく伸ばし、昼間の居場所等が確保されている。他の住居はいずれも床下空間が活発に利用されている。図3-1-2から分かるように、居間、作業場、物置、炊事場が主たる機能空間である。基本的に居間—物置を前後の軸として空間が構成されている。またこのエリアは南側に牛舎の通る主要道が通っているが、それとは別にエリア内を移動するための生活道が慣習的に形成されている。外部空間の間取りは、道路の位置ならびに住居入口に影響を受けている。

　住居1は生活道ならびに住居入口側に正面を向け、前面を居間ならびに作業場、背面を物置として使っている。入口階段裏のスペースを炊事場として利用している。住居2には主要道以外通り抜けられる生活道は通っていないが、階段の位置からアクセスは東側から行われることが分かる。住居1と同様に、東側に居間・作業場を置き、西側を物置として使っている。階段下のスペースを炊事場として使用している。住居3も同様の構成である。住居4は若干異なり北側の生活道を正面と捉えながらも東側に入口階段が設置されており、北側に居間、南東側に物置、南西側に炊事場が配置されている。住居5も南側の生活道を正面と捉え、同様の配置構成となっている。住居6では炊事場を床下にもたず、居間・作業場—物置が東側の生活道を正面に前後に配置する形式である。

3-2　利用実態

　外部空間で見られた行為を表3-1-2に整理した。行為は大きく家事、生活、移動に分けることができる。家事は調理、洗濯、掃除、子守、作業などをさ

第Ⅲ章
土着的な住居と集落

し、生活は会話、飲食、遊ぶ、水浴び、勉強、着衣、傍観、休憩、滞在をさす。また住民が自らの住居で単独で行う行為、複数で行う行為、来訪者による単独行為、来訪者相互あるは来訪者と居住者との交流行為に着目して整理した。

数は決して多くないが、来訪者による単独行為が1割弱見られる点が興味深い。その住居の居住者がいないにもかかわらず、来訪者が床下の露台やハンモックで話をしたり遊んだり昼寝をしたりする行為が見られた。来訪者との交流行為と合わせると行為全体の3分の1の数になる。床下空間が接客空間として機能している証左であり、談話や遊びや炊事のために利用されている。

居住者による行為としては、多い順に休憩、昼寝、炊事、作業、子守が挙げ

表3-1-2 外部空間でみられた行為

			多世	来訪	居複	居単			多世	来訪	居複	居単
生活	会話	談話	60	6	8		住居1	居間	23	11	3	39
	飲食	食事	4		6	5		調理場	6	1	2	5
		水を飲む				1		主要道	7			
		酒を飲む	1			2		通り道		7		
	遊ぶ	遊ぶ	13	5	2	6	住居2	居間	8	1	23	31
	水浴	水浴び			2	3		調理場				3
		足を洗う				2		主要道			1	
	勉強	勉強				1		通り道	3			
	着衣	服を着る				1	住居3	居間	25		31	2
		着替える			1			調理場	3		2	1
	見る	眺める		1		3		主要道	1			
	休憩	昼寝		1	34	18		通り道	2	5		
		休憩				57	住居4	居間	4	2	1	4
		毛づくろい		1	1	1		調理場	2			8
	その他	歯を磨く				1		主要道				
		鍋を探る		1		1		通り道				2
家事	調理	炊事	5		3	24	住居5	居間	1			13
		食材の加工				1		調理場				4
		食器洗い				2		主要道				
		米を洗う				2		通り道				2
		米を脱穀				1	住居6	居間	4	1	2	10
	洗濯	洗濯						調理場				
		洗濯物を干す						主要道				
	掃除	掃除	1					通り道				
	子守	子守		1	17		注）数値15分を1回とカウントし、人数によらない。（例：住居1の居間で居住者と来訪者が2人で18分間会話した場合、住居1の居間の多世帯欄に1とカウントする。） 用語定義 多世：多世帯交流行為（居住者と来訪者、来訪者と来訪者の交流行為） 来訪：来訪者行為（来訪者単独による行為） 居複：居住者複数行為（居住者が数人によって行われる行為） 居単：居住者単独行為（居住者が単独で行う行為）					
	作業	水やり				1						
		農作業			1	1						
		漁具作成			2	16						
		米袋の修繕				3						
		建築作業				8						
		棒を立てる				1						
	移動	歩く		1	1	2						
		通過		6		2						
		器具を運ぶ				1						
	滞在	待つ			1							

1
農村集落

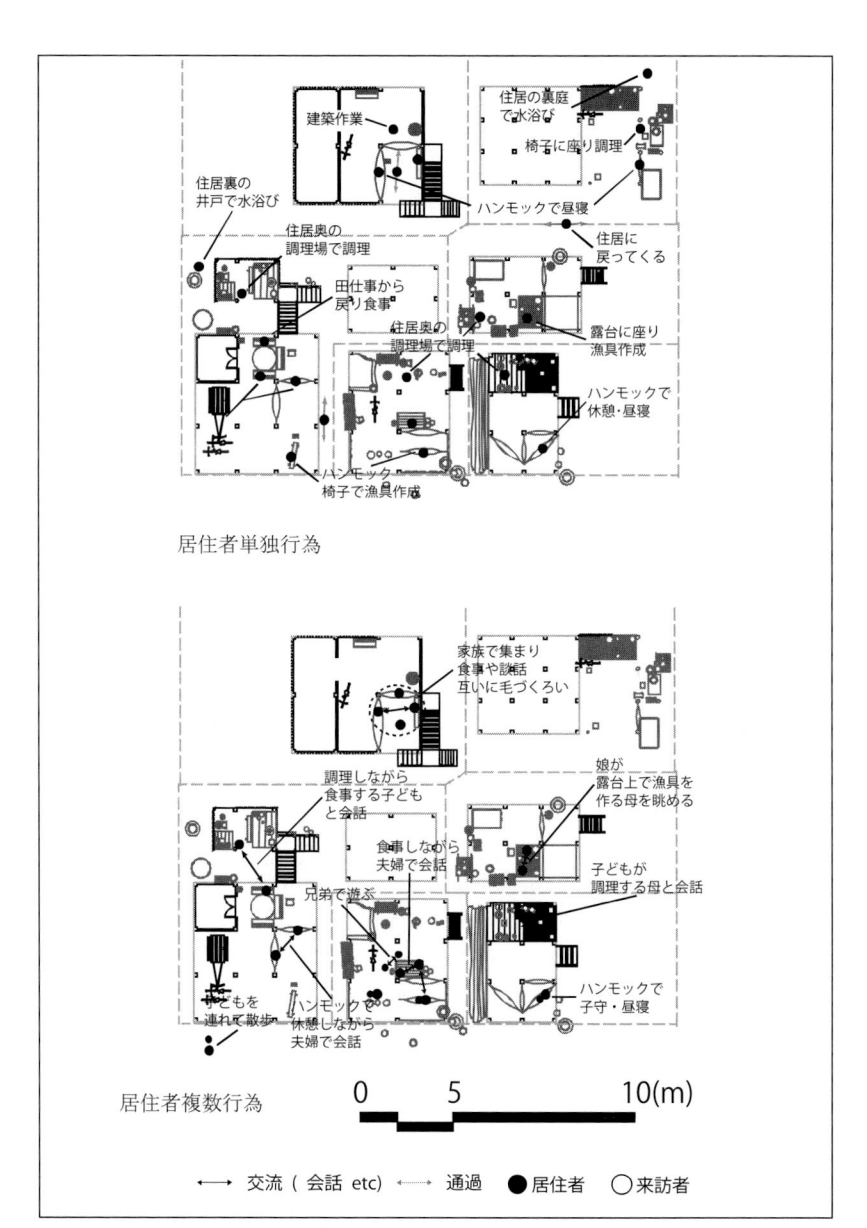

図3-1-3 居住者の単独行為と複数行為（通過と交流）

第Ⅲ章
土着的な住居と集落

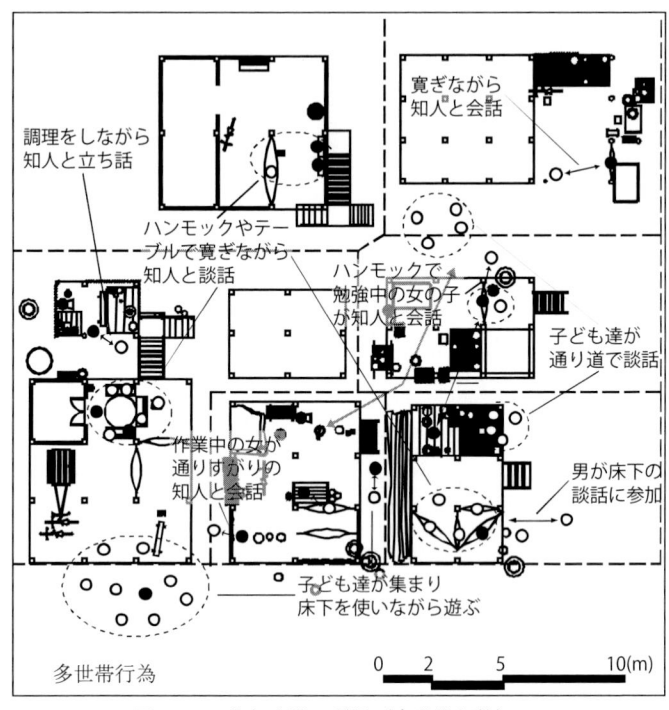

図3-1-4　外部空間の利用（多世帯行為）

床下空間での作業行為や調理行為を通して、来訪者との交流が生まれている。

露台の前にテレビを置き、休憩する居住者。

写真15　外部空間の利用

農村集落

られる。
　行為ごとにその場所との関係を考察すると以下の通りである。会話は、住民どうしのコミュニケーションの手段として行われ、皆で集まって行うケースやすれ違いざまの挨拶、住居の塀ごしに行われるケースもある。全行為のうちもっとも多く74回を占めること、特に多世帯行為(60回)が、居住者が複数人で行う行為（8回）と比べ大きな割合を占めることから、活発に境界を越えて住民どうしの交流が行われていることが分かる。行為が行われる空間として、長時間滞在可能なテーブルや露台、ハンモックが置かれた居間が該当する。炊事に関しては、炉を用いての炊事、食材の加工や食器の洗浄などが当てはまる。炉は地面に置いて行うことが多く、それ以外の調理行為は露台やテーブルの上で行う。調理は炉が置かれた各住居の炊事場で単独(24回)で行われることが多いが、露台やテーブルでの食材の調理行為を通して、来訪者との交流（5回)が生み出されている点も興味深い。遊びは、居住者により行われる場合（8回）、住居内の露台やテーブル・ハンモック付近で行われる。多世帯・来訪者によって行われる場合(18回)は、住居と住居との間の通りや、床下のオープンスペースを利用して行われる。休憩・昼寝については、来訪者による行為はほとんど見られず（1回)、居住者による単独行為（75回）、また複数による行為(34回)がほとんどであり、露台やテーブル、ハンモックで行われる。

4．住居と儀礼

4-1　信仰の場としての住居

　これまで見てきたように日常的には床下空間は活発に利用されるのに対し、床上空間の、特に主室の主たる利用は就寝であった。床下空間は1990年代以降高さを増してきているので、床下の生活空間化は最近のことだと考えられるが、日常生活の中心が床下に移行することで床上空間の存在意義は失われているのだろうか。確かに、日常的に床上空間で過ごす時間は短く、多様な行為が行われているとはいい難いが、床上空間は霊的な存在と交流する場として、また儀礼時の主たる空間として重要な役割を果たしており、そのことが床上空間のひいては住居そのものの存在意義として位置づけられているといえる。具体

第Ⅲ章
土着的な住居と集落

的に見てみよう[2]。

　住居を守る霊を祀った棚はムネィアン・プテァッと呼ばれる。住人は日常的に供物を供え線香をあげて生活の安寧を祈る。梁の上に置かれている赤色に塗られた木製の棚はコンマーと呼ばれる。線香をさす容器、グラス、供物の皿の他に写真などが並べられている。コンマーとは中国語起源のカンボジア語で「祖父母」を指すことから分かるように、祖先の霊を祀る場所である。また、梁の上には他にココナツの実でつくった儀礼用の供物が乾いて干からびたまま放置されていることがある。これは子供を病から守るために祈願してつくったものである。棟木にはジョアンと呼ばれる護符の布がつるされていることがある。パーリ語の呪文と幾何学的な図像を赤色の布に描いたものである。壁板の隙間には燃え残った線香の芯がささっていることがある。何らかの恐れを抱いた時に、祈りを捧げる際に用いたものである。住居の外壁にリアンテヴァダーと呼ばれる小さな棚を花や果物などの供物を捧げるために設置している例もある。結婚式や正月に用いられる。

　以上のいずれも、床上に設けられている。日常生活において床下空間がいかに活発に利用されようとも、日々の信仰のための場は床上のままなのである。

4－2　住居と儀礼

　結婚式はかつては3日間かけて行われていたが、現在は1日半に短縮されるケースが一般的である。農村では、花嫁の住居とその前に建てられた仮設の覆い屋が主会場となる。いくつかの儀礼が組み合わされるが、その組み合わせは必ずしも一定ではない。

　式は婿入り行列によって始まる。新郎が用意した贈り物の品々を親族や友人が行列をなして新婦の家に運ぶ。新婦は行列が到着すると住居の中から外に出て、迎える。新婦は新郎から贈り物を受け取り、二人して住居に入る。新郎と新婦が贈り物や花輪の授受によって互いの想いを確認する場は住居の外であり、確認後二人揃って住居に入る。

　よく知られる儀式として髪切りの儀式がある。これは、新郎新婦の髪を両親や兄弟が切りながら幸福を祈る儀式であるが、髪を切り落とすことで穢れや災いを振り払う意味がある。この儀礼もまた外部で行われる。

住居に上がる際には沓取りの儀式や足洗いの儀式がある。沓取りの儀式は新郎の靴を新婦側の親族が取ることで、末永く結婚生活が続くことを祈る儀式である。足洗いの儀式は、住居内に入る前に身体についた穢れを除くための儀式である。沓取りは床上に上がること、つまり住居の中に入ること、新婦の家の構成員となることを靴を脱ぎ外から中に入る行為によって象徴的に示す行為である。

　住居内部で行われる儀式としては、コンマーへの供儀や夫婦として一緒にさせる儀礼が挙げられる。先祖に対して結婚の報告は、コンマーを通して行われるが当然それはコンマーの置かれた床上で行われることになる。

　ここでは床下空間は主たる会場としては使われていない。日常的には昼間の生活空間として使われる床下空間が儀礼時にはほとんど使われない。一方で、日常的には夜間の就寝空間として使われる比重の大きく日中あまり使われることのない床上空間が、儀礼時には必要不可欠な空間として位置づけられる点は興味深い。また日常時に積極的に位置づけられない住居前部の空間が、儀礼時の外部空間として機能している点も特徴的である。

5．農村集落の空間特性

　本節では、農村集落の空間構成・空間利用について検討を行った。

　高床式住居は暑さや湿気、虫や小動物を避ける機能をもち、大雨による洪水・浸水にも対応できる住まいである。床下は家畜の住まいにもなり、作業道具や不要な物品の収納場所にも活用できる。床下に風が吹き抜けることで、住居内の環境調整が可能になる。床上を人間の空間と捉え、そこから仰ぎ見る屋根裏をカミの空間、床下を野生動物の空間、地中を穢れの空間と見る見方もある。高床式住居はそうした垂直的な空間のヒエラルキーを具現化する場として位置づけることもできる。

　本節では農村集落の高床式住居の実態をもとに、地面から切り離された床上空間のみを住居として捉えるのではなく、床上・床下を一体として、あるいは床上・床下・敷地を一体として住居と捉えなおすことの必要性を明らかにしたと考えている。就寝の場としての機能しかもたない床上空間よりも、日常生活

第Ⅲ章
土着的な住居と集落

を構成する多様な行為が行われる床下空間の方が生活上の比重は大きい。ロヴェア村においては、住居空間は床上・床下の２層で構成されるものである。

　また外部空間の利用実態から、床下空間の間取りの存在を指摘するとともに、空間の所有と利用の分離が交流空間を活性化することを明らかにした。主要道・生活道のどちらかに面した場所が居間として機能する。居間―物置が前後の軸を構成し、炊事場は階段下などのサブの空間に配置される。居間の用途は休憩・食事・作業といった基本的な生活行為であり、居間が前面に配置されることが住民どうしの活発な交流を促す結果に結びついている。また、床下空間が私有空間であるのはもちろんのこと、住居と住居との間の空間もどちらかの居住者の所有によるものであるが、こうした私有空間はその所有者によって専有されるのではなく、来訪者とともに共用される。間の空間は生活道として集落内の誰もが通る道としても機能している。

　床下空間も含め外部空間の活発な利用を見ると、床上空間の存在意義が見えにくくなるが、非日常時の空間利用に焦点をあてるとその意義は明確である。祖霊への信仰などの信仰空間として、また結婚式や葬式などの儀礼空間として、床上空間は床下空間をはるかに卓越した存在となる。非日常時に、その空間のもつ本来的な意味が再生されるともいえる。

註
1）農村集落の概要については、以下の文献を主に参考にしている。
Francois Tainturier, Wooden Architectur of Cambodia, Center for Khmer Studies, PhnomPenh, Cambodia, 2006.
ジャン・デルヴェール（及川浩吉訳、石澤良昭監修）『カンボジアの農民』風響社、2003。
2）住居と信仰ならびに住居と儀礼に関する記述は以下の文献を参考にしている。
小林知『カンボジア村落世界の再生』京都大学学術出版会、2011。

1
農村集落

第Ⅲ章
土着的な住居と集落

2
トンレサップ湖の水上集落

1. アンロン・タ・ウー村

　トンレサップ湖は、カンボジアの中心部に位置する東南アジア最大の湖であり、湖周辺には、漁業を営む住居や集落を多数見ることができる[1]。雨季と乾季とでその面積ならびに水位は大きく変化し[2]、家船、筏住居、高床式住居、杭上住居等[3]、水との関係を考慮した様々な住居形式を見ることができる。本研究では、その中でも筏住居に焦点をあてる。筏住居は家船のように船という

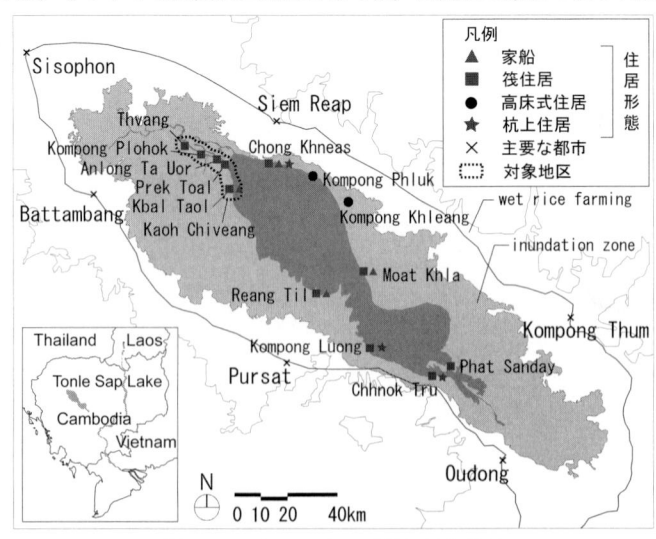

図3-2-1　トンレサップ湖と対象地区

184

2 トンレスサップ湖の水上集落

写真1　アンロン・タ・ウー村

筏住居の家々が並ぶ水上集落である。雨季と乾季で湖の水位が大きく変化するため、それに合わせて湖内を移動しながら生活をしている。

家船 　　　　　　　　　　筏住居

高床式住居 　　　　　　　杭上住居

写真2　水上住居の形式

185

第Ⅲ章
土着的な住居と集落

写真3　寺院

写真4　学校

写真5　役場

写真6　学校

形態に限定されることなく、多様な空間構成をもつ。また定住性が高いのも特徴である。水上集落の空間構成を明らかにする対象としては、水上に住むための様々な仕掛けをもつ筏住居がふさわしいと考えられる。中でも本稿で対象とするアンロン・タ・ウー村は、周辺集落の中でもっとも典型的な住居構成をもっている。

　アンロン・タ・ウー村は、トンレサップ湖の北端に位置し、バッタンバン州、イーク・プノン県、コーチビン地区に属している。漁業・養殖を主な生業としており、水上に集落を形成してきた。主にクメール人、中国系クメール人で構成され、人口1348人、262世帯が水上に居住する。集落には、中国系クメール人の祠が一つ祀られ、クメール人の祠はプレク・トアル村に祀られている。村の西端には寺院があり、そこではトゥガイサー[4]やお盆の時に水祭り[5]が行われるなど村の中心の場となっている。宗教施設以外にも学校や警察、病

2
トンレスサップ湖の水上集落

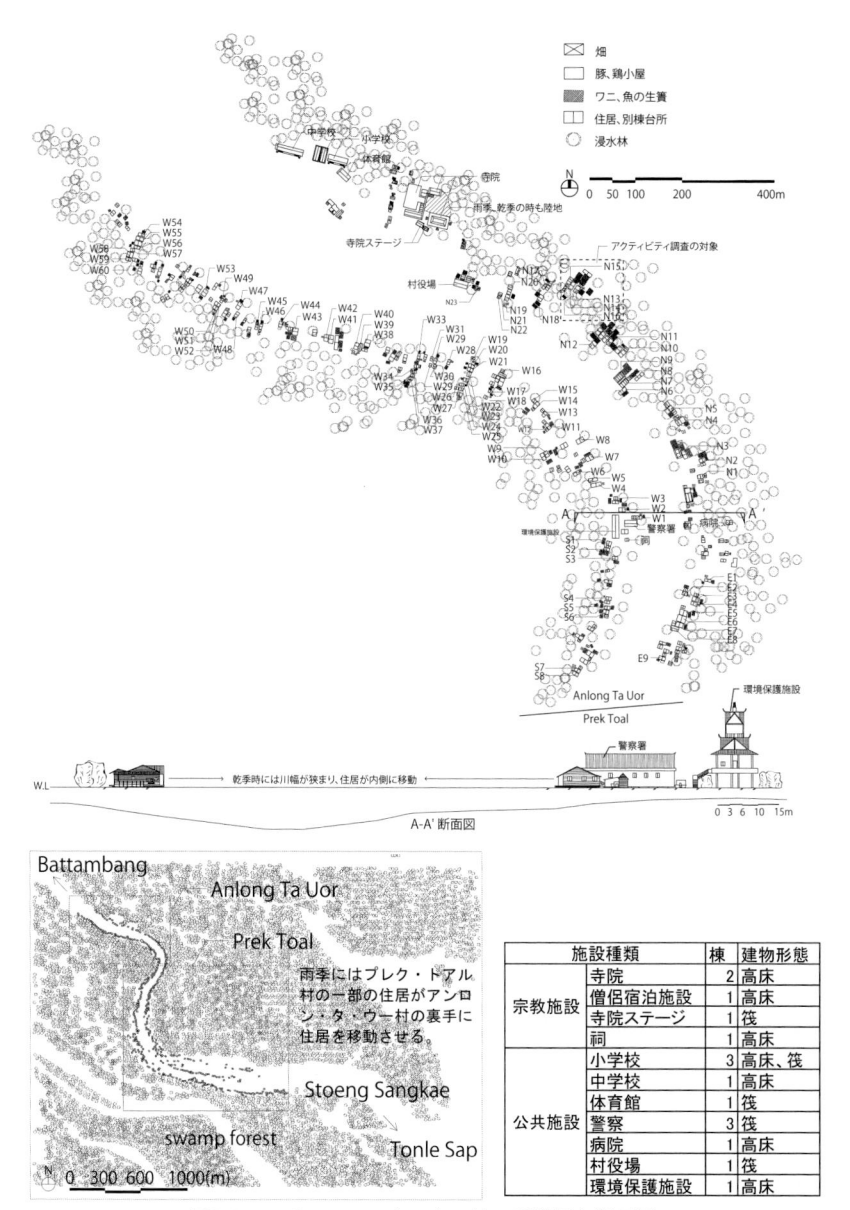

施設種類		棟	建物形態
宗教施設	寺院	2	高床
	僧侶宿泊施設	1	高床
	寺院ステージ	1	筏
	祠	1	高床
公共施設	小学校	3	高床、筏
	中学校	1	高床
	体育館	1	筏
	警察	3	高床
	病院	1	高床
	村役場	1	筏
	環境保護施設	1	高床

図3-2-2　アンロン・タ・ウー村の配置図と断面図

187

第Ⅲ章
土着的な住居と集落

院、村役場が水上に立地する。公共、宗教施設は、高床式のものと筏のものの大きく2つに分けられる。高床式の建物は、雨季は水上、乾季は陸上に立地する。筏によるものは、一年中、水上に立地し水位の変化に合わせて立地場所を移動させる。その中でも、寺院ステージ、体育館は季節の変化にかかわらず、結婚式や葬式などの際に一時的に船で曳かれ住居空間を補完する機能をもつ。

アンロン・タ・ウー村は川沿いの川辺に立地し、周囲には浸水林が広がり、自然環境が豊かな地区[6]である。浸水林は波を軽減する役割をもち、また住居は風で流されないように浸水林に紐を結び固定する。そのため浸水林が広がるアンロン・タ・ウー村周辺はもっとも水上居住に適した地区であるといえる。

雨季・乾季のトンレサップ湖の水位の変化で筏住居は立地場所を移動するため、集落は季節に応じて異なる様相を呈する。乾季は住居が川に沿って並び、高密度に集住する。一方、雨季は水位の上昇で周囲一帯が浸水するため、浸水林付近に住居を構え、散在する。住居は血縁関係のある家族どうしが住居を隣接させ居住するケースと隣接させず独立して立地するケースに分かれ、お互いに距離をとり、散村的な集落形態をとるのが特徴である（図3-2-2）。

2．アンロン・タ・ウー村の住居形式

住居形式を明らかにするため、可能な限り多くの住居をランダムに調査した。100件の筏住居を対象に分析を行う。

2-1 住居の基本構成

筏住居は、ベランダ、居間、寝室、台所の4つの空間から構成され、木造平屋で切妻屋根の平入りが一般的である。正面3間を基本とし、中央部に正面入口が設けられる。正面の柱間の平均長さは、左右1.8m・中央1.5mである。床面の平均面積は60.5㎡、うちベランダを除いた室内（主室）の平均面積は38.3㎡である。正面入口から奥にかけ通路が設けられ、通路の両側に部屋が配置される。正面の柱間は、中央は短く、両側を長くとるケースが多く、また主室中央にはコンマー[7]が配置され、正面入口を中心に左右対称の構成をとる。住居正面は開口部が大きく設けられ、外部に対して開放的な構成をとる。住居

写真7　ベランダ

写真8　居間

写真9　台所

写真10　コンマー

中央部に設けられた通路を通して住居正面から奥にかけ、光、風を取り入れる。住居の四周にはベランダ[8]が設置され、主室の床より100mm〜200mmほど低く、水浴び、洗濯など水面と接しやすい場を形成している。

2-2　生活行為と住居空間

　97件（3件の住居では聞き取り調査ができなかった）の住居を対象に基本的な生活行為とその場所について聞き取り調査を行った。
　(1) 炊事と食事：調理は後ベランダ、室内、別棟に配される台所で行われる。食事は、居間（73件）、台所ベランダ（9件）、台所（4件）、前、横ベランダ（5件）、個室（1件）で行われる。
　(2) 就寝：就寝は、家族ごとに各住居で行われる。就寝場所として、居間、寝室、台所が挙げられ、居間のみは15件、寝室のみは39件、居間・寝室は42

第Ⅲ章
土着的な住居と集落

調理:ベランダの上で野菜を切ったり、鍋で煮炊きを行う。

食事:主に居間で床に座り込んで行われる。

就寝:寝室もしくは居間で行われる。ベッドやハンモックを使用することもある。

洗濯:ベランダでも特の前ベランダでよく行われる。

洗濯物干し:写真は鰐の生簀の上で干している。

排泄:後ろベランダに設置されている便所で行われることもある。

写真11　生活行為の例

件、居間・寝室・台所は1件である。
　（3）洗濯・水浴び：一日に昼、夜の2回程度、水浴びをするのが一般的である。場所は台所ベランダ（5件）、前ベランダ（70件）、後ベランダ（22件）である。また洗濯も台所ベランダ（5件）、前ベランダ（67件）、後ベランダ（25件）で行われる。
　（4）洗濯物干し：洗濯物干しは、主に横・後ベランダ、鰐・魚の生簀の上で行われる。横ベランダは39件、後ベランダは22件、鰐の生簀の上は34件、魚の生簀の上は2件である。鰐・魚の生簀の上では物干し竿が設置されるケースが多いが、横・後ベランダでは壁面に吊るして干すケースが多い。
　（5）排泄：便所を設置するケースは、26件あり、そのうち13件は後ベランダ、13件は鰐の生簀に設置されている。その他の住居では便所は設置せず、排泄は船の上で森林の茂みに隠れて行われる。

2-3　台所の配置（図3-2-3、3-2-4、3-2-5）

　住居は、居住棟（居間・寝室）と炊事棟からなる分棟式（100件中48件）と生活空間が主屋一棟に集まった単棟式（100件中52件）の2つに大別できる。分棟式の48件のうち7件は台所を隣家と共有している。単棟式については、さらに台所が配置される場所に着目すると、台所をベランダに配置するケース（52件中32件）と台所を室内に配置するケース（52件20件）の2つに分けられる。台所の位置に着目すると、室内に配置するケースでは、台所は全て最後部に配置され、ベランダに配置するケースでは前面（2件）、後面（24件）、横面（6件）に配置される。分棟式では住居の前面（5件）、後面（15件）、横面（21件）に配置される。

2-4　住居の空間構成

　住居平面は、3×2、3×3、3×4の柱間による形式（図3-2-6）をもつ。中でも3×3の形式が6割を占める。梁行きが2間、3間、4間と変化するとともに、屋根形状が異なる。住居の規模の変化にあわせて、梁間方向の柱間が増減する点、平面分割は左右対称の構成を基本としながら梁間方向に行われる点が平面構成の特徴である。

第Ⅲ章
土着的な住居と集落

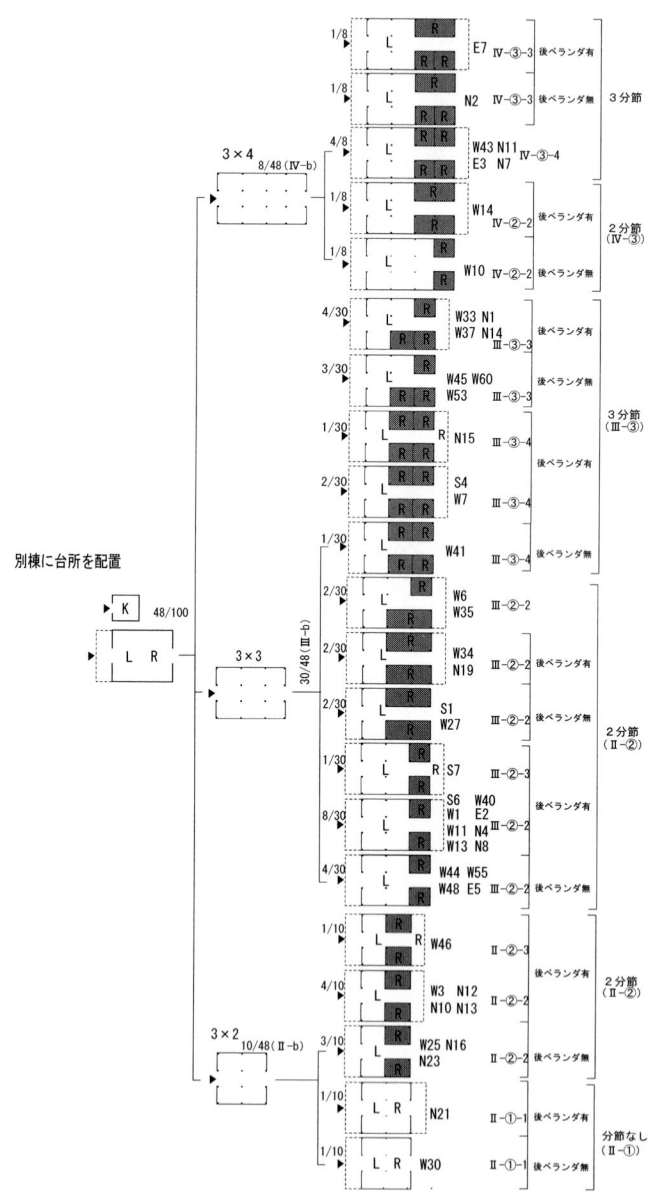

図3-2-3　住居の平面構成（その1）

2
トンレスサップ湖の水上集落

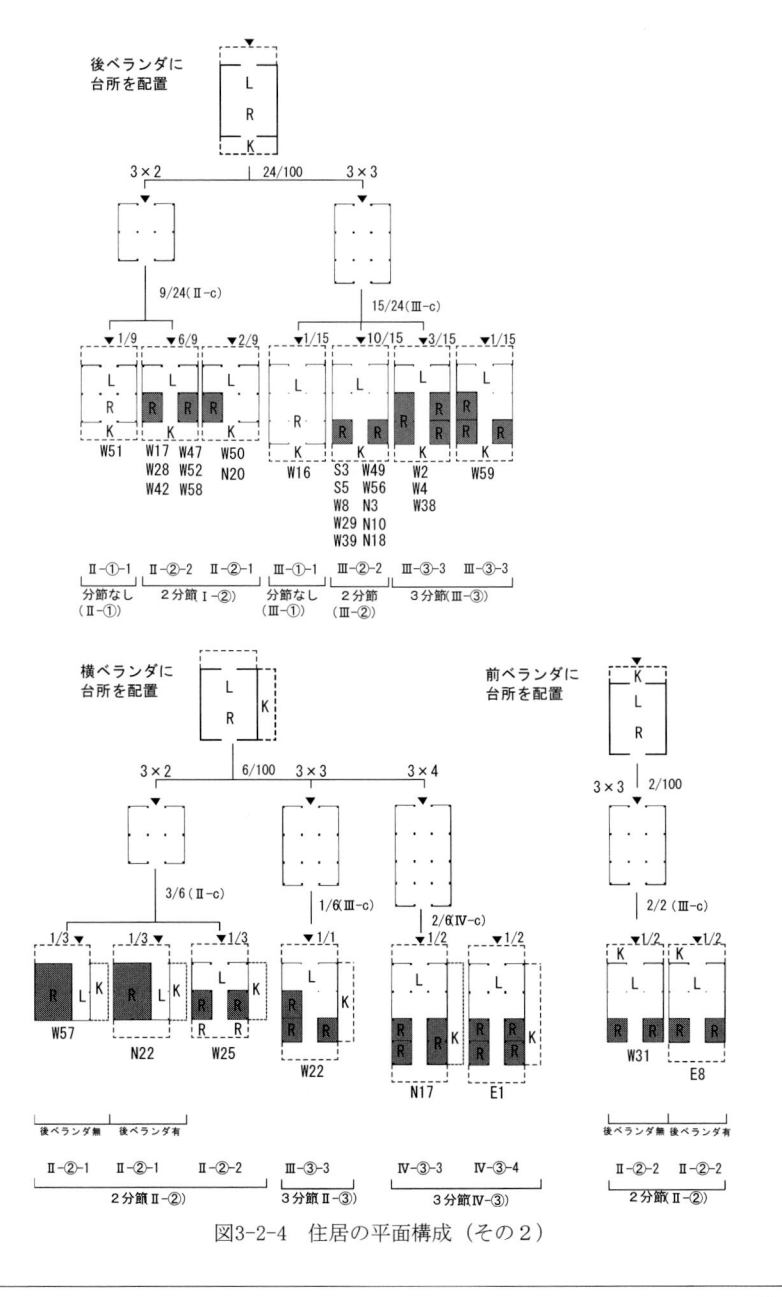

図3-2-4　住居の平面構成（その2）

193

第Ⅲ章
土着的な住居と集落

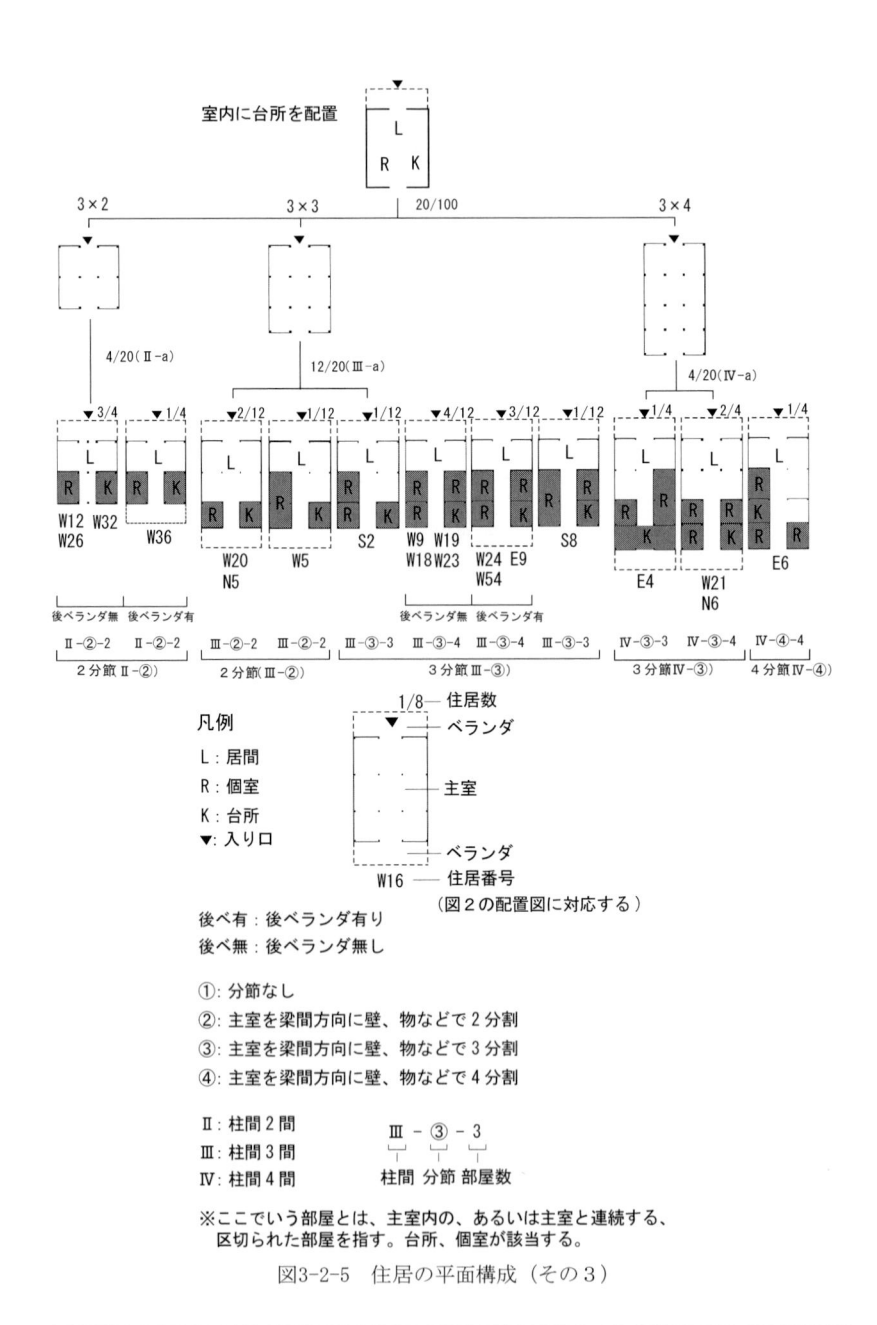

図3-2-5 住居の平面構成（その3）

トンレスサップ湖の水上集落

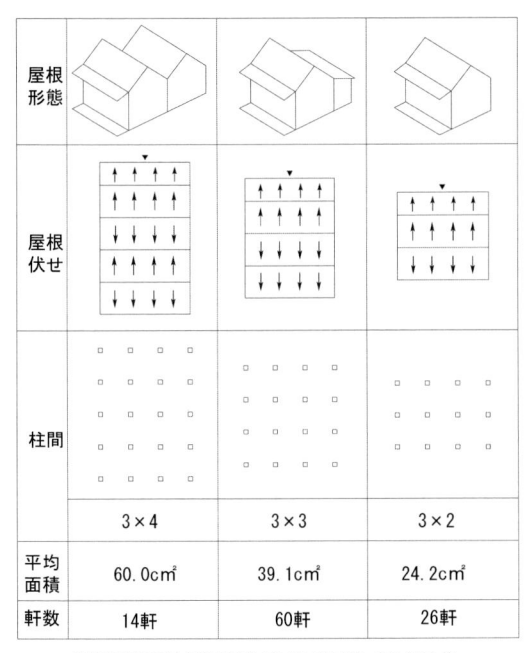

屋根形態			
屋根伏せ			
柱間	3×4	3×3	3×2
平均面積	60.0㎡	39.1㎡	24.2㎡
軒数	14軒	60軒	26軒

注)切妻屋根の妻入りが見られたのは3×3が3件、3×2は1件
平均面積では主室の平均面積をあらわしている

図3-2-6 屋根形態と平面構成

　住居への出入りは前面中央ならびに背面中央から行われ、側面に出入り口をもつ住居は5件しかない。ベランダは、主室の四周に配置されるが、その割合は全100件中それぞれ前面に100件、後面に72件、右面・左面に67件となっている。住居前面には必ずベランダが配置される。主室との関係からいえば、出入り口が面する前ベランダと後ベランダが重要であることが分かる[9]。

　上述したように床面の平均面積は60.5㎡である。主室、居間、ベランダの平均面積は、それぞれ38.3㎡、20.9㎡、22.2㎡である。ベランダに全床面積の3分の1程度さかれていること、主室面積の約半分が居間にさかれていることが分かる。

　前面はベランダとつながる開放的な居間として使用しながら、後背面は閉鎖的な個室群として使用するケースが一般的である。これらの個室群は、寝室、

第Ⅲ章
土着的な住居と集落

収納、台所として使用される。いずれも建物躯体の構成は同様で、内部に置かれるものが異なるだけである。寝室にはベッドや衣服収納箱、収納には様々な物、台所にはかまど・調理道具・食器等が配置される。かまどは、50cm×80cm程度の大きさの素焼の移動式のものである、床に直接置いて使用するため、躯体そのものに特別なしつらえは必要とされない。

2-5 住居形式

梁行きが2〜4間とバリエーションがあり、またそれぞれの梁行きに対応して屋根形状が異なるため多様に見えるが、平面構成に焦点を当てると相互に共通する点は多い。使い方は様々だが、形態的には「前ベランダ、主室・後ベラ

	台所（室外）		台所（室内）	合計
	別棟（他ベランダ含む）	後ベランダ		
有	E3 38軒（6軒は他ベランダ）	W58 24軒	W20 10軒	72軒
無	E5 18軒（2軒は他ベランダ）		W9 10軒	28軒
合計	56軒（8軒は他ベランダ）	24軒	20軒	100軒

※ 縦軸：ベランダの有無
　横軸：台所の位置

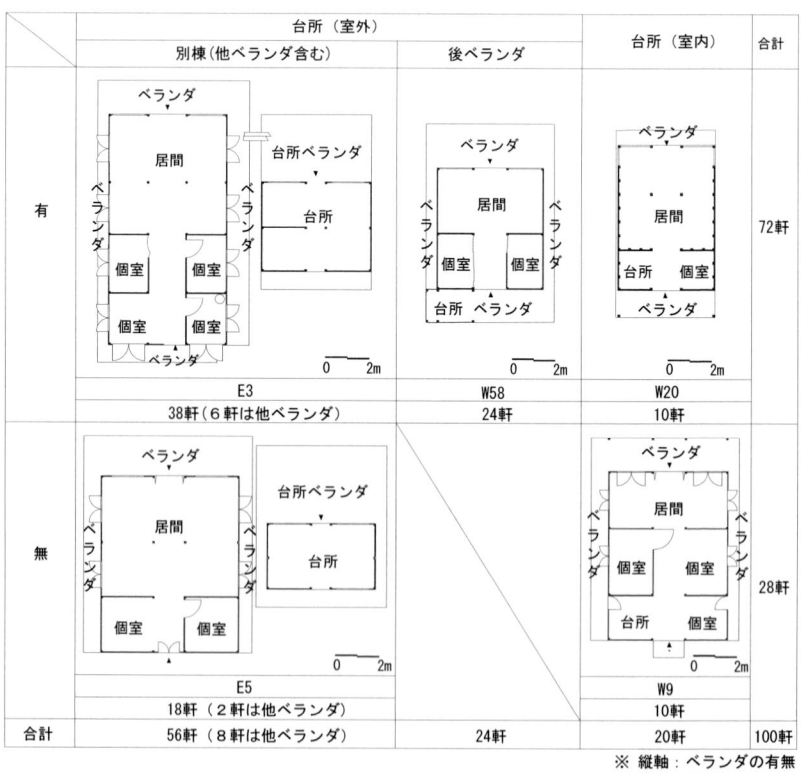

図3-2-7　住居形式

ンダ」の構成をとるものが72件あり、中でも主室が前後に居間・個室に分かれるものは69件見られる。

「前ベランダ＋主室（前面居間・後面個室）＋後ベランダ」を基本形式と位置づけた上で、台所の位置ならびに後ベランダの有無から全100件を分類すると、5つの住居形式に分けることができる（図3-2-7）。台所の位置に関しては、大きく室内台所、後ベランダ台所、別棟台所（あるいは後ベランダ以外のベランダに台所が配置されるケース）の3つに分けて分類を行った。

後ベランダに台所をもつケースが24件、後ベランダをもつが台所は室外の後ベランダ以外の場所にあるケースが38件（台所が別棟化するケース32件、台所が後ベランダ以外のベランダにあるケース6件）、後ベランダをもつが台所が室内にあるケースが10件、後ベランダがなく台所が室外にあるケースが18件（台所が別棟化しベランダが消失するケース16件、台所が別ベランダに移動しベランダが消失するケース2件）、後ベランダがなく台所が室内にあるケースが10件である。

3．水上住居の空間特性

水上集落では、地上とは異なり、場所を形成するには水上に筏を組むなどの新たな設えをつくる必要があり、場所の形成は限定的にならざるをえない。逆にいえば、形成された場所やものには、特段の重要性があるといえる。

3-1　ベランダの空間利用

ベランダに配置されている物品を表3-2-1に整理した。これらの物品からベランダの用途は、演出、信仰、休憩、生活、収納の5つの場として機能していることが分かる。演出は植栽、信仰は祠、休憩は露台・ハンモックなど、生活は洗濯物・調理道具など、収納は漁具・薪・野菜などが該当する。

ベランダごとの違いも見られる。前ベランダでは、植栽、祠、入浴用品、洗濯用品、バケツ・たらいの存在が顕著であり、後ベランダでは、洗濯物、バケツ・たらい、調理道具、食器、薪の存在が顕著である。洗濯物は、左右のベランダにも数多く見られる。前ベランダは、演出、信仰の場として特徴的であ

第Ⅲ章
土着的な住居と集落

表3-2-1　ベランダと物品

		ベランダ			
		前	後	左	右
数		100	70	67	67
平均面積		9.5㎡	7.3㎡	5.9㎡	5.4㎡
物品	植栽	28	9	5	6
	祠	38	0	0	0
	机	3	8	1	1
	椅子	12	3	2	1
	棚	1	13	3	1
	クレイ(ベッド)	0	4	0	0
	ハンモック	14	4	1	1
	ゴザ	0	1	1	3
	入浴用品	23	17	0	0
	洗濯用品	22	19	0	0
	洗濯物	13	24	23	21
	漁具	9	4	5	3
	薪	8	17	10	5
	浄水器	3	4	2	0
	茶瓶	6	12	1	0
	クーラーボックス	9	0	2	2
	バケツ・たらい	32	29	6	8
	調理道具	2	24	5	3
	食器	7	22	5	3
	水瓶	18	15	4	6
	ほうき	7	6	3	6
	ざる、かご	3	7	2	4
	ごみ箱	1	0	0	1
	ドラム缶	2	2	5	5
	消火器	1	0	0	0
	秤	5	0	0	0
	バッテリー	4	2	0	0
	野菜、果物など	6	2	0	0
	電気工具	2	0	0	1
	衣服	0	3	0	0
	鶏小屋	0	1	0	0
	干し魚	0	1	0	0

写真12　植栽を配置しているベランダ

り、またいずれのベランダも生活の場として使われているのが分かる。
　全体として、水を使用するもの（植栽・水瓶）あるいは水を使用する行為（入浴・洗濯）が目立つが、住居の内部空間ではまかないきれない演出・信仰・収納の場として機能している点が特徴的である。

3-2　居間の開放性
　居間は内部空間であるが、内部と外部を仕切る壁・間口・建具によっては、必ずしも閉鎖的な内部空間にはならない。本項では居間の開放性について分析を行う。
　筏住居の正面は柱間3間で、中央部に出入り口、左右両側に窓を設ける。出入り口は、開き戸、ロール、蔀戸、カーテン、建具なしの5種類あり、その中でも、開き戸（45件）がもっとも多いが、扉がないケースも39件見られた。いずれのケースも日中は扉を開き、夜になると閉鎖する。左右の窓に着目すると、開き戸、ロール、蔀戸、カーテン、建具なしの5種類あり、ロール（36件）がもっとも多い。
　居間側面の開口は100件中87件で設けられている。この87件すべてで、正面から1間目の側面に開口が存在する。居間の奥行きが1間で両側に窓をもつものが38件中26件、奥行き2間で両側の柱間すべてに窓をもつものが42件中37件、奥行き3間で両側の柱間すべてに窓をもつものが2件中1件である。
　住居正面はほとんどの住居で前面が開口部であり、日中はいずれも開放されており、中でも中央部の出入り口に関して4割の住居が扉を持たないことから、正面の開放性はきわめて高いといえる。また側面についても多くの開口を

写真13　住居前面の開口部　　　写真14　住居前面のロール

第Ⅲ章
土着的な住居と集落

もつことが分かる。

3-3　付属建物の構成

　ここでは、住居周辺に配置されている付属建物等に焦点を当て、住居（居住空間）以外にどのような機能が求められているか検討を行う。

　住居（100件）周辺には、畑（20件）、豚小屋（6件）、鶏・鴨小屋（12件）、魚の生簀（35件）、鰐の生簀（53件）、筏小屋（18件）、台所（41件）といった様々な付属建物等が水上に形成されている。

　20件の住居が水上に畑を所有している。畑には、ねぎ、パクチー、とうがらし、レモングラス、マンゴー、ココナッツ、バナナ、パパイヤ等が植えられている。本来、陸上で栽培される野菜・果物が水上でも栽培され、料理の食材を賄っている。

　豚・鶏・鴨・魚・鰐は食用ならびに販売用に育てられている。特に鰐の生簀は53件と約半分の住居に付属している。規模が大きいものも多く、設えも頑丈である。鰐の生簀の上に住居を構え住む例も見られた。洗濯物干し場、物置、作業場、休憩・団欒の場として使われるケースも見られた。魚の生簀も35件の住居で見られた。うなぎ、ナマズ、鯉などの養殖が盛んに行われている。

　収納や作業スペースとして使われる筏小屋も18件見られる。分棟化された台所は41件[10]見られた。調理スペース以外にもハンモックやベッドが設置され、休憩や団欒の場として利用される。また台所の前面にベランダを設置し、水浴び、洗濯などの場として利用されるケースもある。

　住居で行われる生活行為の拡張・補充スペースとして確保される台所・筏小屋や生業の一つである養殖・飼育のための生簀が数多く見られる。数は20件と少ないが、畑の存在は興味深い。水上に簡易な筏を設置して土を盛り、野菜・果物を自ら栽培している。

4．住居群の空間利用

4-1　住居群の形成

　血縁関係のある家族どうしが住居を隣接させ居住するケース（102件[11]中65

2
トンレスサップ湖の水上集落

畑

豚小屋

鶏小屋

魚の生簀

ワニの生簀

物置

台所

団欒の場

写真15　付属建物の例

件）と独立して居住するケース（102件中37件）がある。隣接させる場合2件のものが14件（28件）、3件のものが2件（6件）、4件のものが6件（24件）、7件のものが1件（7件）見られた。陸地に形成される集落とは異なり、水上集落では、明確に住居を連結・隣接させることでそれぞれ住居群を形成している点が特徴である。

4-2　住居群の空間利用（日常時）　（図3-2-8、3-2-9）

　4家族が隣接し居住するケースを事例として、住居群の日常時の空間利用について分析を行う。2009年9月24日の午前8時から午後5時にわたって、アクティビティ調査[12]を行った。図3-2-8中の住居①と住居②、住居③と住居④がそれぞれ血縁関係のある家族の住居である。住居①と住居②、住居③と住居④はともに台所を共有している。図3-2-9は時間ごとの住人の行為について、どこで、誰と、何をしたのかについてまとめたものである。

　まず基本的な生活行為について述べる。炊事はいずれも台所ベランダに設置されたかまどで行われる。住居①住居②では、各家族の女性が住居①-K、KV、BVでそれぞれの家族のために調理を行うが、住居③住居④では、住居③-Kで調理は共同で行われる。食事の時間は、11時から12時と6時から7時の2回である。住居③住居④では、炊事と同様、家族皆で住居③-KVで食事をとる。一方、住居①では、各自が住居①-Kで、住居②では、住居②-R3で食事をとる。いずれも台所の近くである。

　就寝は家族ごとに行われ、各住居の個室あるいは居間のベッドで就寝する。

　洗濯、水浴びは、一日に昼・夜の2回程度実施する。住居①-BV、住居③-FV、住居④-FVで行われる。洗濯物を干すのは、住居①住居②住居③では鰐の生簀の上、住居④では横ベランダである。いずれも屋根の掛からない屋外で行われる。

　排泄行為は住居①-T、住居③-T、住居④-Tで住居に設置されている便所で行われる。便所を所有しており、便所を所有しない住居②は住居①の便所を使用する。

　就寝、洗濯、水浴、排泄に関しては共同での空間利用は見られない。炊事と食事に関して、かまどの共有をはじめとして共同での空間利用が見られる。

2
トンレスサップ湖の水上集落

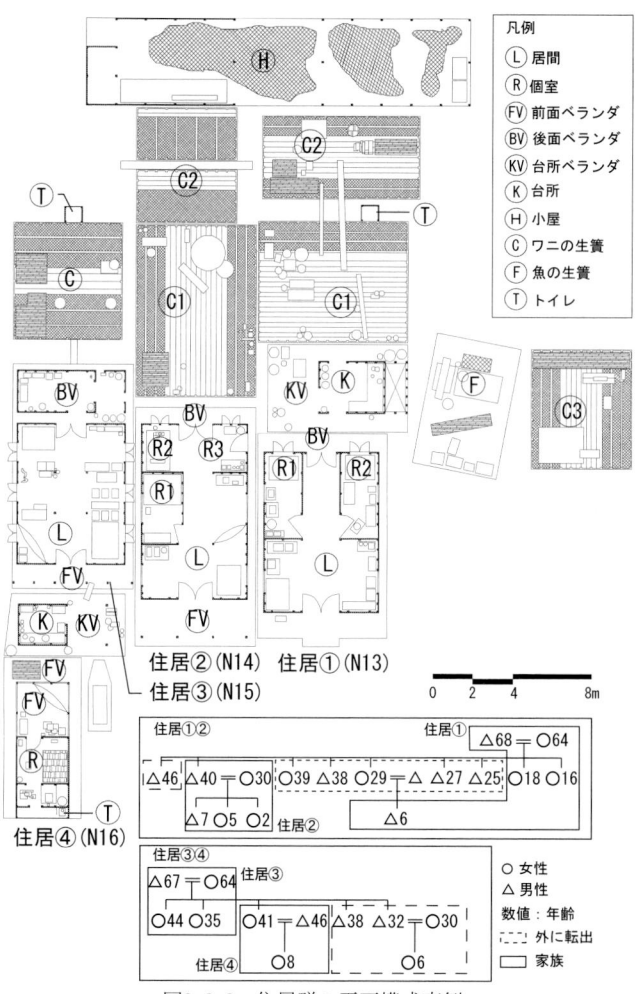

図3-2-8　住居群の平面構成事例

　すべての行為について、住居空間の共同性の視点から整理し図3-2-9に示した。個々人が自らの住居以外の住居で行為を行う時に、他の誰かといっしょに行う場合と、そうでない場合とをまず区別し、その後、血縁関係のあるなしによって細かく分けた。

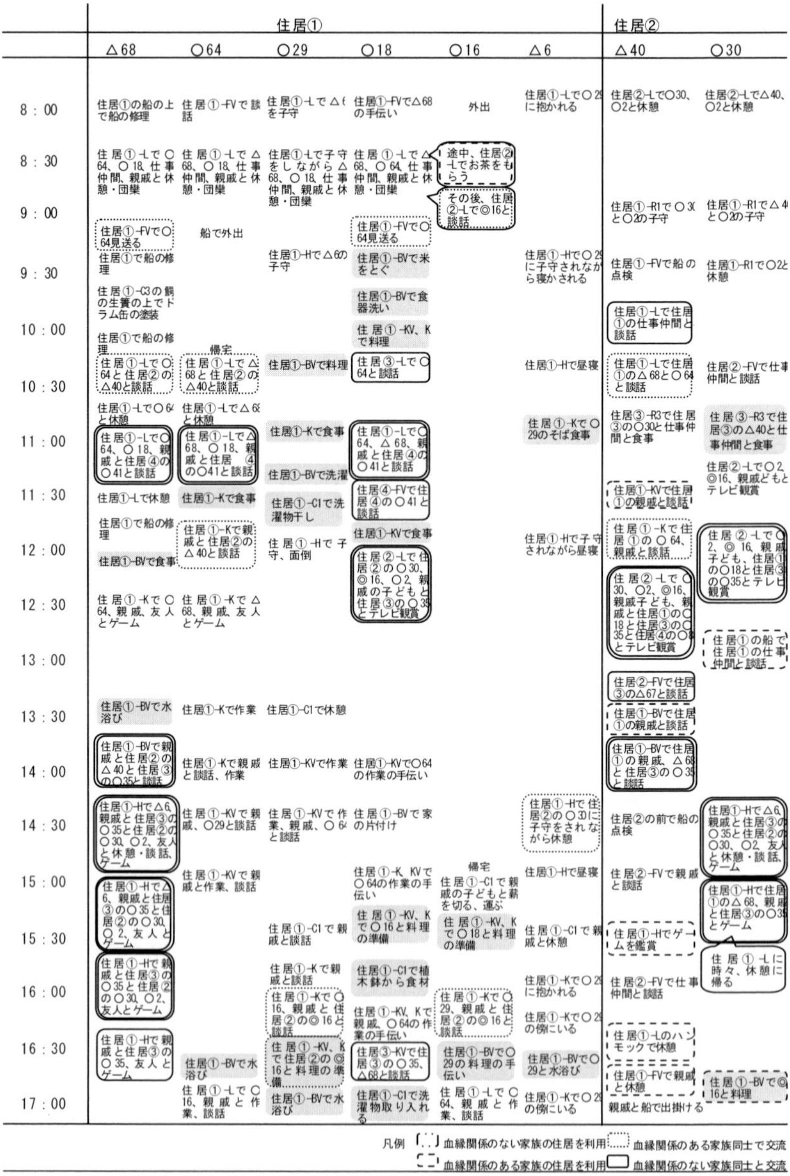

第Ⅲ章
土着的な住居と集落

図3-2-9 住居空間の利用状況

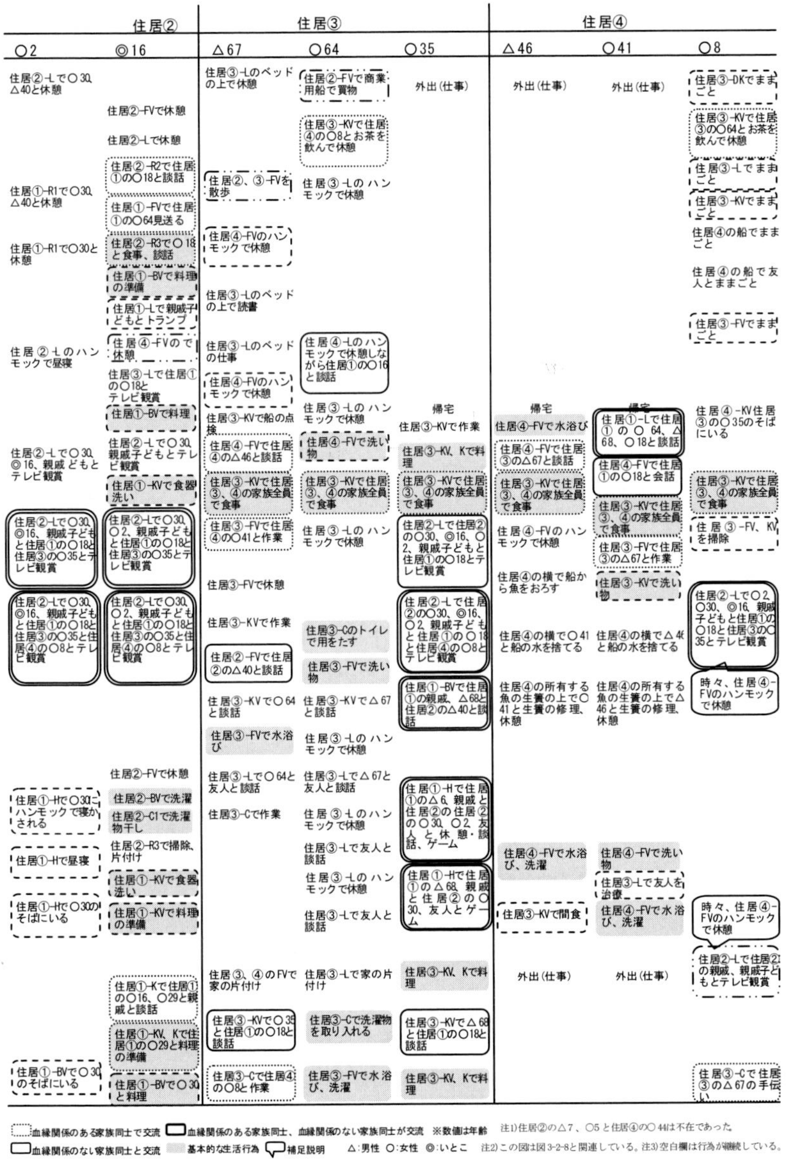

注1)住居②の△7、○5と住居④の○44は不在であった。
注2)この図は図3-2-8と関連している。注3)空白欄は行為が継続している。

図3-2-9　住居空間の利用状況

第Ⅲ章
土着的な住居と集落

　図3-2-7中の枠で囲まれた行為は、自らの住居以外の場所を使った行為、あるいは自らの住居で他の住居の人々と共同で行う行為であるが、それぞれの住居に住む住人が相互に行き来しながら、連結している４家族の住居を利用している実態が分かる。上記の基本的な生活行為以外では、娯楽、休憩、談話、作業の４つの行為に分けることができる。また調査時間中に個室が利用されることはほとんどなく、居間とベランダが主な行為の場所となっている。
　血縁関係のない家族の住居を、その家族といっしょにではなく単独で利用する場合は、前ベランダが利用される。また血縁関係のある家族の住居を、その家族といっしょにではなく単独で利用する場合も主にベランダが利用される。このケースで見られるのは、主に炊事である。共同での空間利用は、特に居間・ベランダで見られ、娯楽、休憩、談話が多い。
　それぞれの住居はアンロン・タ・ウー村の住居の型をベースにし、就寝、洗濯、水浴び、排泄に関して各住居の独立性を保ちながらも、相互に連結することで、炊事・食事、娯楽、休憩、談話に関して、居間やベランダを共同利用しながら、住居群の共同性を確立している。

５．水上集落の空間構成

　本節では筏住居で構成された水上集落を対象に、筏住居の空間構成について、以下の４点を明らかにした。
（１）筏住居はベランダ、居間、寝室、台所の４つの空間から構成される。正面入り口から奥にかけ通路が設けられ、両側には部屋が配置され、左右対称の構成をとる。平均床面積の内、３分の１をベランダの面積が占め、室内空間の約半分を居間が占める。
（２）「前ベランダ＋主室（前面居間・後面個室）＋後ベランダ」を基本形式と位置づけた上で、台所の位置ならびに後ベランダの有無から、５つの住居形式にわけることができる。
（３）ベランダは、室内でまかないきれない入浴・洗濯といった生活行為の場であるとともに、演出・信仰・収納の場として機能している。また居間の正面・側面は開放性が高く半屋外空間として機能している。住居周辺に浮かべら

れる付属建物には生活行為の拡張以外に、栽培や飼育のための機能が付与される。
　（4）6割を超える住居で、住居を相互に連結させている。そこでは、就寝、洗濯、水浴、排泄といった基本的な生活行為については独立性を保ちながらも、炊事・食事、娯楽、休憩、談話といった行為を、居間やベランダを共同利用しながら、共有している。

註
1）カンボジアの中央部に位置するトンレサップ湖の6県（Siem Reap, Battambang, Pursat, Kompong Chhnang, Kampong Thom, Banteay Meanchey）の湖岸に約300万人が大湖の自然資源に依拠して暮らしている。国道5号線と6号線に囲まれた地域に住む人口は約120万人で、そのうち、標高10m以下（毎年5日以上にわたって湖からの浸水が及ぶ範囲、延べ面積1,342,000ha）の人口は、その約4分の1にあたる34万人で、およそ170の村に分かれて湖水に浮かぶ家に住み、14,000戸以上の家庭が直接漁業に従事している。
2）トンサレップ湖は、東南アジア最大の淡水湖であり、季節によって水域面積や水位が大きく変化する。雨季にはトンレサップ湖に降る雨に加え、メコン川の水が逆流し、湖の面積は、乾期の2,500～3,000km^{2}から雨季には最大16,000 km^{2}近くまで膨れ上がり、最高水域期（10月）には、最低水域期（5月）に比べて水域面積が5倍以上に拡大する。湖周辺を含む浸水域は国土の5～8％に達する。平均水位は乾季の1～2m（最大水位3.6m）から氾濫期のおよそ8～11mにまで上昇する。
3）2008年の現地調査においてトンレサップ湖周辺の漁業集落を踏査し、トンレサップ湖周辺の住居形態について把握した。家船は船上に居住空間を設け、船を住まいとしたものである。筏住居は筏の上に住居が建設されたものである。竹・発泡スチロール・ドラム缶を用いて浮かせており、厳密に筏と区別して浮家・浮住居という表記が用いられることがあるが、ここでは筏住居と表記する。高床式住居は雨季、乾季の水位変化に対応するため3～4mほどの柱の上に住居が作られたものである。杭上住居は陸上の水際に立地し、雨季、乾季の水位変化に合わせて住居を移動させるため、容易に解体ができるよう高さのない杭の上に建設されたものである。
4）寺院で毎月4回、亡くなった人の魂が無事、天国に行き届くように、お祈りを捧げるために行われる行事。
5）お盆時には寺院前でボートレースや袋に水を詰め投げ合う水投げが行われる。また夕方から深夜にかけ寺院前に商業船が集まり、裏手の陸上には夜店ができ、お祭りが行われる。
6）アンロン・タ・ウー村と隣り合うプレク・トアル村は水鳥の希少種がいるアジア最

第Ⅲ章
土着的な住居と集落

大の繁殖棲息地があり、生物圏保全地区に指定されている。
7）祖先を祀るための神棚。おじいさん、おばあさんを意味する。
8）ベランダは、素材の目地の違い、段差の有無によって区別をつけた。
9）住居平面は前方、後方に増減し、また住居の出入り口は正面、後面に設置するため前方、後方の建物の構成が重要であると考えたため、横ベランダについては省略した。
10）図3に別棟に台所を配置した住居が48件という表記があるが、48件中分棟化した台所をもつもの41件、他の住居の台所を共有するものが7件である。
11）調査を行った住居は100件であるが、調査した際に隣接する住居（2件）については確認した。
12）住人の行為について継続的に記述、写真撮影を行った。観察できなかった行為（就寝、炊事、食事、水浴び、洗濯、排泄）については聞き取り調査を行った。

2
トンレスサップ湖の水上集落

第Ⅲ章
土着的な住居と集落

3

高床式住居の都市化

1．プノンペンの高床式住居

　都市化が急激に進むプノンペンの都心部に現在も高床式住居が数多く見られる。
　都市建設当初の計画は人種ごとの明確な住み分けが意図され、運河を隔てた北部がフランス人居住区、運河の南側の中央市場周辺が華人居住区、それよりも南部の王宮周辺がクメール人とベトナム人の居住区とされた。現在も、フランス人居住区には多くのコロニアル建築が残存し、中国人居住区はショップハウスで街区が構成されている。本研究の調査対象地の北東部は、ドンペンの南

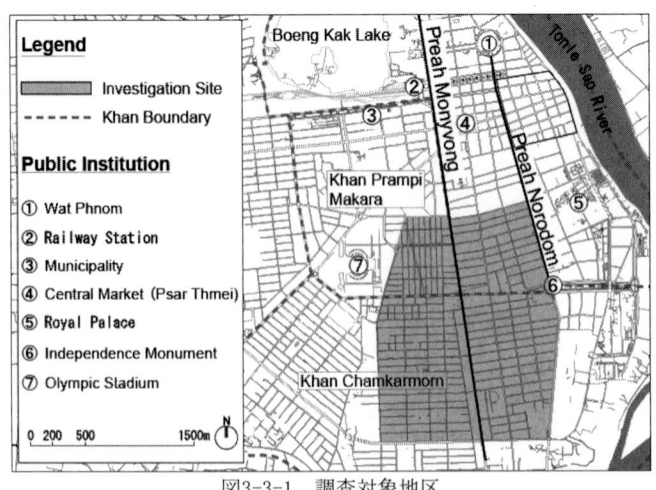

図3-3-1　調査対象地区

高床式住居の都市化

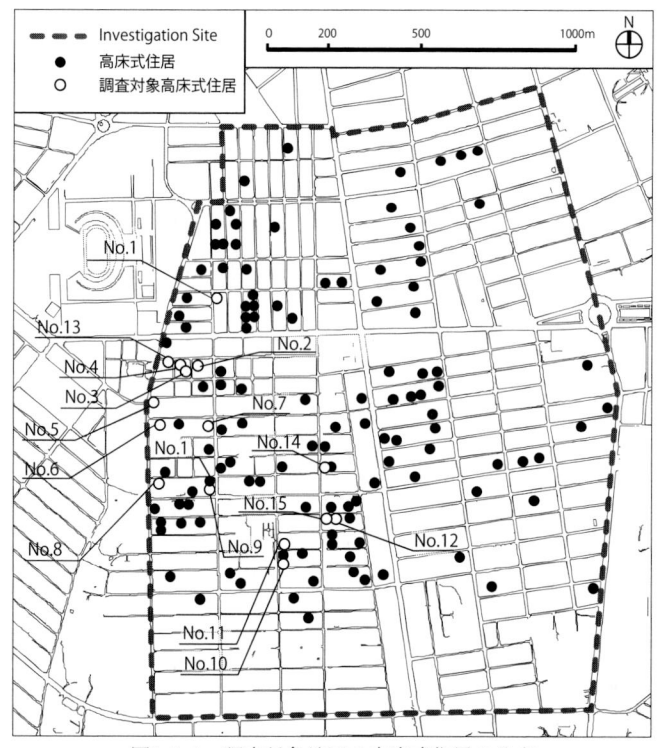

図3-3-2　調査対象地区の高床式住居の分布

部のクメール人・ベトナム人居住区に該当する。ドンペン地区が形成されたのち、1968年にはプランピーマカラ地区、チャムカーモン地区の街区も形成されている。

　1975年から3年8か月間のポル・ポト政権の後、ポル・ポト政権が終わりを迎えた直後の都市計画では、ポル・ポト政権以前の建物の所有権は放棄され、市民はポル・ポト政権以前に建てられた建物を占拠し、所有権を得ることが許された[1]。

　1996年の調査では、本対象エリアにおいて318棟の高床式住居が確認されている。2011年の現地調査の結果から、そのうち133棟の残存が確認できた（図3-3-2）。

第Ⅲ章
土着的な住居と集落

表3-3-1 住戸の基本情報と空間構成の型

住棟番号	住戸番号	居住開始年	所有形態	所有経緯※2	利用階	空間構成の型※3
1	1	※1×	所有	×	2	ii_n(Y)
1	2	×	所有	×	1	ii_L
1	3	×	賃貸		1	その他
2	1	1986	所有	占拠	2	i_n(V)
2	2	1980年代	所有	占拠	2	i_n(V)
2	3	×	所有	×	1	i_L
2	4	×	賃貸		1	ii_n(P)
2	5	1980	所有	占拠	1	ii_n(Y)
2	6	1983	所有	×	1	ii_n(P)
3	1	1985	所有	×	1	i_L
3	2	1980年代	所有	占拠	1	i_L
4	1	1985	所有	購入	1.2	ii_n(W_V)
4	2	1979	所有	占拠	2	i_n(V)
4	3	2002	所有	その他	1	i_n(P)
4	4	1980	所有	占拠	1	i_n(P)
5	1	1980	所有	占拠	1.2	i_n(V)
5	2	1982	所有	購入	1	i_L
5	3	1990	所有	購入	1	i_n(W)
6	1	1979	所有	占拠	1.2	i_n(W_V)
6	2	1979	所有	占拠	1	i_n(Y)
6	3	1979	所有	占拠	1	i_n(P)
6	4	1979	所有	占拠	2	i_n(V)
7	1	1979	所有	占拠	2	i_n(V)
7	2	×	所有	×	1	i_n(P)
7	3	×	所有	×	1	i_n(P)
7	4	×	所有	×	1	i_n(Y)
7	5	×	所有	×	1	i_n(YP)
8	1	1979	所有	占拠	1.2	i_n(W)
8	2	×	所有	×	1.2	ii_n(W)
9	1	1985	所有	購入	1.2	i_n(W)
9	2	2009	賃貸		1	i_n(V)
9	3	1979	所有	×	2	i_n(V)
10	1	1980	所有	占拠	1.2	i_n(P_V)
10	2	2010	賃貸		1	ii_n(P)
10	3	1979	所有	購入	1.2	i_n(PV)
11	1	2000	賃貸		1.2	i_n(WV)
11	2	1992	所有	購入	1	i_n(W)
11	3	1988	所有	占拠	2	i_n(V)
11	4	×	賃貸		2	L
11	5	×	賃貸		2	L
11	6	×	賃貸		2	L
12	1	1979	所有	占拠	2	i_n(V)
12	2	2008	所有	購入	1	i_n(P)
13	1	1993	所有	購入	2	i_n(V)
13	2	1990	所有	購入	2	i_n(V)
13	3	×	所有	×	2	ii_n(V)
13	4	1979	所有	占拠	1	i_n(PW)
14	1	2008	賃貸		2	L
14	2	2008	賃貸		2	L
14	3	×	賃貸		2	L
14	4	1980	所有	占拠	1	その他
14	5	1994	所有	購入	1	i_n(P)
14	6	1992	所有	購入	1	i_n(P)
14	7	1989	所有	購入	1	i_n(P)
14	8	1982	所有	購入	1	i_n(Y)
14	9	1998	所有	占拠	1	i_n(V)
15	1	1998	所有	購入	1.2	ii_n(WP_V)
15	2	×	所有	×	1	i_n(W)
15	3	2008	賃貸		1	LB
15	4	2007	賃貸		1	LB
15	5	2008	賃貸		1	LB
15	6	2009	賃貸		1	LB
15	7	2008	賃貸		1	LB
15	8	2000	賃貸		2	L
15	9	2010	賃貸		2	L
15	10	2006	賃貸		2	L
15	11	2006	賃貸		2	LB
15	12	2006	賃貸		2	LB
15	13	×	賃貸		2	LB

※1 ×は採取不可。
※2 所有住戸からヒアリングにより採取したデータ。
※3 図3-3-12に対応。
 i 型：前面道路から順に、ＬＲＢＫの配置を持つもの。
 ii 型：前面空間の一部にＢＫなどの機能空間を配置するもの。
 n：前面道路と室内空間の間に配置される中間領域（Ｐ，Ｖ，Ｗ，Ｙ）。
　　　中間領域をもたない場合は、Ｌと表記。
 L型：ワンルームのみの住戸。
 LB型：ワンルームに専用トイレ・水浴び場が付加されているもの。

　本研究で対象とした高床式住居において、住居を所有した経緯、および居住開始年について、住戸[2]ごとにヒアリングを行った。（表3-3-1）。賃貸住戸を除いた47戸のうち採取可能であった36戸から得られた結果に着目すると、住居を所有した経緯については、「占拠」が61％（22／36戸）、「購入」が36％（13／36戸）であった。また、対象とした全住戸がポル・ポト政権が終了した直後の1979年以降に居住を始め、ポル・ポト政権以前の住居の所有者が継続し

高床式住居の都市化

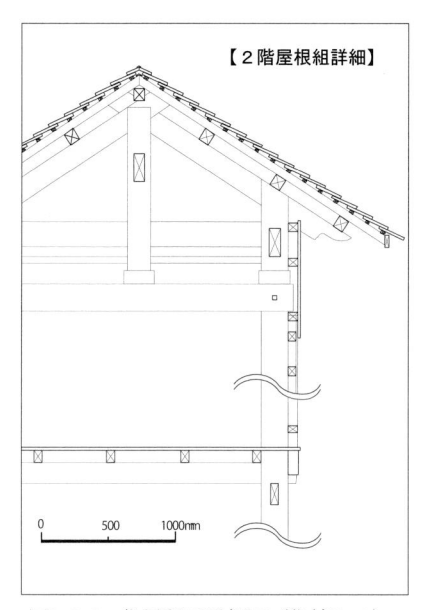

図3-3-3　住居断面詳細図（住棟No.3）

て同じ高床式住居に居住している例は見られなかった。ポル・ポト政権前後で所有者が変化し、高床式住居についても他の住居と同様に、住居を占拠する形で人々が居住することが一般的に起こっていたと考えられる。

　調査で得られたプノンペンの高床式住居の断面図を図3-3-3，3-3-4に示す。住棟は2階建てであり、瓦葺である。天井が施されていない限り2階の室内から木造の屋根組を確認することができ（写真2）、上下階には通し柱が見られる。1階部分の柱の周囲を煉瓦で補強している場合が多く、今回残存が確認できた133棟全てにおいて、床下に居室が確認された。高床式住居は本来は、床上の居住空間が支柱によって持ち上げられ、床下に居室が設置されてない建物を指す。しかし、近年カンボジアの農村の一部の住居でも、高床式住居の床下部分に居室を設ける例が見られ、厳密に「高床」とは呼べない建物が建設されている。本節では「高床を起源とする住居」という意味で「高床式住居」という語を用いることとし、増改築後に完全に床下空間が消失しているものについ

213

第Ⅲ章
土着的な住居と集落

写真1　高床式住居外観　その1

写真2　2階室内
木造の小屋組みを確認することができる。

写真3　床下部分
通し柱を基準に壁をつくり、床下部分に居室を設けている。

写真4　高床式住居外観　その2
1棟の建物を垂直方向に分割し、3戸が住んでいる。

3
高床式住居の都市化

図3-3-4　高床式住居断面図（住棟No.3）

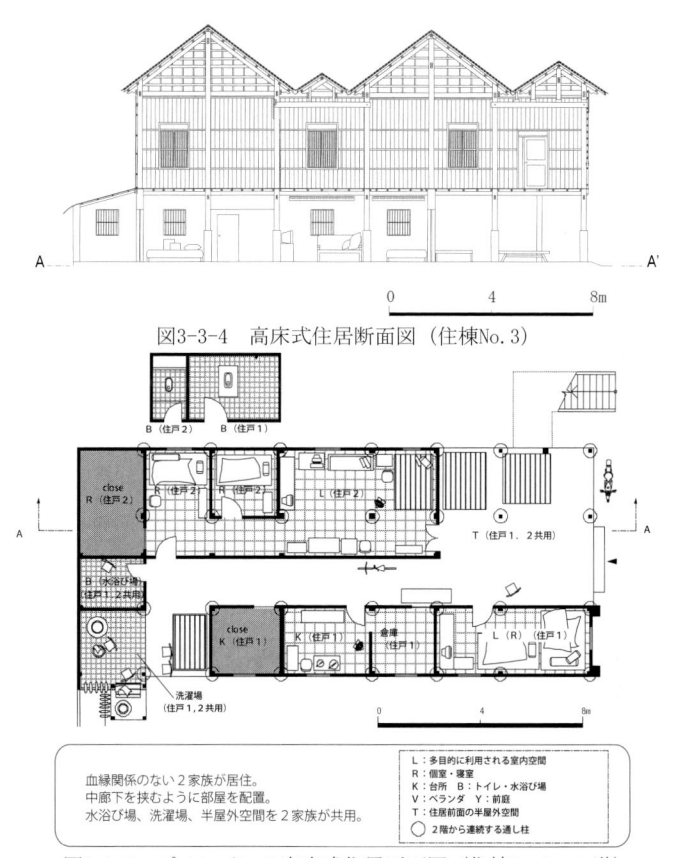

図3-3-5　プノンペンの高床式住居平面図（住棟No.3，1階）

ても高床式住居と呼ぶこととする。

　農村の高床式住居では1棟に1家族が居住するのが一般的であるが、現在のプノンペンの高床式住居は1棟を複数の家族で所有する場合が多い。柱の軸組みを活用し、木材、またはコンクリートの壁の配置をすることで空間を分割し、個々の住戸の独立性を高めている（図3-3-5）。住棟の外側に増改築を付加することで居住面積を拡張している例も多い。

　屋根組とそれに結合された通し柱の位置は、増改築の影響を受けていないと

第Ⅲ章
土着的な住居と集落

いうことがヒアリングから得られている。屋根組と通し柱の位置は建設当時の形態と不変であると考えられるため、本研究では通し柱からオリジナルな形態を推測し考察を行う。

2．高床式住居の空間構成と利用実態

2-1　高床式住居の利用状況

調査対象地において133棟の高床式住居の残存が確認でき、301件の利用が確認できた（表3-3-2）。住居として利用している例がもっとも多く（196件）、小売や飲食、ホテルや美容院などのサービス業といった店舗、バイクや家電製品などの修理作業の場、倉庫、工場などにも利用されている。また、少数ではあるが教会、病院などへの転用も確認でき、住居だけでなく幅広い機能に利用されている。

2-2　住居の空間構成

プノンペンの高床式住居では、木造の軸組みを活かして空間を分割することで、複数世帯がそれぞれの居住空間を確保している。より具体的な居住実態を見るために、目視によって確認できた133棟から無作為に15棟（75戸）を選出し、実測調査を行った（図3-3-6、図3-3-7）。

15棟のうち、住棟No.6の住戸3と住戸4、住棟No.7の住戸1、2、3、5については親戚関係にあり、同一の高床式住居において血縁関係をもつ家族が

表3-3-2　高床式住居の利用用途

利用用途		（件数）
住居		196
店舗	小売	44
	飲食	17
	サービス業	18
修理作業		10
会社・事務所		3
倉庫		5
工場		6
教会		1
病院		1
計		301

写真5　高床式住居外観　その3
一部がレストランに改装されている。

高床式住居の都市化

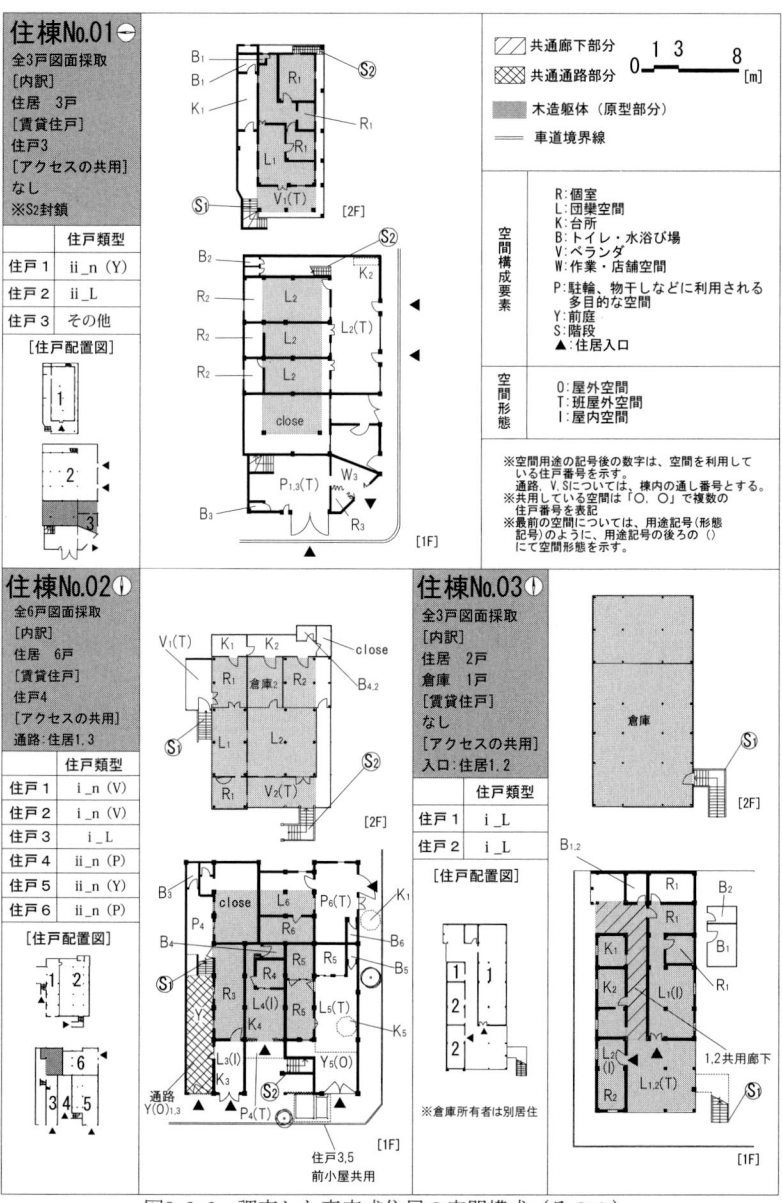

図3-3-6 調査した高床式住居の空間構成（その1）

第Ⅲ章
土着的な住居と集落

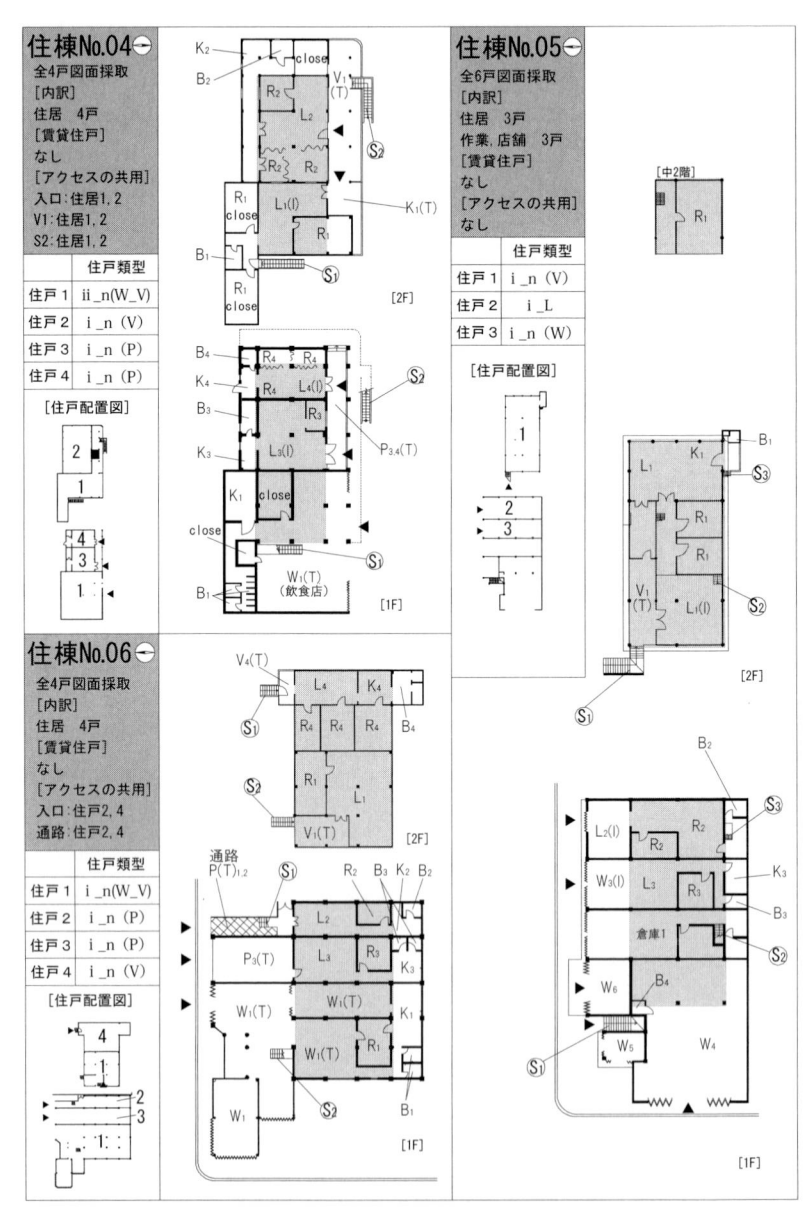

図3-3-7　調査した高床式住居の空間構成（その2）

3
高床式住居の都市化

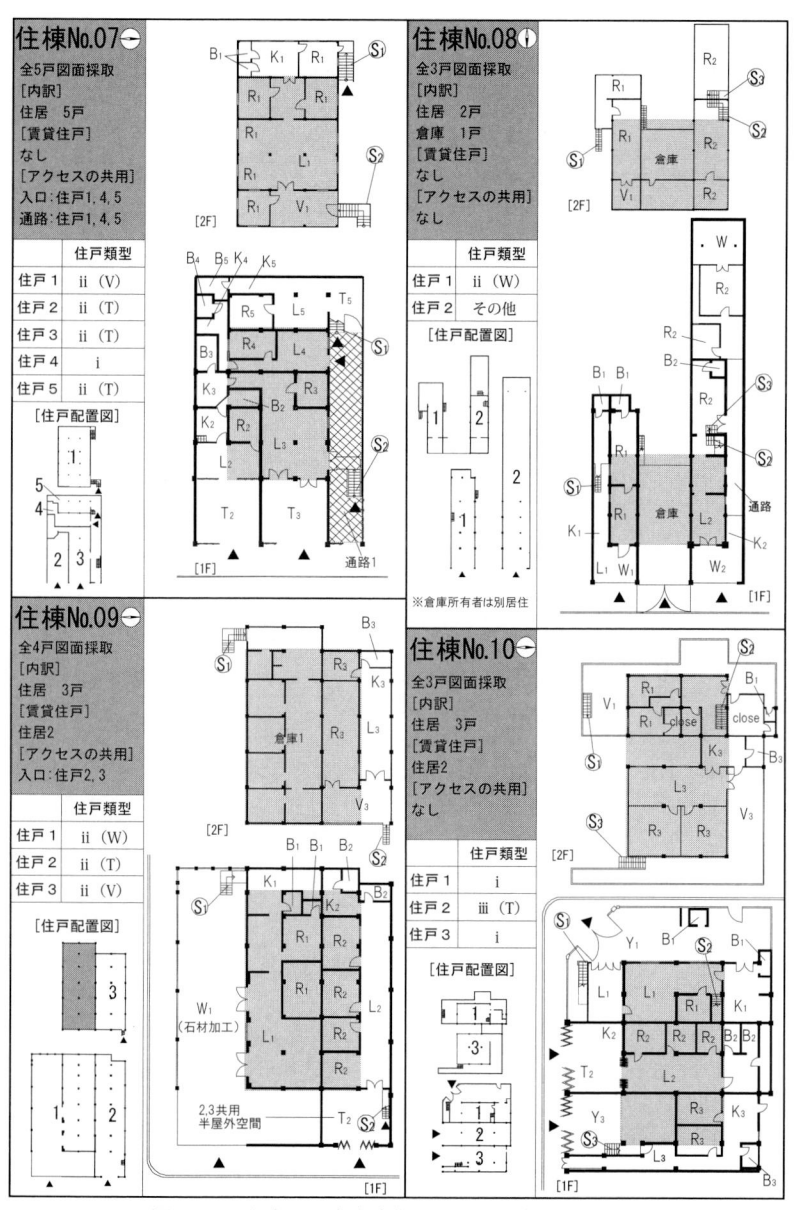

図3-3-8 調査した高床式住居の空間構成（その3）

第Ⅲ章
土着的な住居と集落

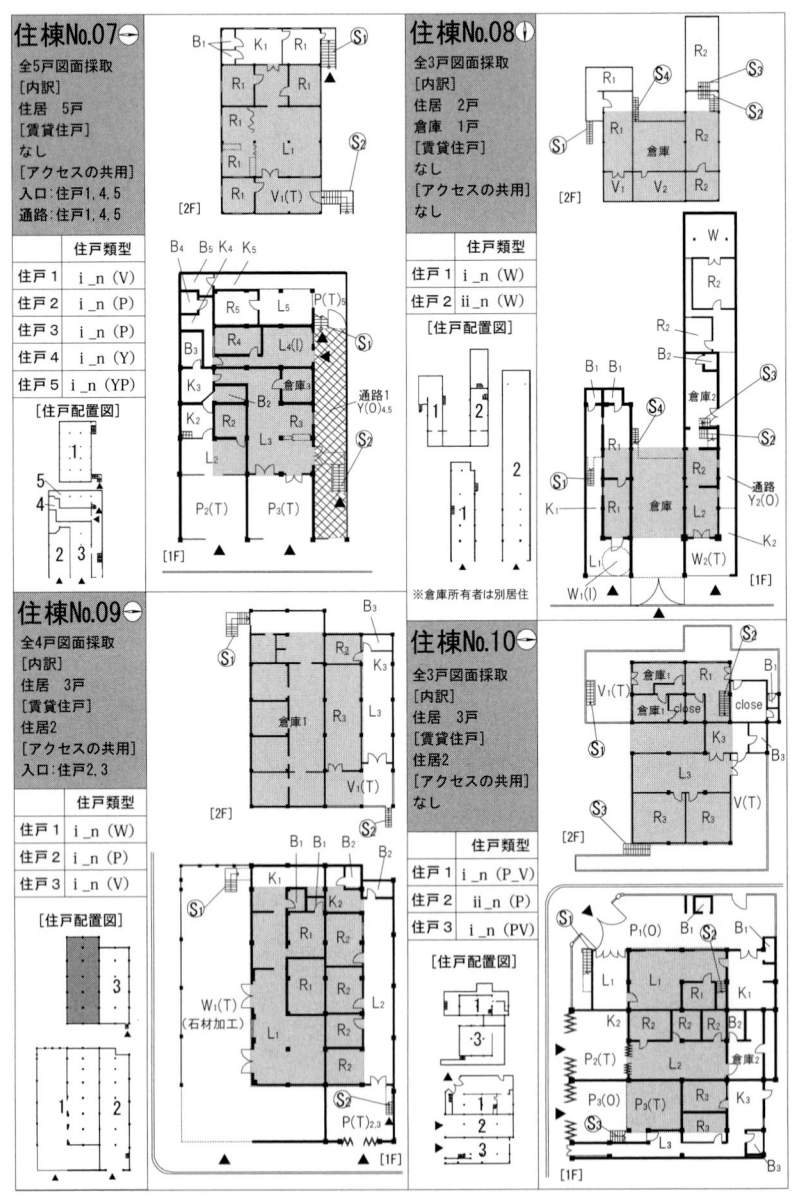

図3-3-9 調査した高床式住居の空間構成（その4）

3
高床式住居の都市化

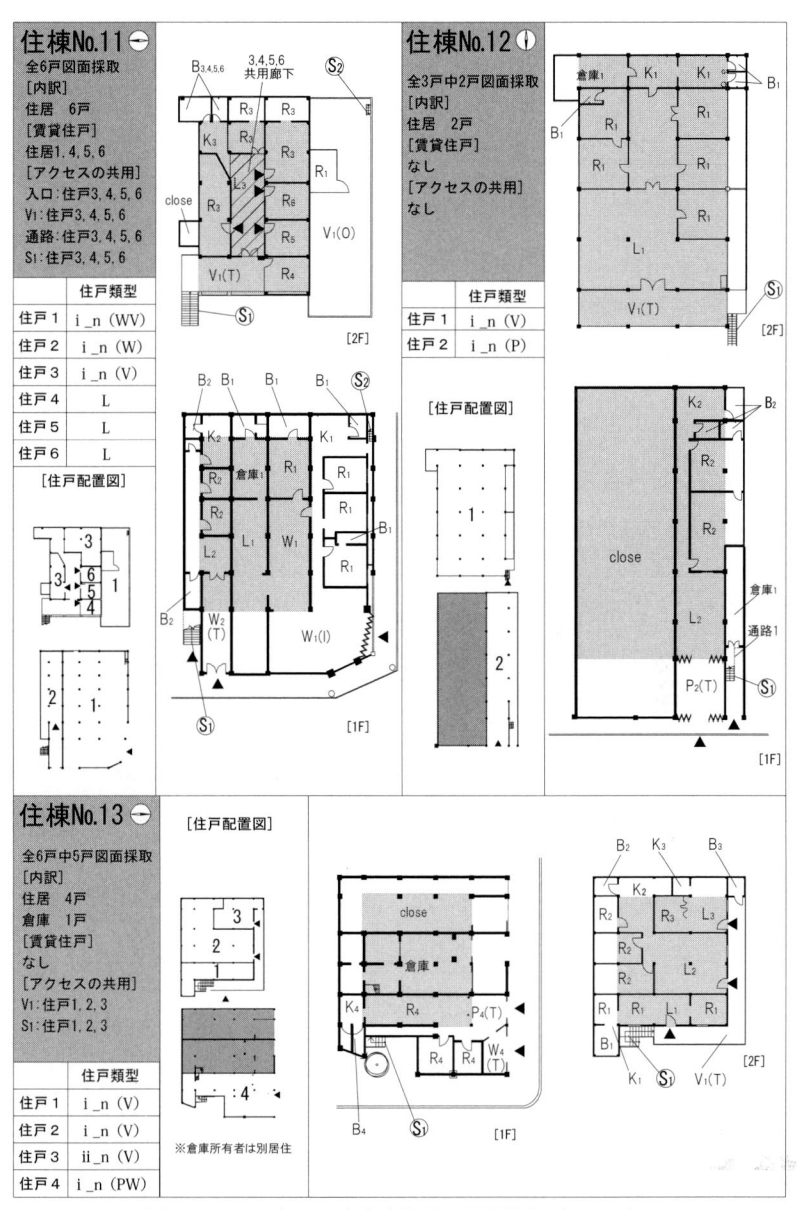

図3-3-10　調査した高床式住居の空間構成（その５）

221

第Ⅲ章
土着的な住居と集落

居住しているケースが見られた。残りの13棟については、同一の高床式住居に居住する家族に血縁関係が確認できなかった。住棟No.6、住棟No.7についても、一部の家族が血縁関係をもっているのみで、血縁関係をもたない他家族も同じ住居に居住している。血縁関係のない家族同士が一つの高床式住居に住むことは一般的になっているといえる。

実測平面図を採取した75件の内訳は、住居69件、作業場・店舗3件、倉庫3件である。住居としての利用が見られた69戸を対象に、プノンペンの高床式住居における空間構成について検討を行う。

基本的な空間の構成要素としては、多目的に利用される半屋外空間(T)、団欒・食事など多目的に利用される室内空間(L)、個室・就寝空間(R)、トイレ及び水浴び場(B)、台所(K)、作業・店舗空間(W)、ベランダ(V)、住居と歩道の間の屋外空間である前庭(Y)などが挙げられる。

食事・団らん等が行われる室内空間 　　住居前面の半屋外空間

台所 　　　　　　　　　　　　　　　ベランダ

写真6　空間の構成要素

高床式住居の都市化

　個々の住戸の平面形態は、住棟の分割のされ方により複雑で多様であるが、空間の配列に着目して整理すると類似性が見られる。外部に対して開放的な入口付近に団欒空間（L）を設け、Lの奥に家具などで仕切られた就寝空間や個室が配置される。トイレ・水浴び場（B）、台所（K）は住居前面の部屋から分離され、住居の奥に配置される傾向が強い。
　各住戸の空間構成は、住戸のアクセスの選択によって変化するため、住戸が1階にあるか2階にあるかで構成が変化する。住戸が利用している空間を階層ごとに分類すると、1階を利用する住戸（35戸）、2階を利用する住戸（24戸）、そして上下階を両方利用している住戸（10戸）の3つのケースが見られる。それら3つの占有区分は1棟の住棟において混在しており、住棟の中での所有区分は非常に複雑になっている（表3-3-1）。
　住戸の所有形態に着目すると、住民が住戸を所有する場合（所有：47戸）と、家主から賃借して居住している場合（賃貸：22戸）が見られ（表3-3-1）、それぞれ空間構成に特徴がある。
（1）所有住戸の空間構成
　47戸の所有住戸において、住棟前面の敷地境界線（歩道と敷地との境界）と屋内空間との間に配置される空間の形態に着目すると、半屋外空間（T）を配置するものが40戸（85％）と大多数を占め、屋外空間（O）を保持しているものが7戸（15％）、屋内空間も半屋外空間ももたず、室内空間（I）と歩道が接しているものが4戸（9％）見られた。住戸前面の公共空間と室内空間の間には、積極的に開放的な空間が配置されている。
　つづいて、各所有住戸の空間を用途により分類した空間配列に着目すると、住戸の平面形式は、LBKの関係および、前面歩道と団欒空間（L）の間に配置される空間の有無から、大きく4つに分類することができる（図3-3-7）。
　LBKの配列に着目すると、住戸前面にL、後部にBKを配置しLRBKの配置をとるもの（ⅰ型：38戸）、B,Kといった機能空間が前面空間の一部に配置されたもの（ⅱ型：8戸）が見られる。これら2つの型を、団欒空間と前面歩道の間に配置される中間領域n（T, V, W, P）の有無で細分類すると、中間領域nをもつもの（ⅰ_n型：34戸、ⅱ_n型：7戸）、nをもたず歩道からLへ直接アクセスできるもの（ⅰ_L型：4戸、ⅱ_L型：1戸）の計4類型が得られた。4類型のう

223

第Ⅲ章
土着的な住居と集落

ち、i_n型が所有住戸のうち77％（34/47戸）を占め、住居前面に中間領域を配置し、前面歩道とLを直接連結させない型が一般的であるといえる。前面に配置される中間領域nとしては、P（16戸）、V（17戸）、W（10戸）、Y（5戸）があげられ、さらにPとV（2戸）、WとV（2戸）など複数の要素が共にLの前面に配置される例も見られる。

　ii型で住戸前面に配置される機能空間としては、Kのみ（4戸）、Bのみ（1戸）、またはB・K両方（3戸）があげられる。これらの住戸は、住戸奥で充足できなかった空間をLの前面に配置することで機能を補完している。

（2）賃貸住戸の空間構成

　各賃貸住戸の空間構成の型を表3-3-1に示す。賃貸住戸22戸のうち、区分所

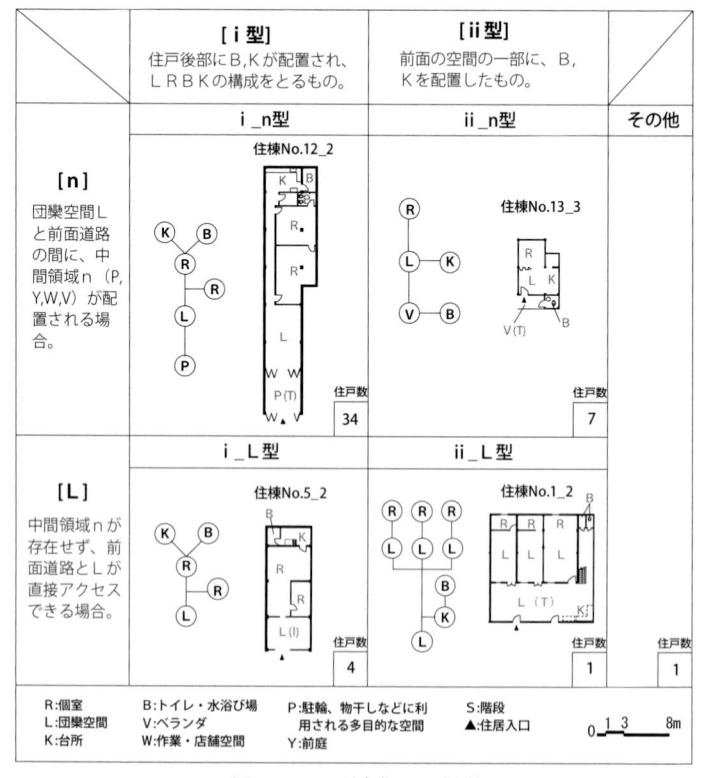

	[i 型] 住戸後部にB,Kが配置され、LRBKの構成をとるもの。	[ii 型] 前面の空間の一部に、B,Kを配置したもの。	
	i_n型	ii_n型	その他
[n] 団欒空間Lと前面道路の間に、中間領域n（P,Y,W,V）が配置される場合。	住棟No.12_2 住戸数 34	住棟No.13_3 住戸数 7	
	i_L型	ii_L型	
[L] 中間領域nが存在せず、前面道路とLが直接アクセスできる場合。	住棟No.5_2 住戸数 4	住棟No.1_2 住戸数 1	住戸数 1

R:個室　　　B:トイレ・水浴び場　　P:駐輪、物干しなどに利用される多目的な空間　　S:階段
L:団欒空間　V:ベランダ　　　　　　　　　　　　　　　　　　　　　　　　　　　▲:住居入口　　0 1 3　8m
K:台所　　　W:作業・店舗空間　　　Y:前庭

図3-3-11　所有住戸の類型

高床式住居の都市化

有住戸と同様の空間構成をもつものも見られる（2戸：ii型、2戸：iii型）。しかし、ワンルームのみのもの（L型：9戸）、ワンルームに専用トイレ・水浴び場が付加されたもの（LB型：8戸）など、簡易な空間構成のものが目立つ。ワンルームを基本とする賃貸住戸では、所有住戸のように独立した調理空間をもたず、共用の台所、トイレを利用したり、ワンルームの中にコンロを置き調理場として利用することで居住空間を充足させている。

2-3 住居の増改築

屋根組から推測される高床式住居のオリジナルな形態と調査住棟を比較すると、いくつかの増改築の痕跡が見られる。

まず、高床式住居は通し柱を基準に壁を設け空間が分割されている。短冊状の分割パターンを基本としているが、住棟によっては、より複雑な平面形態が形成されている。

また各居住者は、高床式住居の木造躯体内外[3]に増改築を行い、自ら空間を構成していった。表3-3-3にその内容を示す。

木造躯体内に着目すると、団欒空間（46か所）、個室（102か所）、トイレ・水浴び場（17か所）、台所（16か所）、店舗（8か所）、駐輪などに利用する多目的空間（2か所）、倉庫（13か所）などの改築が見られた。また、ベランダの配置（12か所）、ロフトの増設（1か所）、階段（1か所）の設置なども見られる。

木造躯体外の増築では、団欒空間（15か所）、個室（42か所）、トイレ・水

写真7　住居の前面に、居室を増築している。

写真8　既存建物の前面に増築された店舗空間

第Ⅲ章
土着的な住居と集落

浴び場（66か所）、台所（44か所）、店舗・作業空間（16か所）、倉庫（8か所）などの増設が確認できる。また、ベランダの設置（8か所）、多目的空間の配置（22か所）、庭の配置（6か所）など、住居と外部との中間領域の配置がみられ、階段の増設も25か所に見られた。

木造躯体内と躯体外の増改築を比較すると、躯体内の改築においては個室、団欒空間の設置が顕著であり、水浴び場・トイレや台所は躯体外に新たに構造を付加して増築されているケースが目立つ。

以上のように、躯体内の空間をベースにより私的な団欒空間や室内空間を設け、躯体外部へ台所、トイレ・水浴び場など必要な空間、機能を付加させることで、各居住者が住要求を満たしている。

表3-3-3　木造躯体と空間配置の関係

(か所)

増改築の内容	躯体内への改築	団欒空間の設置	46
		個室の設置	102
		トイレ水浴び場の設置	17
		キッチンの設置	16
		店舗・作業場の設置	8
		駐輪、物干しなどを行う多目的空間の設置	2
		倉庫の設置	13
		ベランダの設置	12
		ロフトの設置	1
		階段の増設	4
	躯体外への増築	団欒空間の増設	15
		個室の増設	42
		トイレ水浴び場の増設	66
		キッチンの増設	44
		店舗・作業空間の増設	16
		駐輪、物干しなどを行う多目的空間の増設	22
		ベランダの増設	15
		庭の配置	6
		階段の増設	25
		倉庫の増設	8
		躯体外に住居設置	2
		躯体外に店舗設置	1

高床式住居の都市化

2-4 住居のアクセス

住居のアクセスを特徴づける要素として、（1）側面通路、（2）階段配置、（3）中廊下・廊下の共用の3点を挙げることができる。これらを組み合わせ、各住戸は複雑な平面形態をとりながらも、限られた空間の中で個々のアクセスを確保している。

（1）側面通路の保持

躯体と隣家の敷地との間の空間を増改築によって埋めることなく、通路として保持している場合がある（写真9）。調査対象とした高床式住居では、7か所の住棟の側面通路が確認された（表3-3-4）。側面通路の存在は、街路に面さない住棟背面、住棟側面の住戸へのアクセスを可能にしている。また住棟No.8の住戸2のように、住棟側面に形成された住戸の生活空間が通路をベースに拡張される場合もある。側面通路は高床式住居の複雑な分割を可能にし、短冊形でない複雑な平面形態の形成に寄与しているといえる。

（2）階段配置の多様性

2階へのアクセスは階段を経て行われ、対象住棟では28個の階段が確認できた（表3-3-4）。そのうち、27個の利用が確認され、階段は設置される位置によって、住戸内部に設置された①内部階段、住棟前面の街路に直接つながる②前面階段、側面通路に設けられた③通路階段、という3種に分類できる（図3-3-9）。階段の種類とその階段を利用する住戸の利用階について図3-3-9に整理

写真9　住棟側面の通路

第Ⅲ章
土着的な住居と集落

表3-3-4 各住棟のアクセス

住棟No	通路数(件)	階段数(個)	階段[※1]番号	階段の種類	廊下の共用 共用している住戸[※2]	ベランダ 共用している住戸
1	0	2	S1	内部	—	—
			S2	封鎖		
2	1	2	S1	通路	—	—
			S2	前面		
3	0	0	—	—	(中)住戸1,2[※3]	—
4	0	2	S1	内部	—	住戸1,2
			S2	前面		
5	0	2	S1	前面	—	—
			S2	内部		
6	0	2	S1	前面	—	—
			S2	内部		
7	1	2	S1	通路	—	—
			S2	通路		
8	1	3	S1	内部	—	—
			S2	内部		
			S3	内部		
9	0	2	S1	内部	—	—
			S2	内部		
10	0	3	S1	内部	—	—
			S2	内部		
			S3	内部		
11	0	2	S1	前面	(中)住戸3,4,5,6	住戸3,4,5,6
			S2	内部		
12	1	1	S1	通路	—	—
13	0	1	S1	前面	—	住戸1,2,3
14	1	1	S1	内部	(中)住戸1,2,3	住戸1,2,3
15	2	3	S1	内部	(片)住戸8,9,10	住戸12,13
			S2	通路		
			S3	通路		

※1 図3-3-6~図3-3-10に対応。
※2 (中):中廊下 (片):片廊下を示す。
※3 住戸の後ろの数字は、共用している住戸の番号を示す。

	通路階段 7個	前面階段 6個	内部階段 14個
1・2階	0	0	12
2階	7	6	2

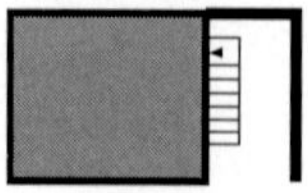

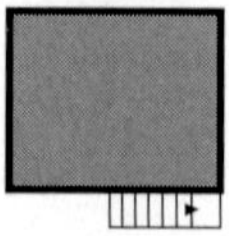

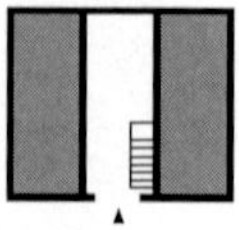

図3-3-12 階段の配置箇所と住戸の利用階層

高床式住居の都市化

した。2階のみを利用する住戸へのアクセスでは前面階段と通路階段の利用が顕著である（13個／15個中）。また、上下階を利用している住戸では独立性が高い内部階段が積極的に用いられている（12個／12個中）。側面通路は2階へのアクセスにも影響を与え、またこれら3種の階段配置を組み合わせることで、各住戸がそれぞれの住戸の利用場所に合わせたアクセスを得ている。

（3）共用廊下・共用ベランダの配置

住棟を分割する際に、中廊下となる空間を残し部屋を配置しているケース（3件）、片廊下を配置しているケース（1件）、ベランダを配置し廊下として利用しているケース（5件）が見られた（図3-3-10、表3-3-4）。これらは、複数の住戸で共用されており、側面通路と同様、住棟の奥に配置された住戸に対するアプローチといえる。

3．高床式住居の共用空間

調査対象とした69戸において、複数の住戸が共用している空間の要素について表3-3-5に整理した。15棟のうち、10棟は表3-3-4に挙げた何らかの要素の共用がみられ、複数の住戸間で空間の補完をする際、共用という手段が一般的に用いられていると考えられる。

共用される空間の要素を見てみると、トイレ・水浴び場（4件：11戸）、台

表3-3-5　共用される空間要素

共用空間要素		共用件数(件)	住戸数(戸)
トイレ・水浴び場		4	11
台所		3	9
ベランダ		5	14
半屋外空間		3	6
設置小屋		1	2
入口		10	31
通路		6	25
階段		4	15
廊下	中廊下	3	9
	廊下	1	3

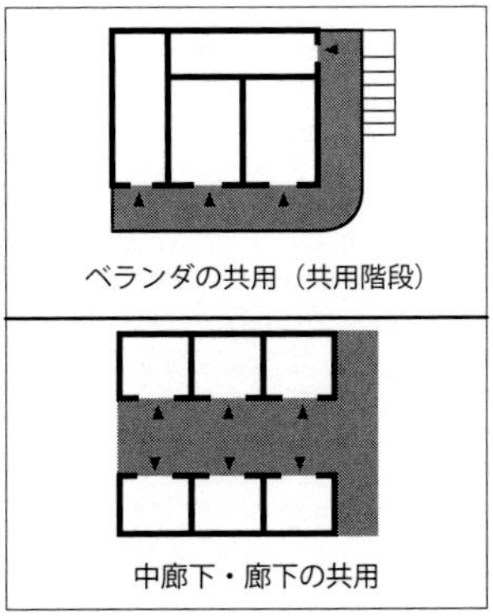

図3-3-13　廊下・ベランダの共用

第Ⅲ章
土着的な住居と集落

所（3件：9戸）といった生活に必要不可欠な機能を共有して充足させていることが分かる。これらは、簡素な空間構成をもつ賃貸住戸同士で共用されている場合が一般的であると考えられるが（トイレ・水浴び場2件、台所2件）、所有住戸同士の共用（トイレ・水浴び場：1件）、所有住戸と賃貸住戸の共用（トイレ・水浴び場、台所：1件）など、共用する住戸同士の関係にも広がりがある。また、少数ではあるが、住居前の半屋外空間（3件：6戸）や小屋（1件：2戸）を共用し、休憩空間を積極的にシェアしている例も見られる（写真10）。

　前面の街路からアプローチする際、門戸を含めた入口を共用している住戸は約半数（10件：31戸）にのぼる。入口の共用を経た後の2つめのアクセス経路として、通路（6件：25戸）、階段（4件：15戸）、廊下（4件：12戸）、ベランダ（5件：14戸）、半屋外空間（3件：6戸）などの共用が選択される。第2のアクセス経路の共用も多数見られ、これらの共用が住戸のアクセスを補完する上で重要であることが分かる。

写真10　住居前面の小屋

4．高床式住居から都市住居へ

　本節では、都心部に残存する高床式住居の利用実態を明らかにしながら、高床式住居が都心部において人々に住まわれる中で時代の変化に対してどのように対応し、変容を遂げてきたのかを明らかにした。
（1）高床式住居は、分割・増改築が行われながら、多家族が生活する住居へと変化している。住戸の空間構成は、前面の中間領域の有無と、空間構成要素の配列から4つに類型化できる。前面から順に団欒空間、個室を配置し、トイレ・水浴び場、台所を奥に配置して住戸前面の部屋から分離させ、外部と住空間の間に、多目的空間、ベランダ、店舗・作業スペースなどの中間領域を設ける傾向が強い。
（2）各住戸は、木造躯体内に配置した居間、個室などの室内空間をベースに、躯体外に新たに台所、水浴び場、トイレなどの機能空間を付加している。各住要求を充足させていく過程で高床式住居を変化させていった。
（3）一つの空間が分割されることで住戸へのアクセスは限定されるが、通路の保持、複数パターンの階段配置、廊下・ベランダの共用が、個々の住戸の位置や形態に適したアクセスを与えている。
（4）各住戸が完全に独立した生活空間を確保できない場合、生活空間を積極的に共用することで各機能を補完している。共用される生活空間としては、トイレ・水浴び場、台所、半屋外空間、住居前面の小屋などがあげられる。また、入口、通路、階段、廊下、ベランダなどのアクセスを共用することで、限られたスペースの中でアクセスを確保することが可能になっている。

註
1）クメールルージュの支配した1975年から79年の4年間、プノンペンの人口は2万～3万人になった。都市住民は農作業に従事するために強制的に農村地域へと強制移住を強いられ、都市にはクメール・ルージュの関係者を中心とした少数の人々が存在するのみとなった。この間、私有財産権は放棄され、土地所有権をはじめとする公式な記録は全て破壊された。1979年のポル・ポト政権崩壊後、新たにカンボジアを支配したヘン・サムリン政権はベトナムとソ連の支援を受けた社会主義政権であり、土地は全て国家所有のものとされた。こうした状況の下、ポル・ポト期に農村部へ強制移住させられてい

第Ⅲ章
土着的な住居と集落

た人々や，難民キャンプにいた人々が大量にプノンペンへと流れこんできた。彼らの従前の住居や土地に関する権利は上述のようにすでになく，新政権は新たに流入してきた人々に対し既存の住宅の使用権を、その住宅を占拠した者に与えた。
2）本節では高床式住居の建物全体の議論をする場合は「棟」を用い、1棟の高床式住居の中に居住している複数の住居単位を「住戸」と定義する。プノンペンの高床式住居では、1棟の住棟に複数の住戸が含まれている。
3）通し柱で囲まれた範囲内を木造躯体内、通し柱で囲まれる範囲の外側を木造躯体外とする。

第Ⅳ章

居住環境改善

第Ⅳ章
居住環境改善

1
不法占拠地区の空間構成

1．プノンペン最大のスラム　ボレイケラ地区

　急激な人口増加は、労働力の飽和状態を招き、多くの人々が低賃金労働やインフォーマルセクターでの労働に従事せざるを得ない状況を生んでいる。プノンペンでは、都心の未利用地、線路沿いや河川沿い、空きビルや集合住宅の屋上などに不法占拠による住宅地が数多く形成されている。

　一般に不法占拠地区は、不衛生でかつ犯罪の温床となりやすく災害に弱いとされており[1]、プノンペンでは、1000世帯以上の規模の不法占拠地区はデイクラホム Dey Krahorm・バサック Bassac・ボレイケラと3か所存在したが、ボレイケラを除いて、国・市・開発業者によって居住者は強制移転させられている。

　一方、いわゆるスラム地区を対象とした居住環境改善事業では、クリアランス方式やオフサイトの再定住事業など居住そのものの継続性や居住空間の継承性という点で課題の多い事業も数多く見られる。本節で対象とするボレイケラ地区は、2003年よりオンサイト型再定住事業によって地区内に7階建て約180世帯が居住可能な集合住宅を10棟建設しつつある。地区内移転は居住の継続性の観点から好ましいことと判断できるが、建設されている移転先集合住宅は、高層建築であり隣棟間隔も狭く、中廊下型の住戸配置で、狭く薄暗い廊下はコミュニティ形成の場となりにくいなど問題も多い。本節では居住空間の継承性という視点から、居住環境改善事業の際に新たに計画・建設される住宅地や集

1
不法占拠地区の空間構成

写真1　不法占拠地区の様子
上段：ボレイケラ地区の全景。トタン屋根の住居が地区内にひしめき合っているのが分かる。左上の奥に見える白い中層の建物が移転先の集合住宅。中段：地区内の様子。狭隘な路地が張り巡らされている。屋外に露台を設置し、軒下で会話や食事をする姿がよく見られる。下段：移転先集合住宅。1階のピロティ部分は店舗空間である。

235

第Ⅳ章
居住環境改善

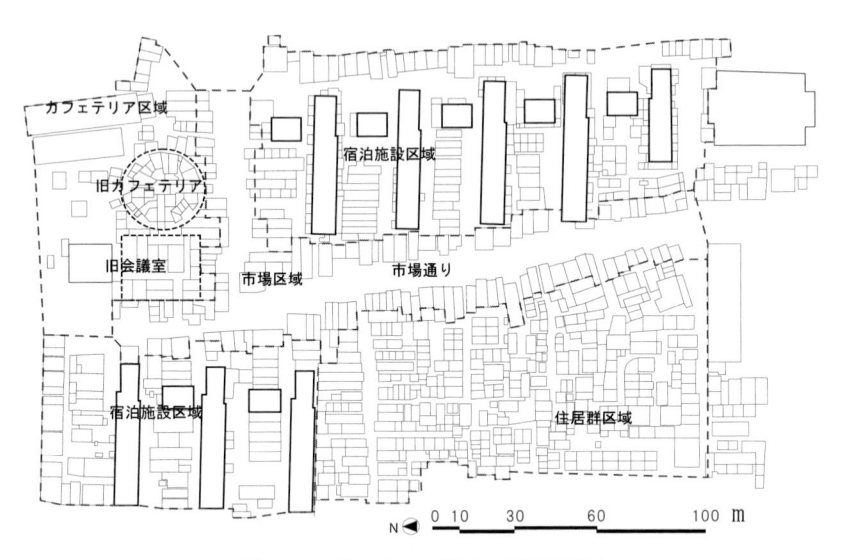

図4-1-1　ボレイケラ地区の配置概要図

写真2　1966年の開発当時のボレイケラ[2]

合住宅の計画に対する知見を得ることも視野に入れ、ボレイケラ地区を対象に不法占拠地区の居住空間構成を明らかにする。

　ボレイケラ地区は、プノンペンの都心部に位置し、1966年に行われた国際競技大会の選手村として開発が行われた総面積約14haのエリアである。選手村当時は、宿泊施設8棟、カフェテリア1棟、会議室1棟があり、道路や池なども整備されていた。大会終了後は警官の研修施設・宿泊施設として利用されてい

不法占拠地区の空間構成

た。1992年に施設は閉鎖されたが、その後不法占拠が行われてきた。

14haのエリアは、2007年の調査着手の時点で、従前の建物の影響から、宿泊施設区域、カフェテリア区域、市場区域、住居群区域と大きく4つの区域に分けることができた。市場区域ならびに住居群区域は、以前は広大なオープンスペースであったが、その後の不法占拠により、エリアを南北に抜けるかろうじて自動車の通行の可能な道と、その両側に形成されたエリア内の居住者を主に対象とした店舗群（市場区域）ならびに、その西側に広がる住居群区域になった。

2．住居の空間構成

不法占拠地区の住居の空間構成を明らかにするため、できるだけ多くの住居をランダムに選択して住居内部の実測調査を行った。対象とした住居は71件である。その中から住居内部ならびに外部で行われる生活行為について対面式アンケートが実施できたものが49件である。

住居の規模は2.8㎡～56.3㎡まで様々であるが、平均延べ床面積は22.8㎡である。平屋建てのものがほとんどで、2階建のものは71件中7件と数少ない。木造がほとんどであるが、中にはレンガの組積造のものも見られる。壁材としては、トタンやヤシの葉による網代、木板等が用いられる。木材とトタンで屋根は構成される。床はモルタルや土のたたきやタイル敷きが多い。従前のままの地面を床とするケースもある。1戸あたりの平均構成人数は4.84人（最少2人、最多8人）である。

写真3　ボレイケラ地区の住居（左：木造、右：レンガ造）

237

第Ⅳ章
居住環境改善

2-1　行為と住居

　対面式アンケート調査から、住居内部で行われる行為として、睡眠、調理、食事、洗濯、排泄、水浴びが挙げられた。

　睡眠は露台あるいは床に布団あるいはござを敷いて行われる。2階建住居の場合、主に2階が寝室とされ、床に布団・ござを敷いて睡眠をとる。調理は露台または床・地面に座って行われる。火器としてコンロまたは七輪を用いる。調味料やコンロ・食器・なべ等は高さ20〜70cmの棚や調理台に置かれ、七輪は床に置かれる。調理の際には、購入した水・沸かした雨水・水道水が用いられる。直径25cm高さ30cmほどのタンクに貯められている。雨水・水道水は住居内または住居外に置かれた直径0.6〜1mの水瓶等に貯められている。食事は主に寝台や床に座って行われる。洗濯はタライ・バケツを用いて水がめの水で行われる。使い終わった水はトイレまたは住居前面の通路に捨てられる。洗濯物は室内の物干し竿や梁につるして乾かすか、軒下や路地に設置された物干し竿、壁面に沿って張られた紐につるして乾かす。トイレは住居内部に設置される場合は、簡易な間仕切り壁によって区画された一画に便器を設置する形式か、住居とは別に設けられる場合は、共同で利用されるトイレが独立して建てられる。いずれも便器脇に貯水槽が置かれ使用後に自分で桶に水を汲んで流す形式である。便器脇のスペースを利用して貯水槽の水を桶で汲んで水を浴びる。自ら設置した下水管を通じて公共下水道に接続している。

　睡眠は49件すべての住居で内部で行われるが、その他の行為は必ずしも内部のみで行われるわけではない。調理は49件中6件の住居で、食事は49件中6件の住居で、外部で行われている。洗濯は49件中22件で、外部で行われ、物干しは38件で、外部で行われる。水浴びと排泄についても、それぞれ24件と27件の住居で内部で行われるが、約半数を占めるその他の住居では、共同トイレなど外部で行われている。

　調理と食事は概ね住居内部で行われているといえるが、約半数の住居で洗濯・排泄・水浴びが外部化している点が特徴的である。排泄・水浴びについては、原則として共同トイレで行われるが、しばしば住居周辺に設置された水がめの水を利用して野外で水浴びをすることもある。

不法占拠地区の空間構成

2-2 住居の基本構成

　図4-1-2に住居の平面図を延べ床面積順に整理した。平面図の実測を行った71件を対象にしている。

　住居を構成する空間として居間・個室・台所・水回りが挙げられる。調理スペースとしての台所には、コンロや七輪、食器や調理道具が置かれている。水回りは排泄・水浴びのスペースであり、便器や水がめが置かれている。個室は壁で区切られた私的なスペースで主に就寝の場として利用されるが、個室をもつケースは稀であり、家族の日常的な居場所である居間が就寝の場として利用されるケースがほとんどである（表4-1-1）。

　露台の存在が特徴的である。71件中住居内部に露台をもつものが65件（92%）ある。そのうち複数の露台が設置されているのが33件である。露台は、睡眠・食事・作業・談話・休憩などの場所として重要な役割を果たしている。

表4-1-1　住居の基本構成

	専用水場室なし 室内トイレなし【1型】	専用水場室なし 室内トイレあり【2型】	専用水場室あり【3型】
仕切りなし【A型】42件 平均延べ床面積 13.9㎡	29件（平均延べ床面積 11.5㎡）	12件（平均延べ床面積 16.7㎡）	1件（延べ床面積 36㎡）
物品による仕切り【B型】21件 平均延べ床面積 23.0㎡	9件（平均延べ床面積 14.5㎡）カーテン	6件（平均延べ床面積 22.8㎡）棚	6件（平均延べ床面積 35.9㎡）カーテン
間仕切り【C型】8件 平均延べ床面積 40.9㎡	1件（延べ床面積 45㎡）	2件（延べ床面積 32.9㎡）	5件（平均延べ床面積 43.9㎡）
	39件（平均延べ床面積 13.2㎡）	20件（平均延べ床面積 45㎡）	12件（平均延べ床面積 38.8㎡）

第Ⅳ章
居住環境改善

写真4　住居外部での行為
右上：洗濯物を軒下に設置した物干し竿で干している。このような光景が地区内全体でよく見られる。左下：路地の空間に人々が座り込んで住居内部に置かれているテレビを見ている様子。右下：住居の全面で洗濯をしている。タライやバケツに雨水や水道水を使い、洗濯を行う。

写真5　住居内部と行為
左上：住居内にベッドが置かれている。内部は日中、薄暗く蒸し暑い。左下：露台の上で調理をしており、その奥にカーテンで仕切られたベッドが設置されている。右下：台所の様子。調理器具が所狭しと置かれている。壁はトタンで作られており、窓も設けて採光と通風を確保している。

不法占拠地区の空間構成

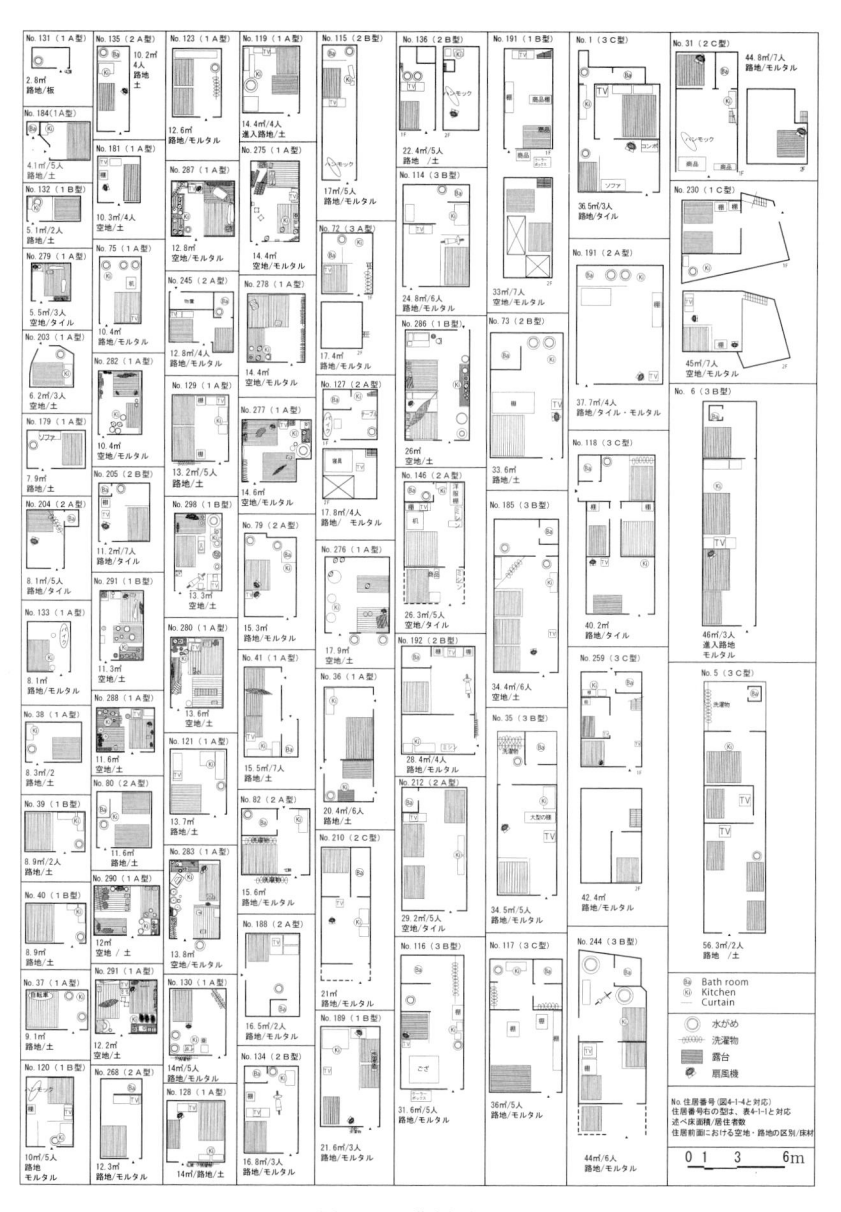

図4-1-2 住居平面図

第IV章
居住環境改善

　対象とした71件では、32件でトイレを、61件で台所を見ることができた。トイレ以外に個室を設けるものは8件（11%）しかなかった。間仕切り壁の設置はないが、棚や布で内部空間を区画するケースが21件（28%）見られた。つまり71件中なんらかのかたちで仕切りをもつものが29件、仕切りをもたず一室空間で構成されるものが42件である。棚や布で区画するケースも一室空間とみなせば、71件中63件（89%）が一室空間で構成されることになる。

　床面積を指標に分析すると、個室が分化するケースは、床面積が最小で21㎡、平均で40.9㎡の規模になる。住居背面に区画化された水回りをもつケースは、最小で31.6㎡、平均で38.8㎡の規模である。床面積10㎡以下の住居は13件あり、そのうち室内に露台をもつもの12件、コンロあるいは七輪をもつもの9件、水がめをもつもの9件、トイレをもつもの4件、間仕切りのあるものが2件である。露台とコンロ・七輪ならびに水がめが最小限の住居の構成要素となる。

　露台とコンロ・七輪、水がめで構成される一室空間は、規模が大きくなるにつれて、間仕切りの導入とトイレの設置という展開を見せる。間仕切りは棚や布といったテンポラリーなものから壁へと変化する。トイレは、室内の隅に必要最低限のスペースをさくケースから、水浴びや洗濯・物干しも可能なように住居背面に一区画設けるケースへと展開する。

　露台、コンロ・七輪、水がめを基本要素としながら、住居入口から直接居間にアクセスする点、水回りを住居背面に設ける点、水回りと台所を隣接させる点は、全体に共通する特徴であり、床面積が30㎡を超えると居間・個室・台所・水回りの分化が一般化してくる。

3．外部空間の構成

3-1　空地の構成（表4-1-2）

　対象エリアには空地が23か所存在する。面積が10㎡以上30㎡未満のものが10か所、30㎡以上50㎡未満が7か所、50㎡以上70㎡未満が3か所、70㎡以上90㎡未満が2か所、90㎡以上のものが1か所である。平均面積は48.2㎡であるが、4割が30㎡未満である。

不法占拠地区の空間構成

路地の両側に店舗が並ぶ市場通り。地区の中心を通り、もっとも幅員が大きい。

宿泊区域内にある進入路地。旧宿泊施設と住居の間にあり、幅員は3.5m。

左上と同じ宿泊施設区域になる進入路地であるが、幅員は1.5mと小さい。軒下に露台が置かれている。

住居群区域の幅員が2.0mある進入路地。住居群区域では大規模で露台が設置されている。

住居群区域の狭隘な進入路地。地面は土が剥き出しになっており、雨が降ると地面がぬかるみ、歩きにくい。

住居群区域にある接続路地で幅員は1.0mほどしかない。人は通行するだけで、露台が設置されることはない。

写真7　路地の種類と構成

第Ⅳ章
居住環境改善

市場区域にあり、位置的にも機能的にも地区の中心となっている空地である。固定店舗や簡易店舗が軒を連ね、日中は常に人で賑わっている。特に生鮮食品を扱う簡易店舗が集積しており、露台の上やタライの中に野菜や肉、魚を入れて陳列させている。

住居群区域内にある店舗が設置されている空地。3本の路地が接続。

住居群区域の袋小路奥にあるたまり空間。共有トイレが配置されている。

宿泊施設区域内にあるビリヤード場が設置されている空地。ビリヤード台の上にブルーシートが掛けられており、日陰を作り出している。3本の路地が接続している。

写真6　空地の種類と構成

1
不法占拠地区の空間構成

表4-1-2 空地の構成表

接続数	No.	面積(㎡)	露台	水がめ	トイレ
0	11	80.0	0		
1	1	24.7	1	2	1
	2	13.4	0	1	1
	3	29.0	1	1	1
	5	52.6		3	2
	12	12.1		1	
	14	21.6	1	1	1
	17	37.7	1		
	18	60.9		3	1
	21	30.2		1	
	22	24.8	1	2	1
2	4	19.9	2	1	
	6	13.7			1
	7	36.6		1	1
	8	49.8			1
	9	82.5	5	3	
	19	15.9			
3	10	31.4	2		
	13	40.9		1	
	15	38.0			
	16	29.8	1	4	
	20	69.0	3	1	
	23	292.8	3	13	1

　空地に接続する路地の本数で分類すると、路地の突き当たりに空地が存在するケース（1本接続）が10か所、2本接続するケースが7か所、3本接続するケースが6か所見られる。
　空地は通路として利用されるか、露台や水がめ・トイレが設置されるのが一般的であるが、共同のゴミ捨て場（面積80㎡）として利用されるケースが1件、巨木の根元に祠が置かれ礼拝スペースとして利用されるケースが1件ある。
　路地奥の空地10か所のうち8か所でトイレが設置されている。いずれも路地に軒を連ねる世帯の共同トイレとして機能している。

245

第Ⅳ章
居住環境改善

3-2 路地の構成（表4-1-3、図4-1-3）

対象エリアには路地が52本存在する。1.0m未満の路地は6本、1.0m以上1.5m未満が15本、1.5m以上2.0m未満が13本、2.0m以上2.5m未満が7本、2.5m以上3.0m未満が5本、3.0m以上が5本である。平均幅員は1.9mである。幅員2.0m未満の路地が34本、全体の7割近くを占める。

また路地はその街区構成上の位置づけから3種類に分類することができる。一つは、市場を形成する通りから住居群区域に進入するための路地（以下、進入路地）である。5本の進入路地がある。進入路地と進入路地をつなぐ路地（以下、接続路地）が大きくは2本（27番路地、29番路地、52番路地を1本と数えている）ある。対象エリアは、この7本の路地を中心に7つの地区に分けることができる。進入路地と接続路地でエリアの骨格が形成されるが、住居群の小さなまとまりを形成するそれ以外の路地も、2つに分類することができる。行き止まりの路地とそうでない路地である。

これら骨格をなす進入路地や接続路地の平均幅員は3.3mであり、全体の平均値である1.9mからすると大きな値である。幅員1.1mの進入路地が例外的に存在するため値が大きく変化するが、進入路地の平均幅員は3.6m（幅員1.1mのものを除くと、平均幅員は4.2m）、接続路地の平均幅員は2.9m、その他の路地の平均幅員は1.7mとなる。

表4-1-3 路地の構成

位置	No.	長さ(m)	幅員(m)	面積(㎡)	露台	水がめ	トイレ
進入路地	1	77.3	4.5	348.1	15	7	0
	17	42.1	2.5	103.7	2	0	0
	33	15.7	1.1	17.6	0	0	0
	44	18.0	3.7	66.3	0	0	0
	45	88.1	6.1	535.2	3	0	0
接続路地	11	34.5	2.1	70.8	0	3	0
	27	5.8	2.9	17.1	0	0	0
	29	42.7	2.5	107.9	4	3	0
	52	9.2	3.9	36.2	1	0	0
路地	2	7.7	0.8	6.5	0	0	0
	3	13.2	0.9	12.2	0	0	0
	4	12.4	1.9	23.9	1	0	0
	5	10.1	2.4	24.5	0	0	0
	6	4.8	1.5	7.1	0	0	0
	7	10.8	1.5	16.1	1	2	0
	8	10.0	1.2	11.6	0	0	0
	9	8.3	1.9	15.5	0	0	0
	10	6.0	1.6	9.7	0	2	0
	12	27.9	2.5	70.8	4	3	0
	13	10.5	0.7	7.0	0	0	0
	14	10.5	1.1	11.8	2	0	0
	15	17.1	1.7	28.3	1	4	0
	16	15.4	0.9	14.0	0	1	0
	18	1.6	1.8	2.8	0	0	0
	19	6.9	2.8	19.8	0	0	0
	20	21.2	2.3	49.8	2	4	0
	21	4.6	1.9	8.9	1	0	0
	22	9.1	1.8	16.6	0	2	0
	23	12.8	1.4	18.1	0	0	0
	24	7.4	2.2	16.1	0	0	0
	25	7.1	1.6	11.3	0	1	0
	26	5.9	1.9	11.1	1	0	0
	28	15.4	1.7	26.7	1	1	1
	30	5.1	1.4	7.2	0	0	0
	31	5.5	1.1	5.9	0	0	0
	32	11.0	1.1	11.7	0	0	0
	34	2.8	1.5	4.0	0	0	0
	35	3.7	3.0	11.0	0	0	0
	36	2.3	2.2	4.9	0	0	0
	37	5.5	1.9	10.6	1	0	0
	38	13.4	1.2	15.6	1	0	0
	39	24.8	3.2	79.6	0	2	0
	40	9.9	1.6	15.8	0	1	1
	41	8.5	0.9	8.0	0	2	0
	42	6.0	1.5	8.7	0	0	0
	43	6.1	1.2	7.5	0	1	0
	46	19.5	2.2	42.4	2	0	0
	47	5.3	0.8	4.4	0	0	0
	48	2.6	1.5	3.9	0	0	0
	49	9.0	1.0	9.0	0	0	0
	50	34.8	2.4	82.9	0	2	0
	51	42.0	1.3	55.6	0	0	0

1
不法占拠地区の空間構成

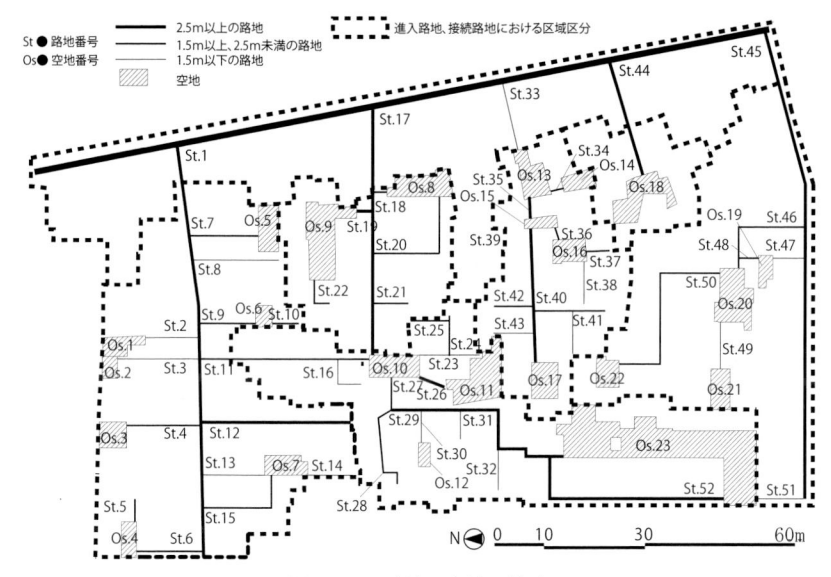

図4-1-3 路地・空地の構成

　全体計画をもたず個々の自力建設による住居の集合によって地区ができているにもかかわらず、路地が段階構成をとっていることが分かる。

3-3　住居と外部空間（表4-1-4、図4-1-4、図4-1-5）

　298件の住居を対象に住居と路地・空地との関係について、路地・空地にあふれ出している露台・水がめ、住居前面の地面の材質、住居前面の軒の出、開口部に着目して分析を行う。あふれ出し物品については、露台・水がめだけでなく、屋台・パラソル・ベンチ・ハンモック・テーブル・椅子・かまど・七輪・食器・洗濯用具・洗濯物・物干し竿・リヤカー・植栽など様々なものが挙げられるが、ここでは居場所を形成する契機となる露台と生活行為のあふれ出し物品の代表例として水がめを取り上げる。

　前面に露台を設置する住居は55件（57台）、水がめを設置する住居は71件（76個）であった。軒の出に関して、0mから3.5mまで0.5mおきに整理したのが表4-1-4である。0.5m未満のものが161件と約半数を占めるが、建設時の軒に新たにトタン屋根を増設したり、ブルーシート等を向かいの住居の軒との

第Ⅳ章
居住環境改善

間に渡したりすることで、軒下空間を増設しているものも数多い。1m以上のものが97件と32%見ることができる。

　軒の出と露台・水がめ設置の相関関係について着目すると、露台57台中7割以上の42台が軒の出1m以上であり、軒の出を深くするとともに露台を設置するケースが多いことが分かる。水がめは、76個中26個が軒の出1m以上の住居前部に配置されていた。水がめの設置については、軒の出との結びつきは少ないといえる。

　住居前面の地面の材質としては、タイル・モルタル・たたき（土）・がれきが挙げられる。タイルを敷くケースは12件と少ないが、モルタルを用いるケースは165件と56%を占める。たたき（土）のものが25件で見られたので、これら3つをあわせると202件となり、68%の住居で前面の床部分に人工的な工夫を行っていることが分かる。これらのしつらえは降雨時の浸水を防ぐ役割を果たすが、それだけではなく作業や休憩・遊びの場としても機能している。

　住居前面の開口部については、ドアのみのものが245件と82%を占める。昼間はドアは開け放たれるケースも散見できたが、つくりとしては閉鎖性の高い住居が多いことが分かる。一方で少数ではあるが、住居前面すべてを開放可能なつくりのものも14件（5%）見られた。

　これらは個々の要素としては数は少ないが、1m以上の軒の出、全面開口、露台・水がめの設置のいずれかに当てはまる住居は142件存在する。地面がタ

表4-1-4　住居前面のしつらえ（単位：件）

軒の出	軒数	モルタル	ガレキ	たたき（土）	タイル	柵	ドア	窓	全面開口	柵	露台	水がめ
無	45	28	8	6	3	0	43	1	1	0	1	11
0.5m未満	116	60	42	6	4	3	106	4	3	3	6	23
0.5m以上、1m未満	40	18	14	6	2	0	34	3	3	0	8	16
1m以上、1.5m未満	26	13	9	3	0	1	19	3	3	1	7	2
1.5m以上、2m未満	23	15	6	1	1	0	17	5	1	0	10	5
2m以上、2.5m未満	37	25	2	3	2	5	20	11	5	5	19	12
2.5m以上、3m未満	6	3	3	0	0	0	3	3	0	0	4	4
3以上、3.5m未満	0	0	0	0	0	0	0	0	0	0	0	0
3.5以上	5	3	2	0	0	0	3	0	2	0	2	3
合計	298	165	86	25	12	9	245	30	14	9	57	76

1
不法占拠地区の空間構成

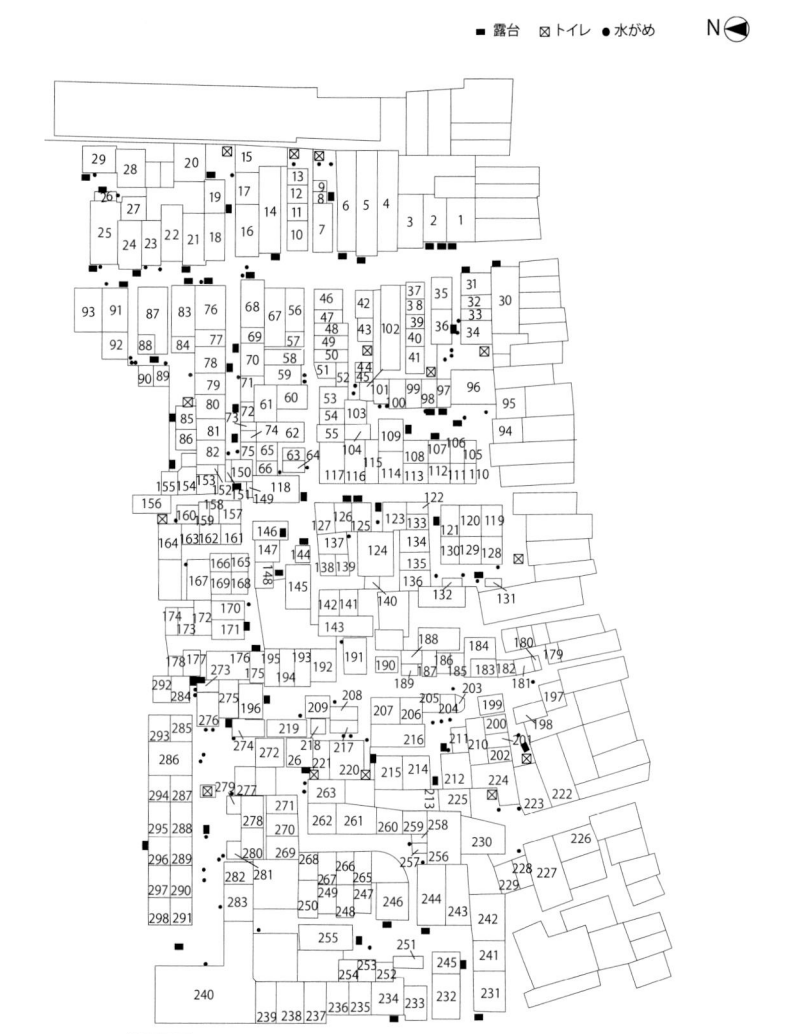

図4-1-4 住居前面のしつらえと路地・空地（番号は図4-1-5に対応）

第IV章
居住環境改善

1. 2/モ/窓/露	61. 0.5/ガ/ド	121. 2.5/モ/ド	181. 0.5/土/ド	241. 0.5/モ/ド
2. 2/ガ/窓/露2	62. 1/ガ/ド	122. 0.5/モ/ド	182. 2.5/タ/ド	242. 0.5/モ/ド
3. 2/モ/全	63. 0.5/ガ/ド	123. 0.5/ガ/ド/露	183. 0.5/ガ/ド	243. 1.5/モ/ド
4. 1.5/ガ/全	64. 0/モ/ド/水	124. 4/ガ/全/水	184. 0.5/モ/ド	244. 2.5/柵/柵/露
5. 2.5/モ/ド/露	65. 0/モ/ド	125. 1.5/ガ/ド/露	185. 0.5/モ/ド	245. 1.5/モ/窓/露
6. 2.5/柵/柵/露	66. 0/ガ/ド/水	126. 2.5/モ/窓/露	186. 0.5/モ/ド	246. 0.5/柵/露
7. 2.5/モ/ド	67. 1/モ/窓	127. 2.5/モ/ド	187. 0.5/モ/窓	247. 0.5/モ/ド
8. 1/ガ/ド/露/水	68. 2.5/モ/窓/露2	128. 0.5/モ/ド/水	188. 0.5/モ/ド	248. 0.5/モ/ド
9. 0.5/ガ/全/水	69. 0.5/ガ/ド	129. 1.5/土/ド	189. 0.5/モ/ド	249. 0.5/モ/ド
10. 1.5/ガ/ド	70. 1/ガ/ド	130. 1.5/土/ド	190. 0.5/モ/ド	250. 0.5/モ/ド
11. 1/ガ/ド	71. 1/モ/ド	131. 0.5/ガ/ド/露/水	191. 0.5/モ/ド	251. 2/モ/ド
12. 1/土/ド	72. 1/モ/ド/露	132. 2.5/モ/ド	192. 1/モ/ド	252. 2/タ/ド
13. 1/土/全/水	73. 2/モ/ド	133. 2.5/モ/ド	193. 0.5/モ/ド	253. 2/モ/ド
14. 1.5/モ/ド/露	74. 1.5/モ/ド/露	134. 2.5/モ/ド	194. 0.5/モ/ド	254. 2/モ/窓/露
15. 1/ガ/ド	75. 1/モ/ド	135. 1.5/ガ/ド	195. 0.5/モ/ド	255. 2/モ/ド/露
16. 1/モ/ド	76. 2/モ/窓/露	136. 2/土/ド/露	196. 0.5/モ/ド	256. 2/モ/ド
17. /モ/窓	77. 0.5/モ/ド	137. 0.5/モ/ド	197. 0/土/ド/水	257. 0.5/モ/ド
18. 0.5/モ/ド	78. 0.5/モ/ド	138. 0/ガ/ド	198. 0/モ/ド	258. 0/モ/ド
19. 1.5/モ/窓/露/水	79. 1/ガ/ド	139. 0/モ/ド	199. 4/モ/全	259. 1.5/モ/ド
20. 0/モ/ド/露	80. 1/ガ/ド	140. 0/モ/ド	200. 1.5/モ/ド	260. 1/モ/ド
21. 2.5/モ/ド/露	81. 1/モ/ド	141. 1.5/モ/ド	201. 1.5/モ/ド	261. 2.5/モ/ド
22. 0.5/モ/ド/水	82. 2.5/モ/ド/露/水	142. 1/モ/ド	202. 1.5/モ/ド	262. 0.5/モ/ド
23. 0.5/ガ/ド	83. 3/モ/窓	143. 1/ガ/ド	203. 0.5/モ/ド	263. 1/モ/ド/水
24. 2.5/モ/ド	84. 1/モ/ド/水	144. 0/モ/ド	204. 2.5/モ/窓/水	264. 3/ガ/窓/露/水
25. 3/モ/ド/露/水	85. 1/土/ド/露	145. 1.5/ガ/ド	205. 0.5/モ/窓	265. 0.5/モ/ド
26. 2/ガ/ド	86. 1/モ/ド	146. 2.5/柵/柵/露	206. 0.5/モ/ド	266. 0/モ/ド
27. 0.5/ガ/ド/水	87. 2.5/モ/窓	147. 0.5/モ/ド	207. 0.5/モ/ド	267. 1.5/モ/ド
28. 0.5/ガ/ド/	88. 0.5/モ/ド/露	148. 2.5/モ/ド/露	208. 0.5/モ/ド	268. 0.5/モ/ド
29. 2.5/モ/ド/露	89. 0.5/モ/ド/露	149. 0.5/モ/ド	209. 0.5/モ/ド	269. 0.5/モ/ド
30. 1.5/モ/全/露	90. 0.5/モ/ド	150. 1/モ/ド/露	210. 2.5/モ/ド	270. 0.5/モ/ド
31. 1/モ/全/露	91. 2.5/モ/窓/露/水	151. 0.5/モ/ド	211. 0.5/モ/ド/水	271. 0.5/モ/ド
32. 1/ガ/ド	92. 2.5/ガ/ド/水3	152. 0.5/モ/ド	212. 2.5/ガ/窓/露/水2	272. 1.5/モ/ド
33. 1/ガ/ド/水	93. 1.5/モ/ド	153. 0/タ/ド	213. 0.5/モ/ド	273. 0/ガ/ド
34. 1/モ/ド	94. 0.5/モ/ド	154. 0.5/モ/ド	214. 2/ガ/ド	274. 2/モ/ド
35. 0.5/モ/ド	95. 0.5/モ/ド/水	155. 0.5/モ/ド	215. 2/ガ/ド	275. 3/モ/窓/露
36. 1/ガ/ド/露/水3	96. 1.5/モ/ド/水	156. 0.5/モ/ド/水	216. 2.5/ガ/ド/水	276. 1/モ/ド/水2
37. 0.5/ガ/ド	97. 0.5/モ/ド	157. 0.5/モ/ド	217. 0.5/モ/ド	277. 0/モ/ド
38. 0.5/モ/ド	98. 4/ガ/ド/露	158. 0/モ/ド	218. 0.5/モ/ド/水	278. 3/ガ/ド
39. 0.5/モ/ド	99. 4/モ/ド	159. 0.5/モ/ド	219. 0/モ/ド	279. 0.5/モ/ド
40. 0.5/モ/ド	100. 0/ガ/ド	160. 0.5/モ/ド	220. 0/モ/全/ド	280. 3/ガ/ド/露/水2
41. 0.5/モ/ド	101. 0/モ/ド/水	161. 0.5/モ/ド	221. 0/モ/ド/水	281. 1/ガ/ド
42. 0.5/モ/ド	102. 0/モ/ド	162. 0/モ/ド	222. 1/モ/ド	282. 0.5/モ/ド
43. 0/モ/ド	103. 0/モ/ド	163. 0.5/タ/ド	223. 0/モ/ド	283. 0/ガ/ド
44. 1/モ/ド	104. 0.5/モ/ド/水	164. 0.5/モ/ド/水	224. 0.5/モ/ド/水2	284. 2.5/モ/窓/露2/水
45. 1/モ/ド/水2	105. 2/ガ/ド	165. 0/モ/ド	225. 0/モ/ド	285. 0.5/土/ド
46. 0.5/モ/ド	106. 2/モ/ド	166. 0/タ/ド	226. 0/モ/ド	286. 0.5/モ/窓
47. 0.5/モ/ド	107. 0.5/モ/ド/露	167. 0.5/モ/ド	227. 2.5/モ/柵	287. 0.5/土/ド/露
48. 0.5/モ/ド	108. 2/モ/ド	168. 0.5/モ/ド	228. 0.5/モ/ド/水	288. 0/土/ド
49. 0.5/モ/ド	109. 2/モ/ド/露	169. 0.5/モ/ド	229. 2.5/モ/ド	289. 0/土/ド
50. 0.5/モ/ド	110. 0.5/モ/ド	170. 0.5/柵/柵/水	230. 0.5/モ/ド	290. 1/タ/ド
51. 0.5/モ/ド	111. 0.5/モ/ガ/ド	171. 2.5/柵/柵/露	231. 1.5/モ/窓/露	291. 1/モ/ド
52. 0.5/モ/ド	112. 0.5/モ/ド	172. 0.5/モ/ド	232. 1/ガ/ド	292. 0/土/ド
53. 1/モ/窓	113. 0.5/土/ド	173. 0/モ/ド	233. 0.5/タ/全	293. 0/土/ド
54. 0/モ/ド	114. 0.5/土/ド	174. 0.5/モ/ド	234. 2/モ/ド	294. 2.5/タ/ド
55. 0/タ/ド	115. 0.5/モ/ド	175. 0.5/モ/ド/露	235. 1/モ/全/露	295. 0.5/土/ド
56. 1.5/モ/ド	116. 2.5/モ/ド	176. 0.5/タ/ド	236. 0.5/モ/全/露	296. 2.5/モ/ド
57. 0.5/土/ド	117. 2.5/モ/ド	177. 1/モ/ド	237. 1.5/柵/柵	297. 2.5/土/ド
58. 0.5/モ/ド	118. 2.5/モ/ド/露	178. 0/モ/ド	238. 0.5/モ/ド	298. 2.5/土/窓
59. 0.5/ガ/ド/水	119. 0.5/モ/ガ/ド	179. 0.5/土/ド	239. 0.5/モ/全	
60. 0.5/モ/ド/水	120. 0.5/モ/ド	180. 1/土/ド	240. 0.5/柵/露	

先頭の各番号は図4-1-4の住居番号に対応する。記載されている内容は以下の通り。
住居の番号 軒の出の長さ (表4-1-4記載の軒の出 (縦軸の項目) をそれぞれ0, 0.5, 1, 1.5, 2, 2.5, 3, 3.5と記入) /玄関の地面の素材 (モ：モルタル、土：たたき、ガ：がれき、タ：タイル、柵：柵設置により判断不可) /住居前面の設え (ド：ドアのみ、窓：ドアと窓、全：開放型、柵：柵設置型) /露：露台の設置/水：水がめの設置

図4-1-5 住居前面のしつらえと路地・空地

不法占拠地区の空間構成

イル・モルタル・たたき（土）のものも含めば240件が該当する。全体の8割の住居がなんらかのかたちで住居の内部と外部をつなぐ仕掛けを有しているといえる。

4．外部空間の利用

4-1　外部空間の事例

　空地・路地を対象にアクティビティ調査を行った。1分ごとに見られる行為を記述していった。対象とした空地の調査は6時から18時まで、路地の調査は9時から17時まで行った。しつらえにバリエーションがあることならびに活発なアクティビティが見られことを条件に場所を選定した。

　空地に関しては23番の空地の一部を対象として取り上げた。南北15m、東西3〜5mの規模の空地である。図4-1-6のように対象エリアを8つに分割した。中央部のエリア⑦は共同トイレの入り口に面し露台1台が配置されている。エリア③には、露台1台・水がめ2個、調理道具類やハンモックが置かれ、2.5mの軒の出が確認できる。エリア⑤では、軒の出ならびに住居前面の地面をタイル貼りにしている。

　路地に関しては通り番号1番の路地の市場通りから入ってすぐの一画を対象にしている。住居前部の軒の出が1.5m、露台が3台配置されているエリアを、地面の状況からモルタルの施工されたエリア①とがれきのままのエリア②に分けた。路地中央をエリア③、店舗前の一画をエリア④としている。

4-2　行為の種類

　それぞれの場所の行為を表4-1-5・表4-1-6に整理した。多様な行為が行われていたが、これらの行為は（A）〜（F）の6つに整理することができる。
　（A）調理・飲食：米を研ぐ、ニラを切る、パンを食べる、食器を洗うなど、食べるという行為に関係する行為である。
　（B）水浴び・洗濯・排泄：洗顔、化粧、歯磨き、子供の水浴び、洗濯物を干す、小便をする、子供の尻を洗うなど、水に関連する行為である。
　（C）会話・遊び・休憩・就寝：友達と話す、子供をあやす、ビー玉遊び、煙

第Ⅳ章
居住環境改善

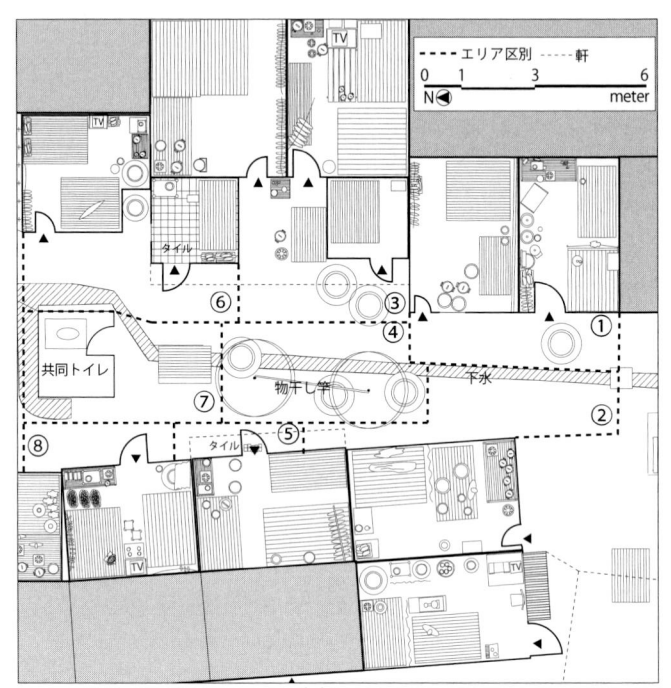

図4-1-6　23番空地及び周辺配置図

表4-1-5　23番空地の空間利用[3]

エリア番号	①	②	③	④	⑤	⑥	⑦	⑧	合計
軒の出	0	0	0.5,2.5m	0	0.5m	0	0.5m	0	
地面	がれき	がれき	がれき	がれき	タイル	モルタル	がれき	たたき	
物品配置	水がめ、リアカー		露台、水がめ、調理道具、ハンモック	水がめ、物干し竿	物干し竿、簡易の椅子	水がめ	露台、便所	簡易の椅子	
A1	1	0	154	34	0	8	17	0	214
A2	3	0	28	1	20	1	47	7	107
B1	15	0	4	21	5	9	17	1	72
B2	5	0	0	1	1	0	0	0	7
B3	0	0	0	1	0	2	0	6	9
C1	4	0	15	1	23	11	51	0	105
C2	0	66	0	0	19	76	0	0	161
C3	0	0	32	6	45	2	7	67	159
C4	0	0	21	0	0	0	0	0	21
D	0	0	45	1	3	1	0	0	50
E	197	0	0	2	0	0	3	0	202
F	3	0	4	0	4	4	1	4	20
合計	238	66	303	68	120	114	143	85	1127

1 不法占拠地区の空間構成

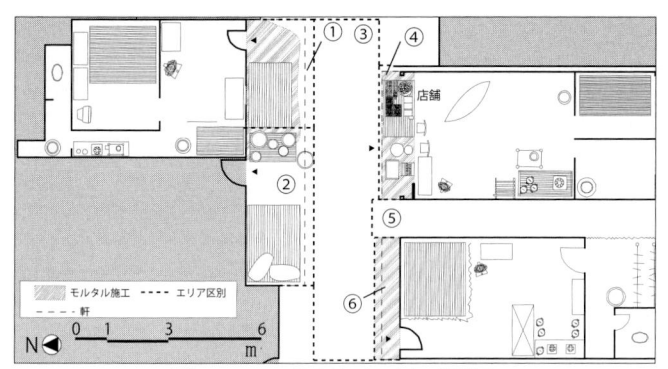

図4-1-7 1番路地(一部)配置図

表4-1-6 1番路地(一部)の空間利用[3]

エリア番号	①	②	③	④	⑤	⑥	合計
軒の出	1.5m	1.5	0	0.9m	0	0.3m	
地面	モルタル	がれき	がれき	モルタル	がれき	モルタル	
物品配置	露台	露台、調理台		店舗			
A1	19	42	0	0	0	0	61
A2	30	40	1	1	0	0	72
B1	54	20	3	0	0	1	78
B2	0	0	0	2	0	0	2
B3	1	0	0	0	0	0	1
C1	240	35	2	10	0	2	289
C2	79	3	3	1	0	2	88
C3	184	131	0	1	0	0	316
C4	3	170	0	0	0	0	173
D	1	0	1	9	0	6	17
E	0	0	0	1	1	0	2
F	22	4	1	1	0	0	28
合計	633	445	11	26	1	11	1127

草を吸う、座る、寝るなどの行為が該当する。一人で行うだけでなく、会話や遊びは複数人で行うこともある。

　(D) 売買：揚げバナナを売る、行商人から物を買う、お菓子を買うといった行為が該当する。1戸の面積が10m²程度の小規模店舗(雑貨店)がボレイケラ地区には点在する。また野菜や魚・肉、麺料理、揚げバナナ・アイスクリーム・ジュースなどを売る行商人から買い物をする姿もしばしば見ることができる。

　(E) 作業：仕事で使用するリアカーの準備や、木を切るなどの作業をする光景が観察された。

　(F) その他：ごみを捨てる、ドアの鍵を閉める、体温を測るといった上記の

第Ⅳ章
居住環境改善

調理：住居の前でイスに腰を掛けながら果物を切っている。

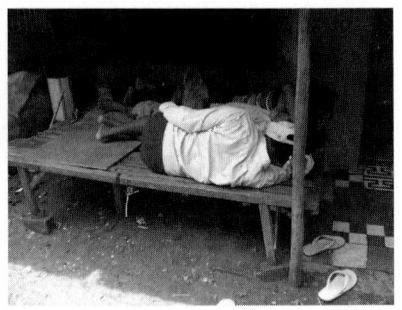

就寝：軒下の露台で寝ている。昼下がりによく見られる光景。

作業：店先の露台の上で商売の合間に小物を作っている。

会話：寝ている女性とイスに座っている女性が話をしている。

水浴び：外部空間に設置された水瓶のそばで水浴びをしている様子。水を使う行為は比較的外で行われることが多い。

売買：野菜や肉、お菓子などを売り買いする行為が至るところで見られる。

写真8　外部空間で確認された行為

(A)～(E)に該当しない行為である。

4-3 行為と場所

外部空間での行為と場所の特性との関係について分析を行う。

23番空地、1番路地ともに露台の存在が多様な行為の発生に大きく寄与していることが分かる。特に23番空地の中央部では、周りの住居との結びつきが弱まるにもかかわらず、露台があることで会話や食事といった(A)・(C)の滞在行動が発生している。同じく中央部に位置する④では、一時的な(B)の行為がほとんどであることと比較すると対照的である。①や⑥も同様に水がめが配置され、(B)の行為がそのほとんどを占める。

1番路地でも通路となる③や⑤では行為はほとんど見られない。店舗前面の④で(D)の行為が見られるが、圧倒的に露台の配置されている①と②の行為が多い。数は少ないがモルタルの地面に座って調理や会話を行う行為の存在は、地面のモルタル施工という小さなしつらえが新しい居場所を作り出すことに貢献した事例と位置づけられる。同じく数は少ないが住居入口付近に座り、住居内部のテレビをみる行為もみることができた。住居内外の関係形成ならびに共同的行為の発現という点で興味深い事例である。

5．不法占拠地区の生活空間

本節ではプノンペンの大規模不法占拠地区であるボレイケラ地区を事例として不法占拠地区の居住空間構成を検討した。本節で得られた知見は以下の通りである。

（1）睡眠、調理、食事は住居内部で行われるが、約半数の住居で洗濯・排泄・水浴びが外部化している。露台の存在は住居内部の構成を特徴づける。露台とコンロ・七輪、水がめで構成される一室空間は、規模が大きくなるにつれて、間仕切りの導入とトイレの設置という展開を見せる。住居入口から直接居間にアクセスする点、水回りを住居背面に設ける点、水回りと台所を隣接させる点は、全体に共通する特徴であり、床面積が30㎡を超えると居間・個室・台所・水回りの分化が一般化する。

第Ⅳ章
居住環境改善

（2）小規模な空地と狭隘な路地で地区は構成される。30㎡未満の空地が4割を占め、幅員2.0m未満の路地が7割近くを占める。路地は、進入路地・接続路地・路地と街区構成上の役割から整理可能で、それぞれの平均幅員からセルフビルド住宅の集積によってできた住宅地においても段階的に路地が構成されていることが分かる。

（3）住居そのものは閉鎖的なつくりをしているが、露台の設置や1m以上の軒の出、住居前面をモルタルやたたきで整地するなどして外との関係づくりを行うことで、8割の住居が小さいながらも内部と外部とをつなぐ仕掛けを有している。

（4）外部空間での行為には、(A)調理・飲食、(B)水浴び・洗濯・排泄、(C)会話・遊び・休憩・就寝、(D)売買、(E)作業、(F)その他がみられる。特に(A)(C)が多く、露台が行為の場所として重要な役割を果たしている。

註
1）いわゆるスラムとは不良住宅地のことであるが、何をもって不良とするのかは明確ではない。本文でも記したように一般には衛生・防犯・防災の観点から問題のある地区を指すと考えられるが、こうした不良性と不法占拠地区とは本質的には関係がない。不法占拠地区とは、その名の通り、不法に土地や建物が占拠されている地区を指し、原義的にはその居住環境の質については何も触れられていない。ただ結果として不法占拠地区が不良住宅地であることが多いという事実は否定できない。
2）この写真は、以下の文献に記載されている。
Helen Grant Ross and Darryl Leon Collins, *Building Cambodia: New Khmer Architecture 1953-1970*, The Key Publisher, 2007.
3）(A)(B)(C)について細分化し、A1調理、A2食事、B1水浴び、B2洗濯、B3排泄、C1会話、C2遊び、C3休憩、C4就寝とした。

1 不法占拠地区の空間構成

第IV章
居住環境改善

2

居住環境改善事業

1．ボレイケラ地区改善事業

　2007年からボレイケラ地区では、オンサイト型再定住事業が進められている。2003年に行政は、ボレイケラ地区14haの土地のうち4.6haをボレイケラ・コミュニティ1776世帯の土地として認定した。その内2.6haを民間開発企業に売却し、残りの2haに集合住宅を建設する計画が立てられている。1階はピロティとして店舗が入り、2階以上が居住階となる。集合住宅は7階建てで、10棟が計画されている。2007年には3棟（A-C棟）、2010年に2棟（D, E棟）

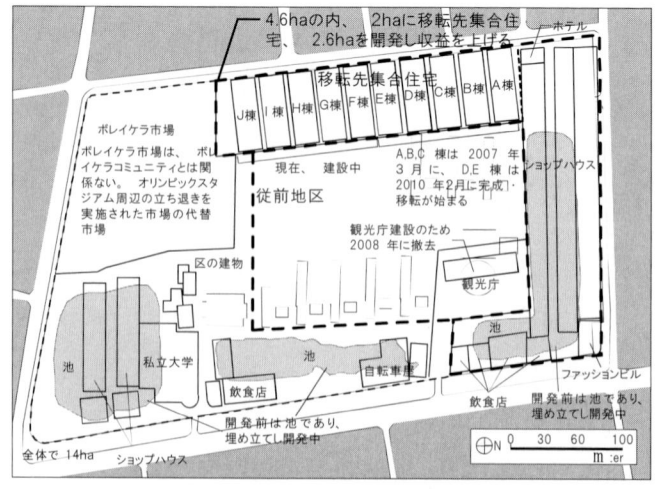

図4-2-1　ボレイケラ地区の配置概要図

2 居住環境改善事業

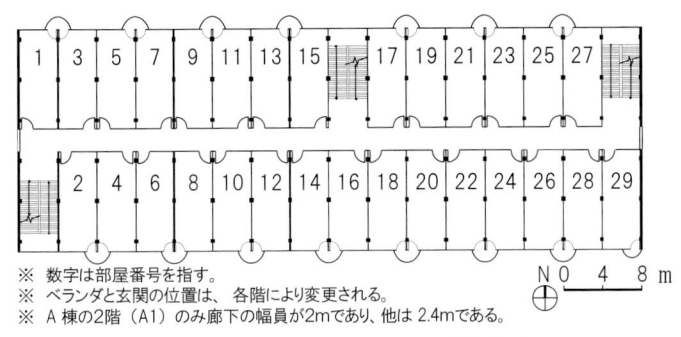

```
┌─────────────────────────────────────────────────┐
│ 1 │ 3 │ 5 │ 7 │ 9 │11 │13 │15 │17 │19 │21 │23 │25 │27 │
│ 2 │ 4 │ 6 │ 8 │10 │12 │14 │16 │18 │20 │22 │24 │26 │28 │29 │
└─────────────────────────────────────────────────┘
```

※ 数字は部屋番号を指す。
※ ベランダと玄関の位置は、各階により変更される。
※ A棟の2階（A1）のみ廊下の幅員が2mであり、他は2.4mである。

図4-2-2　ボレイケラ地区の配置概要図

が完成し、順次移転が進んでいる。

　この事業には、行政、民間開発業者、コミュニティの３つの主体が関わっている。民間開発業者はコミュニティから得た2.6haの土地で３階建て住宅176棟、飲食店、ファッションビル、ゲストハウスを開発している。他のエリアには、国の観光庁や私立大学、ボレイケラ市場、店舗などが建てられている。

　移転の条件として、2000年からボレイケラ地区に居住していること、ボレイケラ・コミュニティに参加していることが挙げられる。従前の住居の大小にかかわらず、基本的には１世帯につき１戸の住居が与えられる[1]。住居の位置選定に関しては、高齢者やコミュニティリーダーは２階に優先的に住むことができるが、多くは抽選により位置が決定されている。

２．移転先集合住宅の空間構成

２−１　住居の空間構成（図4-2-3、図4-2-4）

（１）基本構成

　集合住宅の平面構成は中廊下型の形式である。廊下は2.4mの幅員をもつ（A棟２階廊下のみ２m）。１フロアー当たり29戸、１棟当たり174戸、合計1740戸が想定されている。階段は東西の２か所、中央１か所の計３か所に設けられている。中廊下型なので、廊下は基本的に薄暗い空間になっているが、東西の廊下端部は開放されており、東西の階段室は総じて明るい空間になってい

第Ⅳ章
居住環境改善

上段：中廊下の様子。薄暗く人気があまりない。また通風よく七輪が廊下に置かれている。中段：住居内部。事前に調理棚や水場が設けられている。下段左：各住戸にベランダが設置されている。下段右：1階のピロティ部分は商業空間となっている。

写真1　移転先集合住宅の構成

居住環境改善事業

る。中央の階段室は、壁で囲まれており踊り場の壁に若干のスリットが設けられているだけなので、暗い。

それぞれの集合住宅は8m間隔に配置されている。柱は4m×4mのスパンで配置され、5×16スパンで形成されている。階高は4mである。住居は約4m×10mであり、住居入り口横に水場（水道、便所設置）があり、背面にベランダ、窓が設置されている。また、水場の裏側に調理棚が設置され、電気が配線されている。

（2）増改築

各住居では増改築が活発に行われている。調査対象とした55件の住居のうち3割以上で、中2階（ロフト）作成（36%）、間仕切り設置（35%）が見られた。次に多いのが、ファン・扇風機設置（27%）、水道増設（23%）、ベランダ柵設置（23%）、蛇口の変更（20%）、2重扉（17%）である。通気口貫通、ベランダ庇設置、壁面塗装、天井装飾、棚の設置、貯水槽の設置、水道管

写真2　住居内部の空間
左上：居間の様子。テレビが設置されており、床やイスに座りながらそれを見る。またタンスや棚などの生活物品を収納するものが置かれることが多い。
右上：個室横の廊下。主に通行するためのスペースとして使われるが、棚などが設置されることも多い。
左下：既存の棚を台所として使われている。この写真の場所は、間仕切りを設置することによって、他の空間と独立した台所スペースを確保している。台所で調理を行うときは、鍋をコンロに火をかけて行われる。また炊飯器もよく見受けられる。

第Ⅳ章
居住環境改善

ロフト作成：ロフトは主に就寝スペースや物置として使われる。

間仕切り設置：空間を分断させるために木板などで間仕切りをつくる。

ベランダ柵設置：落下防止のためにベランダ全面に柵を設けている。

ファン・扇風機の設置：風通りをよくするために天井や壁に設置される。

棚の設置：台所のそばに食器棚として取り付けられている。

便器の変更：トイレの便器が座式便器に変更。

写真3　増改築の種類

2 居住環境改善事業

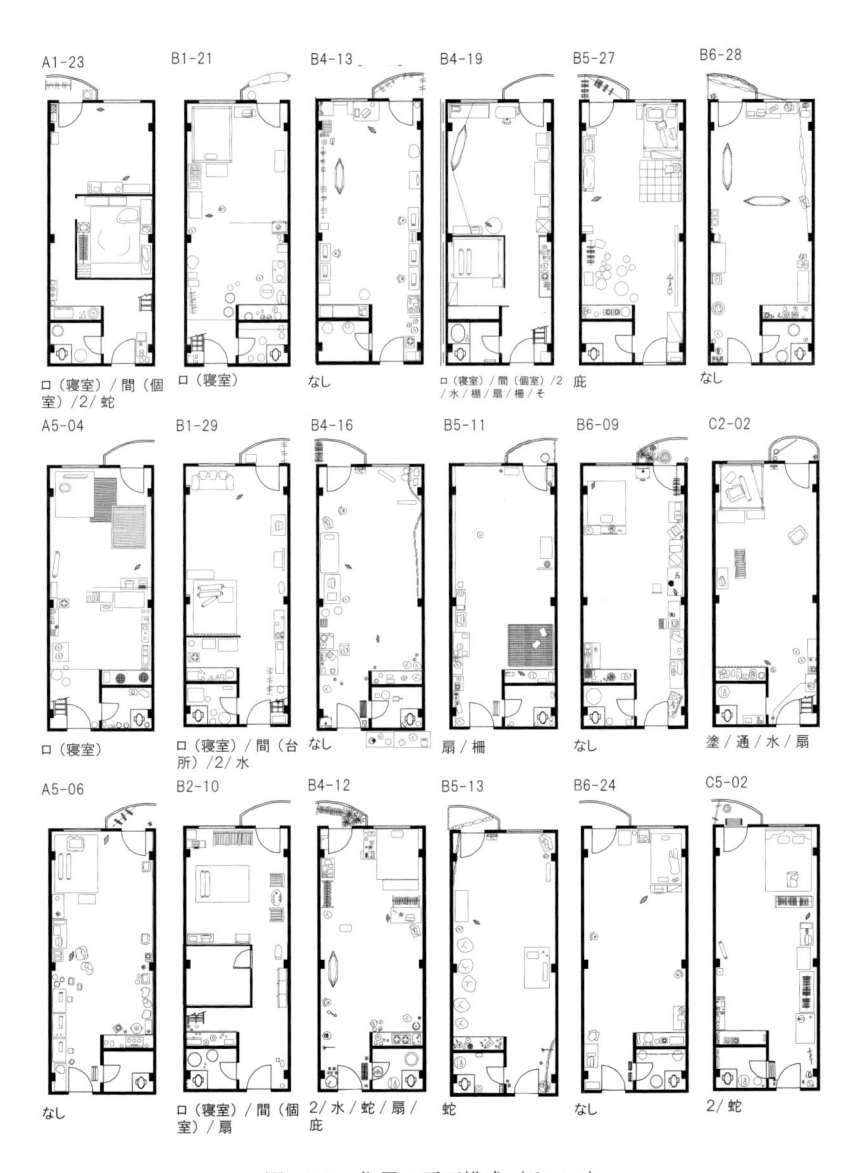

A1-23	B1-21	B4-13	B4-19	B5-27	B6-28
ロ（寝室）/間（個室）/2/蛇	ロ（寝室）	なし	ロ（寝室）/間（個室）/2/水/棚/扇/柵/そ	庇	なし

A5-04	B1-29	B4-16	B5-11	B6-09	C2-02
ロ（寝室）	ロ（寝室）/間（台所）/2/水	なし	扇/柵	なし	塗/通/水/扇

A5-06	B2-10	B4-12	B5-13	B6-24	C5-02
なし	ロ（寝室）/間（個室）/扇	2/水/蛇/扇/庇	蛇	なし	2/蛇

図4-2-3　住居の平面構成（その1）

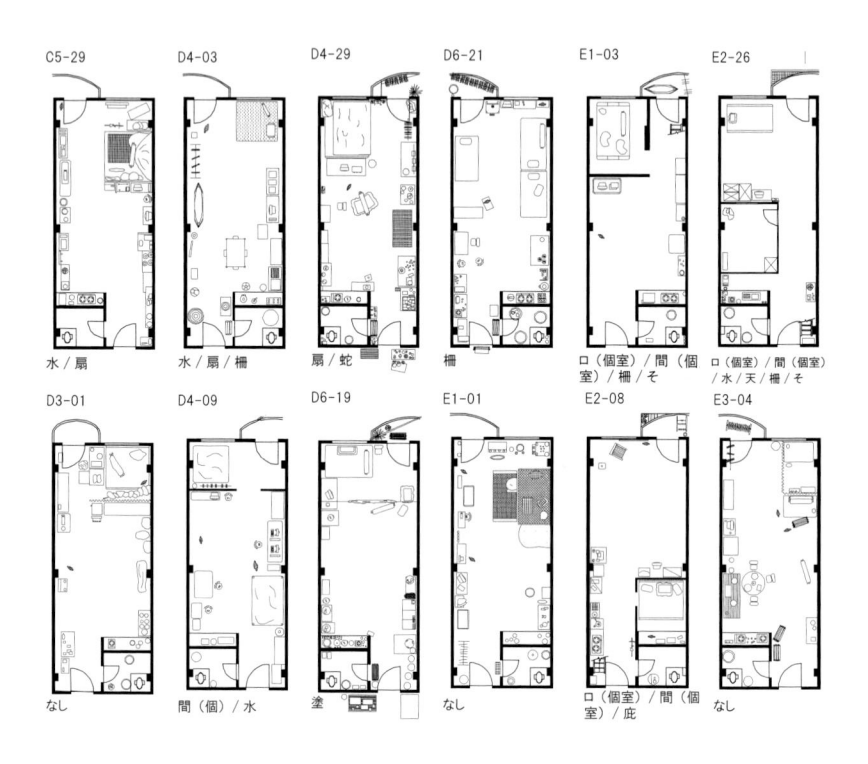

第IV章
居住環境改善

増改築の手法
ロ【10件】…ロフト作成
間【8件】…間仕切りの設置
2【5件】…2重扉の設置
水【8件】…水道増設
蛇【5件】…蛇口の変更
棚【1件】…棚設置
扇【9件】…扇風機の設置
通【1件】…通気口貫通
柵【7件】…ベランダに柵設置
庇【2件】…ベランダに庇設置
塗【3件】…壁面の塗装
天【1件】…天井の装飾
そ…その他
【B4-19】…水ためめの設置
【E1-03】…水道管の目隠し
【E2-26】…洋式便所への変更

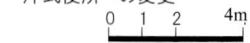

図4-2-4 住居の平面構成（その2）

2 居住環境改善事業

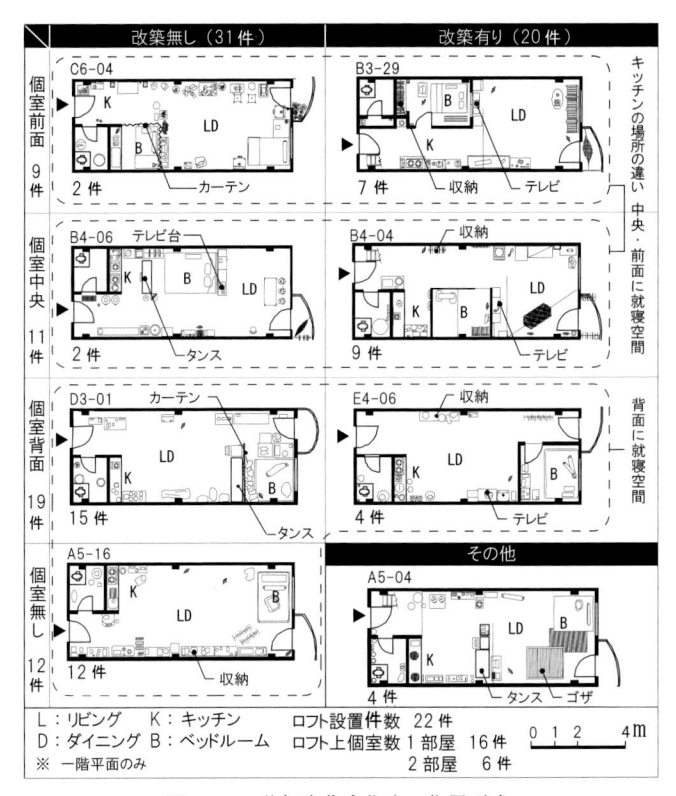

図4-2-5 移転先集合住宅の住居形式

の目隠し、便器の変更も少数であるが確認できた。

　中2階は、平面的には充足できない床面積を増床することで追加するという意図もあるが、断面的に1階部分と切り離した空間を作るという意図もある。寝室や物置として利用されることが多い。これらの増改築の要素をその目的に従って整理すると、①床面積追加、②空間の分断、③環境改善、④利便性向上、⑤装飾、⑥防犯の6つに分けられる。

　通気口貫通、ファン・扇風機設置は③の環境改善に、蛇口の変更、棚の設置、便器の変更、ベランダ庇設置は④の利便性向上に、壁面塗装、天井装飾、水道管の目隠しは⑤の装飾に、ベランダ柵設置、2重扉は⑥の防犯に対応す

265

第Ⅳ章
居住環境改善

る。住居に対して6種の要求があることが分かる。

住居は、住民の意思によって小規模ながらも増改築を重ねながら住みこなされているのが分かる。

（3）住居形式

従前居住地の住居では、道路に面して居間が設けられ、水回りは後背部に配置されていた。移転先集合住宅では、廊下側に水回りがまとめられ、奥に大きな一室空間が配置されている。居住者は与えられた住居をどの様に住みこなしているのだろうか、個室や居間の配置に着目して考察してみよう。

住居内部では、間仕切り壁の設置、カーテンや棚などの物品の設置により空間を分離している。間仕切り壁設置による空間分離は21件（38%）、物品による空間分離は25件（46%）、空間の分離を行っていない住居は9件（16%）である。何らかのかたちで空間分離を行っていることが分かる。

また、空間を分離し個室を作成している住居は39件確認された。7割の住居で個室が設けられている。しかし個室の平均面積は4.7㎡と狭い。露台のみ設置するケースも多く、日常的な生活の場として使われるというよりも、就寝スペースとして設けられていると考えられる。

個室の存在・配置によって住居形式を整理した（図4-2-5）。個室の位置によって、前面型・中央型・背面型の3つに分けられる。前面型・中央型では居間がベランダ側に配置されるのに対し、背面型では居間のベランダへのアクセスを個室が阻害しているようにみえる。しかし間仕切り壁の有無を見ると19件中15件が無であり、居間とベランダとは個室を介して緩やかにつながっているのが分かる。

写真4　廊下に置かれた火鉢と洗濯物

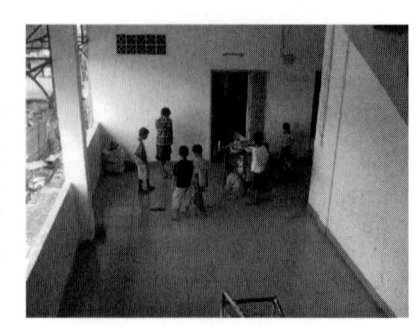

写真5　子供たちのサンダル蹴り

2 居住環境改善事業

表4-2-1 外部空間での行為

食事	飲食	テーブルで食事、お菓子を食べる、食事
	調理	えびの皮をむく、七輪でスープを作る、七輪で調理、七輪で湯を沸かす、七輪で料理、七輪の火を起こしている、食事の準備、女性が調理、調理、火のついた七輪
余暇	会話	大人3人が会話、廊下から部屋の住民に話しかける、椅子に座り2人で会話、飲食店で会話、しゃがんで会話、外を眺めながら会話、会話、玄関先で会話、露台の上で会話
	娯楽	サッカー、少年凧あげ、子供が濡れた床で遊ぶ、子が遊ぶ、子がケンケンをして遊ぶ、子が遊ぶ、バトミントン、男が住居前面でギターを弾いている、キックボードで遊ぶ、ゲーム、子1人がタイヤに乗る、子2が遊んでいる、カードゲーム、子3人でテニスボールでサッカー、ござを引きお絵かき、子ども4人がテレビを見ている、サンダル蹴り、自転車に乗る子供、少年4人がトランプをする、少年5人が外を眺めたりサッカー、凧を作っている、机、椅子を出し、子が勉強、ドッチボール
	休憩	男が椅子で睡眠、おばさんが椅子を出し寝ている、玄関先で休憩、昼寝、露台で休憩
	浮遊	たたずむ、子供が外を眺める、椅子に座っている、男が外を眺める、男がたたずむ、大人ひとりが外を眺める、おばさんが玄関で線香をたく、おばさんが凧あげを見ている、階段室に向かい外を眺める
生活	家事	洗濯物、掃除
	子守	おじさんが子に食事を与える、子をあやす、子を抱いた女性、母が赤ん坊をあやす
作業	作業	料理を運ぶ若者4人、男性が工具をいじる、ビニールシートを広げている、米の選定、ざるを乾かす、ネイル、豚のえさ作成、ロフトを作成している
	商業	飲食業が行われる、おじさんが物を買う、子3人がお菓子を購入、食堂、フルーツ販売、店が開店、店で調理、店で店主が客待ち、店番

表4-2-2 物品配置種類

一時設置	ゴミ(80)	サンダル(7)	箱(3)		自転車(3)	おけ(1)	カゴ(1)	タンク(1)	棚(1)		タイヤ(1)	つぼ(1)
洗濯用品	ゴザ(4)	洗濯物(3)	ベッドマット(2)	ズボン(1)	物干し竿(1)	掃除道具	ほうき(6)	ちりとり(2)				
調理道具	火鉢(72)	調理道具一式(3)		炭(1)	まな板(1)	ご飯(1)						
滞在物品	露台(13)	椅子(4)	机(1)	ハンモック(1)								
業務物品	店舗(20)	豚のえさ(14)	看板(2)	クーラーボックス(1)	建材	レンガ(2)	砂(1)	石(1)				
その他	植栽(2)											

2-2 廊下の空間利用

移転先集合住宅では、廊下の利用は貧弱である。中廊下型の薄暗い廊下にはものも置かれることなく、住民の活動もほとんど見られない。具体的に見てみよう。

（1）空間利用（表4-2-1）

廊下や階段室がどのように使われているのかについて観察調査を行った。観察された行為は、食事（飲食、調理）、余暇（会話、娯楽、休憩、浮遊）、生活（家事、子守）、作業（作業、商業）の4種類であった。食事に関しては、廊下にテーブルを出し食事をしていたり、火鉢を用い調理にかかわる一連の作

第Ⅳ章
居住環境改善

業を廊下で行っている姿を見ることができた。余暇に関しては、廊下での会話だけでなく、廊下にいる人と住居内の人との会話や、子供たちがサンダル蹴りをしていたり、走り回っていたりしている。椅子に座って仮眠したり、階段室から眼下に広がるまちの風景を眺める行為も見ることができた。生活に関しては、廊下で洗濯を行っていたり、子供に食事を与えたり、あやしたりする姿が見られた。作業に関しては、住居の増改築工事に伴うあふれ出しや商品の販売のための用意が多く見られた。

（2）物品配置（表4-2-2）

5棟（A-E棟）の住居前面（870戸）に配置されている物品合計258件を調べると、ゴミは80件、火鉢は72件見られ、火鉢とゴミがあふれ出しの6割近くを占めることが分かった。火鉢は排煙の問題を有するために、外で利用されるケースが多く、廊下がその場として利用されている。ゴミはいわば住居内部から排除されるべきものであり、火鉢の煙とあわせて、生活上生じる負のものを廊下で処理しようとしていることが分かる。

一方で、居場所をつくるために置かれている露台や椅子・机・ハンモックの存在は、生活の表出の場として廊下が位置づけられていることを窺わせる。店舗の存在からも、廊下を集客の場として位置づけていることが分かる。店舗を介して住居内部を廊下に開いていく実態を見て取れる。

この様に廊下に対して住居を開く様態がないわけではないが、数はごくごく限られる。店舗20件、露台13件、椅子・机・ハンモックの合計6件である。

また、物品を配置している住居は全体の23％（870戸中199戸）であり、1個のみのあふれ出しは75％（199戸中149戸）であった。4分の3の住居では廊下への物品配置を行っておらず、また物品を置いたとしても1個のみの住居が4分の3を占めることが分かる。

2-3　環境移行に伴う居住様式の変容

従前居住地の住居形式と比較すると、居間に道路から直接アクセスする形式から、入口から離れた奥の日当たりのいいところに居間を設ける形式へと変化していることが分かる。水回りの位置が廊下・入口近くに設定されている点、中廊下型の配列のため廊下が薄暗く、一方で住居外部にベランダをもつととも

に開口が大きくとられているため、奥に明るい空間を確保することができる点が原因として考えられる。

廊下では、会話や娯楽などの行為が確認することができる一方で、従前地区で確認されるような多様な行為を確認することができなかった。外部は生活の場としての位置づけから、ゴミ・七輪の設置に見られるように排除されるべきもののための場として使われ方が変化していることが分かる。また、柵や2重扉の設置など、防犯性能を向上させるための改築が行われ、明確に住居内外の関係は希薄になっている。住居内部との繋がりを持たせるような物品がほとんど配置されていないことも、それを証明している。

3．住民による環境移行評価

3-1　ヒアリング調査の内容

従前居住地から移転先集合住宅への環境移行をどう評価しているのかを詳細に知るために住民12名を対象に1）基礎的事項、2）住居の経営、3）居住環境、4）交際関係、5）ボレイケラの印象、6）事業の評価に関してヒアリングを行った。

1）基礎的事項に関しては、居住者数、居住者の属性、従前住居入手法、従前住居の購入額、従前住居の面積、従前住居の居住者数について聞いた。

2）住居の経営に関しては、収入（収入源）、食費、居住費、水道代、電気代、自治会費、増改築代、家具購入費について、それぞれ従前・従後について聞いた。

3）居住環境に関しては、トレイの有無、水浴び場の有無、床材、壁材、屋根材、個室の有無、降雨時の災害について、従前・従後それぞれについて聞くとともに、100点満点による満足度を聞いた。また、住居の環境における長所、短所と調理空間、食事空間、就寝空間の優劣とその理由について聞いた。

4）交際関係については、もっとも会話を交わす相手と回数、時間、会話内容、近所の人々との会話の回数、時間、会話内容、訪問者の回数と交流内容、時間のある時の過ごし方について聞いた。

5）ボレイケラの印象に関しては、はじめてボレイケラに来た時の印象や、

第Ⅳ章
居住環境改善

引っ越してきた日、住居取得が決定して日などの気持ちを聞いた。

　6）事業の評価に関しては、ボレイケラ地区で実施された改善事業の評価を聞いた。また、今後も住み続けたいのかなどを聞いた。

3-2　環境移行評価事例

（1）C棟5階25号室（C4-25）の居住者へのヒアリング(表4-2-3)

　C4-25に居住している70歳の女性を対象にヒアリングを行った。

　現在は娘家族と4名で住んでいるが、対象者以外の居住者は日中は仕事や学校に出かけるため一人になる。家族の収入源としては、娘のみであるが、同じ地区内での移転だったので、移転後も仕事を継続することができる。水道代は以前と比べて下がったが、電気代は上がった。電気については、昔は利用できる時間が決められていたため、自由に使用することができなかったが、現在はいつでも利用できる点がうれしい。家具は従前の住居から全て持ってきたため、新しく買ったものはない。従前の住居は、義理の息子に工事してもらい材料費のみの200＄で完成したが、移転先での増改築は大工に依頼したため1000＄かかった。以前の住居は80m²の広さがあった。

　住環境に関して100点満点で採点すると、従前の住居は100点で、今の住居は50点である。食事をとるスペースがきれいになったが、寝室はうるさくなり従前の住居の方がよかった。従前居住地では人とのつながりがあり、友人と話をする機会を多く持てたが、下水がよく詰まり悪臭がしていた。新しい住居は雨漏りがひどく倒壊に対する不安を抱いている。以前の住居であれば自分で修理できたが、現在はできない。自治会に訴えても解決できなかった。またベランダが狭く洗濯物を干す場所を確保できず困っている。一方で今高層階に住んでいるため眺めがよく風もよく入る。雨が降っても悪臭が広がることがない。廊下や階段が広いのも長所である。学校、職場、よく買い物に行く市場はともに、移転後も変わらず従前のままである。

　以前は近所の人々と毎日親しく会話を交わしていたが、現在は近所の人々は皆忙しくあまり交流がない。同居している孫が一番の話し相手になっている。以前の近所の友人に会うには1階のピロティに行って話をしている。親族が月に1回程度訪れるが、以前は家に泊めることができなかったが、今は泊めてあ

270

居住環境改善事業

表4-2-3　ヒアリング事例

C4-25（調査日：2010/12/01　調査対象者：70歳女性）

移転日：2008年4月（2年8か月居住）
ボレイケラ入居日：1998年
コンポンチャム → クロチエ → オルセー → デポー → ボレイケラ

移転前 4名 → 現在（移転後）4名

居住者の属性

従前住居の構成
取得法：1500＄（購入）
面積：8×10 (m)
トイレ：あり
水場：あり（トイレを利用）
個室：あり（増築）
床材：ガレキ、屋根材：コンクリート
壁面材：レンガ、降水時の被害：特になし

属性

経済環境

項目	従前	移転後	意識
収入	娘のみ（低収入）	娘：90＄　旦那：100＄	娘が継続して働けたために、給料が上がった。
住居費	1500＄（一括）	0	-
水道代	3.75＄/月	1.25＄/月	-
電気代	7.5＄/月	10＄/月	使える時間が決まっていた
コミュニティ費	-	-	-
増改築費	200＄（ロフト、親戚）	1000＄（ロフト、大工）	-
家具購入費	1500＄（露台など）	-	-

住環境

項目	従前	移転後	意識
点数	100点	50点	
長所	人との繋がり	衛生的	友人と話すことができた
短所	くさい、下水が詰まる	雨漏り	倒壊が心配
台所	同等	同等	
ダイニング	×	○	衛生的であるから
寝室	○	×	うるさいので

居住地

項目	従前	移転後	変化
学校	10分	10分	変更なし
職場	ストゥーミンチャイ	ストゥーミンチャイ	変更なし
市場	オルセー市場	オルセー市場	変更なし

交流関係

	項目	従前	移転後	意識
会話	相手	近隣住民	孫	現在の近所の人とはあいさつ程度の付き合いである。G.F.で昔の友人に会いに行く。近所はみな忙しい。
	頻度	毎日	毎日	
	内容	日常会話	日常会話	
訪問者	相手	親族	親族	従前では親しい人なら宿泊していたが、ほとんどいなかった。今は泊まったり、夜遅くまで滞在する。
	頻度	1回/mon.	1回/mon.	
	内容	宿泊できなかった	宿泊していく	
緊急時		近隣住民に頼る	警察、コミュニティ	仲がいい人がおらず頼れない。

生活の変化

生活で変化した点	昔は家の前に出ると、誰か人と出会えることができた。いつも5人の近隣住民と会話をしていた。今は近所が皆忙しく、会うことができない。今は1階に行き友人を探す。しかし、外出するのが不便であり、ハコの中で生活をしているように感じる。
変化に対する考え	昔は警察による追い出しなどが怖かった。しかし、現在は居住権などの権利を取得したので、たくさん来たとしても会話したりしやすくなった。
今後について	いつかは引っ越したいと考えているが、今はお金がないので、引っ越すことができない。他のスラムで郊外に強制移転させられたことはかわいそうだと思う。

長短所

短所	・雨漏りや天井にヒビがあり、コミュニティに訴えても、解決できなかった。従前の住居なら自分で修理ができた。 ・階段の上り下りが大変であり、外出機会が減少した。 ・ベランダが狭く、洗濯物を干す場所が困る。
長所	・高層階であり、眺めが良く、また空気が入る。 ・廊下や階段が広い ・雨が降ってもニオイが広がらない。

ボレイケラ

引っ越し当日	特に問題は無かったが、治安については不安だった。しかし、1か月で慣れた。
移転決定日	嬉しかった。しかし、階数が分からず不安で、4階に決定しかかりした。
移転日	きれいで嬉しかった。しかし、1か月で雨漏りが発生し、不安になった。
事業について	よかったと思っている。これまでスラムであり、社会に認められてこなかった。しかし、移転先集合住宅の建物自体の質に問題はある。また、警察が撤去を求めなくなったことも良かった。しかし、人との付き合いが減少したのはさみしい。

271

第Ⅳ章
居住環境改善

げることができる。緊急時に頼る相手は以前は近隣住民であったが、今は近所の人々との関係が築けてないので、警官や自治会長に相談するしかない。

　ボレイケラに住み始めた時、治安について不安があったが、近隣関係が構築され1か月でその不安は払しょくされた。移転が決定した時はうれしかったが、住居が5階と聞いてがっかりした。階段の上り下りが大変で外出するのが億劫になり外出機会が減った。近所づきあいが希薄になったことにより、「箱の中に住んでいるようだ」と感じている。昔は家の前に出ると誰かに会えたが、今はそうではないので、さみしさを感じている。しかし昔は警官が自分たちをこの地区から追い出すために、大勢で包囲したりしていて怖いと感じることがしばしばあったが、現在は居住権を認められたため、警官に対する拒否反応はなくなった。引っ越し後は部屋もきれいでうれしかったが、1か月後に水漏れや天井の亀裂などが生じ不安を感じた。事業が実施されることで、自分たちのまちをスラムといわれることがなくなり、強制移転の脅威もなくなったのでよかったが、新しい集合住宅の建物の質が悪いことに問題を感じている。今はお金がないので無理だが、今後いつかは引っ越したいと考えている。

（2）A棟2階28号室（A1-28）の居住者へのヒアリング
　A1-28に居住している自治会長を務める57歳の女性にヒアリングを行った。
　以前は自治会の副会長を務めていたが、移転をきっかけにA棟の自治会長となり、多くの人々と関係を構築することができた。以前より自治会の仕事は大変になったが、多くの人との出会いがうれしい。かつては周囲の人とはあいさつ程度のつきあいしかなかったが、現在では1日に20人程度の人々と会話をする。生活の相談にも乗ることがある。かつては、地区の治安が悪いと感じており、緊急時にも誰にも頼ることができなかったが、現在は知り合いが増え困った時に皆が助けてくれると感じている。

　以前は家族4人で暮らしていたが、移転を機に長女が結婚し、今では自分と夫、娘2人。長女の夫と子ども2人の7人で暮らしている。この地区には1997年から10年間住み、2007年に今の住居に移転した。以前の住居は300ドルで購入した。長女が結婚できたのも、この事業のおかげだと考えている。権利が整理され事業が進んだおかげで、スラムだとみなされなくなった。以前は追い出しにもあったし、住民票登録をしてもらえなかったが、現在は行政との関係も

改善された。

　今の住居には1300ドルかけて大工にロフトや間仕切りの工事をしてもらった。家具一式を買うために1000ドルを費やした。以前と比較すると調理場は衛生的になり、食事をする際にも虫がおらず快適である。就寝の際の過ごしやすいと感じている。降雨時の浸水等の問題も解消され、トイレも快適になった。周囲の音もうるさくなくなった。点数をつけるとすると以前は30点、今は80点から90点である。以前はバイクの乗り入れがしやすかったが、今は駐輪場に停めないといけないので出かけにくくなった。施工に問題があり水道管からの水漏れがある。未だ寝る時には廊下や上階や隣の音がうるさく感じる点が問題である。

　若干の問題はあるが、今後も住み続けたいと思う。住居を壊される危険を感じることがなくなったので、自分の生活を向上させるために頑張っていきたい。お金を貯め、将来は次女を教師にしたい。この家で死んでもいいと考えている。

3-3　事業の評価

　ヒアリング調査の中で、回答を得た内容を整理した（表4-2-4）。キーワードとして、衛生面、台所、ダイニング、就寝空間、インフラ、面積、降水時、高層化、施工、マネジメント、騒音、総合的、コミュニケーション、権利関係、位置、外出機会、経済が挙げられる。中でもプラスの評価のみが挙げられたのが、衛生面、台所、ダイニング、就寝空間、インフラ、降水時、総合的、位置の8つである。マイナス評価のみ挙げられたのが、施工、マネジメント、騒音、外出機会、経済の5つである。プラス・マイナス両方の評価が挙げられたのが、面積、高層化、コミュニケーション、権利関係である。

　プラスの評価としては、ごみの臭いがなくなり病気が減った、台所が使いやすく衛生的になった、調理の場所と食事の場所が分離された、静かで涼しく蚊がいないため快適に寝ることができる、トイレ・水道・電気が整備されている、浸水被害や雨漏りがない、全体的に生活水準が向上した、学校・職場を変更することなく継続して通うことができるといった意見が挙げられる。マイナスの評価としては、水漏れなど施工に問題がある、集合住宅が倒壊しそうで心

第IV章
居住環境改善

表4-2-4 移転先集合住宅の長短所

分類	長所・短所	分類	長所・短所
衛生面	・衛生的(害虫がいない、ゴミのにおいが無くなった)【**】 ・病気が減った【*】	コミュニケーション	・向上【*】 ・低下【**】 ・近所が忙しく、関係が構築できない ・近隣住民が住居に引きこもっている ・廊下にいろんな人がいて、不安である ・生活水準が異なり、会話したくない ・仲良くなれない(昔はすぐ、仲良くなれた) ・近隣関係がなく、不便 ・ハコの中に住んでいる気持ちになる ・近隣住民を信用できない【*】 ・警官を頼らざるを得ない
台所	・台所が衛生的になった【*】 ・備え付けの台所が使いやすい ・台所でぶつかることが無くなった		
ダイニング	・食べるところが衛生的になった【**】 ・台所と食べる場所が別々		
就寝空間	・寝やすい(静か、涼しい、蚊がいない)【**】 ・ドアを閉めれば、静かになる		
インフラ	・トイレが設置されている【*】 ・電気が通っている ・水道が設置されている ・代金がかかるが、水道がありきれいな水があること	権利関係	・住居取得【**】 ・社会に認められる【*】 ・居住権の取得 ・警官との関係性構築【**】 ・治安の向上【*】 ・治安の悪化【**】
面積	・家が広い ・廊下、階段が広い ・増改築できる ・家が狭い【*】 ・廊下が狭い ・食べるところが狭い ・ベランダが狭い【*】 ・台所が狭い【*】	位置	・移転先が近くで良かった ・学校、職場の変更が無い(継続できる)【**】 ・引っ越し代金が安い ・プノンペンの中心 ・遠いとインフラ整備が整っていない可能性がある
降水時	・降水時の被害 ・浸水被害が無い ・雨漏りが無い ・泥が家の中に入らない ・雨が降ってもニオイがしない	外出機会減少	・バイク(トゥクトゥク)の駐輪【**】 ・外出機会が減る【*】
		経済	・商売ができない ・収入減(小売業) ・収入減(家賃収入)
高層化	・空気が入る、風通し【*】 ・眺めがいい ・階段が疲れる(慣れない)【**】 ・階段があるので、親を呼ぶことができない ・G.F.で生活がしたい【*】		
施工	・水漏れ【**】 ・屋根にヒビ ・施工が悪い		
マネジメント	・集合住宅が倒壊しそうで、心配だ【*】 ・修理してくれる所在が不明【*】 ・住民が修理しないといけない ・住民では修理が困難 ・壊れた際の保証が無い		
騒音	・近所の音がうるさい(上下左右) ・廊下がうるさい【*】 ・工事の音がうるさい ・G.F.がうるさい ・近所のマナーが悪くうるさい		
総合的	・建物の質が向上 ・家が丈夫 ・生活がしやすい ・生活水準の向上【*】		

衛生面	+11	総合的	+7
台所	+5	コミュニケーション	+4, -19
ダイニング	+8	権利関係	+19, -7
就寝空間	+7	位置	+12
インフラ	+8	外出機会	-9
面積	+3, -11	経済	-4
降水時	+8		
高層化	+5, -10		
施工	-9		
マネジメント	-9		
騒音	-9		

【】回答数属性
なし…回答数1-2件のみ
*…3-4件回答
**…5件以上回答
マイナス評価
左表 回答数
+プラス評価回答数
-マイナス評価回答数

2 居住環境改善事業

表4-2-5　ヒアリングによる居住環境の変容

	ポジティブ	ネガティブ	考察
建物単体	**居住環境整備**　⟷　室内に水場が整備されることにより、自由な時間に利用することができるようになった。共用の水場を利用していた娘は、夜間にからまれて、利用できなくなっていた。　▼　**利便性の向上**	**施工管理の不備**　壁の塗装が雑、ビルにヒビが入っているなどの問題、特に水漏れ（上階からの下水）については5件にて確認された。しかし、コミュニティに相談しても解決できず。　▼　**他に依存**	**建設**　┌ 設備整備　┐ 施工不備　┐　インフラ整備　増改築　技術や資金との関係　利便性の向上と生活様式に合わせれる形態である。　住民自身による改善ができない。　住民により住居の増改築・更新できる計画や仕組みづくりが必要である。
一体的な事業	**一体的な改善**　⟷　水場が整備されると共に、下水の整備も行われ、汚水の問題が無くなり衛生が向上した。整備が行われ、虫がいなくなった、子供の病気が減った、においがなくなったと実感している人がおり、8名が就寝・調理・飲食空間において、衛生的になったと感じている。　土が無くなったこと、積層化したことにより、降雨時の泥、浸水、雨漏りがなくなった。　▼　**衛生面の向上**	**集住（集合住宅）**　接地でなくなったことにより、商売、駐輪、駐車、階段の問題が発生している。従前の住居より敷地面積が狭くなった住居（特に賃貸業や食堂などの面積が必要であった業務を行っていた住居）では、狭くなったことを問題視している。廊下における、工事や子供、夜中に騒ぐ住民がいることなどの騒音の問題　▼　**計画・立地の問題**	再定住事業による敷地面積の削減　　再建と集住　┌ 一体的な事業　集住上の問題　積層化　面積　関係性　外出機会減少　感情の問題　マナーの意識　意思疎通　水場の整備などが一体的に行われることにより、衛生環境が向上した。　従前地区において、小売業や賃貸を行っていた場合、収入が減額するために、満足度が低くなる。　一体的な改善により、衛生環境の向上が確認された。一方、再定住事業による敷地面積が狭小となるために、積層化が合理的であるが、地上階でないこと、住居面積が減少することによる問題がある。
関係性	**行政との関係性**　追い出しを行っていた警官が、事業後には守る立場になった。　事業が実施されることにより、差別が少なくなったと感じる。　▼　**行政が関与する意義**　**近隣関係の向上**　⟷　コミュニティリーダーになる、店を営むことにより、多くの人とであい、関係性が向上した。　▼　**機会が形成された**	**コミュニティとの関係性**　事業実施、移転において、コミュニティが中心となっており、不満の矛先がコミュニティに向けている住民もいる。　▼　**事業の進め方の課題**　**近隣関係の低下**　多くの近隣住民が忙しく、住居に滞在していない。　外出機会、会話回数の減少、会話内容の変化　▼　**関係が構築できず**	行政が関わり改善事業が実施される　　改善事業の主体がコミュニティ　居住権の確保に伴う、その他の権利を取得できる　移転や事業の問題の責任がコミュニティに向く。　不法占拠地区においては、行政の関与が必要である。　地域で取り組むべき課題の解決が困難になる可能性がある。　**関係性（コミュニケーション）**　機会を創出した住民は、貯金をしたいなど、前向きである。　関係が希薄化した住民は移転したいと考えている人が多い。　従前で形成されていたような関係性を構築するシステムの提案が必要である。　居住の継続性、治安、マナーなどの解決が困難である。

275

第Ⅳ章
居住環境改善

配、だれが修理してくれるのか不明、廊下・近所・1階の音がうるさい、バイクの駐輪にお金をとられる、階段の上り下りが億劫で外出機会が減る、家で商売ができず収入が減ったといった意見が挙げられる。

また面積について、ベランダが狭い、台所が狭い、家が狭いという意見があった。洗濯物を干す場所としてベランダが狭すぎるという意見は全体に共通するが、台所や家の狭さについては従前の広さとの比較によるものであるため、同じ面積であっても家が広いという意見もあれば狭いという意見もあった。高層化についても、風通しがよく眺めがいいので快適であるという意見がある一方で、階段があるので親を呼ぶことができない、階段に慣れないという意見がある。コミュニケーションについては、一部に向上したという意見がある一方で、近隣関係を構築できないという意見も多い。権利関係については、住居を正式に取得でき、警官との関係も改善したことをプラスに評価する意見がある一方で、近隣関係が失われることで治安が悪化したという意見も多く聞かれた。

ヒアリング結果を建物単体、一体的な事業、関係性という3つ論点で整理した(表4-2-5)。建物の設備としては、それまで共用のトイレを利用していた住居も少なからずあったが、各住居に水回りが整備されることで利便性が向上したといえる。しかし壁の塗装が雑であったり、躯体にひびが入ったりと問題も多い。特に上階からの下水の水漏れが多く、その解決策も明確でない。自治会に相談しても解決できず、かといって住民自身で改善ができるわけではない。住民によって住居の増改築・更新ができる計画や仕組みづくりが必要だといえる。

再定住事業を採択したことで、限られた敷地面積で積層化・高層化を余儀なくされた。一体的な改善により汚水の問題がなくなり衛生環境が向上することで、子供の病気が減り悪臭がしなくなった。積層化したことで、浸水がなくなった。しかし同時に積層化したことで、駐車・駐輪、商売、アクセスの問題が生じている。従前居住地で食堂や店舗を営業していた住居では、面積が狭くなったことを問題視している。営業ができなくなり収入が減った世帯もあった。

行政が関与し、再定住事業が実施されることで居住権が確立され差別が少なくなったと住民は感じている。一方で自治会が事業実施、移転の取りまとめを行っており、不満の矛先を自治会に向けている住民も多い。近隣関係の構築が

十分にできていないことも大きな課題である。以前に形成されていた関係を継承する仕組みか、新たな関係を構築するための仕組みが提案される必要がある。

4．再定住の空間計画

　本節で明らかとなった成果を整理しながら若干の提案を行いたい。
（1）住居は①床面積追加、②空間の分断、③環境改善、④利便性向上、⑤装飾、⑥防犯の目的で増改築が行われている。7割の住居で個室が設けられており、個室の位置によって住居形式が4つに分類できるが、居間がベランダと関連づけられて設けられるというのが全体に共通する特徴である。従前居住地の居間・アクセスの形式と比較すると、全く異なる住居形式をとっていることが分かる。また、廊下では、食事・余暇・生活・作業の行為が観察されたが、配置物品を調査するとその6割近くは火鉢とゴミであり、廊下に対して住居は背を向けていることが分かる。
（2）オンサイト型の再定住事業では、周辺環境が変化しないため学校・職場に通い続けることができるという大きな利点がある。また不燃化された積層建築物に建替えられることで、衛生面・利便性の面での向上が見込まれる。一方で高層化することで外出機会の減少が進むとともに、家で店舗を構えるという職住一体型の生活を継続することが難しくなる。一番の問題は新たにコミュニティを構築しにくい点にある。住居—廊下の配置構成がその傾向に拍車をかけている。
（3）住居内外の関係性の向上には、廊下部分にセミプライベートな空間を配置したり、住居内部の居間空間をできるだけ外部に接続させる計画とすることが必要である。敷地面積が狭く、積層化・高層化が求められる事業であるが、水回りや居間の配置、光や風の取り入れ方に配慮することで、コミュニティ形成を促進する計画は存在しえたと考えられる。従前地区の住まい方をもとに、移転先集合住宅の計画が行われる必要があったと考えられる。
（4）移転先の住居位置選定は非常に重要である。公平性を確保するためにくじが採用されたが、くじでは従前の近隣関係の維持は難しい。コミュニティ単位でのまとまった移転が検討されるべきである。

第Ⅳ章
居住環境改善

（5）従前の生活を継承できるようなフレキシブルな空間システムが必要である。従前地区で店舗を営業し職住一体型の生活を行っていた世帯には、そのまま店舗を営業できるような広さ・場所等が確保されるべきである。店舗だけでなく、住居を作業場とするケースも同様に配慮が必要である。

（6）自治会等の住民組織の存在は重要である。ボレイケラでオンサイト型再定住事業が実施できたのは住民組織の存在が大きい。住民組織による活動は、事業化までで終わるのではなく継続されるべきである。特に近隣関係の構築や騒音対策、建築物の自主的補修が問題となっている状態で、住民組織が果たすべき役割は大きい。

註
1）原則的に取得した移転先集合住宅の住居を転売することは認められていない。転売など引っ越しを行うには、ビルを管理するコミュニティのリーダーに告知しなければならない。告知後にコミュニティリーダーと面談し決定する。
2）原則として、従前住居の面積の違いがあったとしても、1件につき1件が与えられる。しかし、中には複数件を取得している住居も確認することができる。

終章

スラムの計画学へ向けて

結

1．王立芸術大学とのワークショップ

　2005年から2012年にかけて夏季調査は、カンボジアの王立芸術大学建築都市計画学科との合同ワークショップという形式で実施された。

　2007年に実施したワークショップでは、王立芸術大学の学生20名、近畿大学の学生13名が参加した。アドバイザーとして王立芸術大学建築都市計画学科の学科長ならびに講師2名と私が参加し、ワークショップ全体の指導・調整等を行った。

　芸術大学のキャンパス内で2007年8月14日に参加者全員が集まり開会式を行った後、8月15日から17日までの3日間にメインプログラムを実施した。全体を4つの班に分け、それぞれ別のフィールド、別のテーマに従って調査・検討を実施した。第1班は、第1章2．で取り上げた「プサー・チャー」、第2班は第2章2．で取り上げた「街区の路地」、第3班は、第2章1．3．で取り上げた「ショップハウス」、第4班は、第4章で取り上げた「ボレイケラ」である。それぞれの班は、日本人大学生4名程度とカンボジア人大学生5名程度で構成され、さらにそれぞれのフィールドで3～4班に分かれ、実測図面の採取やヒアリング調査を行った。

　メインプログラムが終了した後、8月19日に懇親会を開催し、カンボジア・日本両国の学生間での親交を深めた。

　8月20日から22日は、カンボジア人学生は自由参加という形式で引き続き調査を行った。調査最終日である8月22日には、不法占拠地区であるボレイケラ地区にて、地域のコミュニティ・リーダーの協力を得ながら、地区清掃プロ

ジェクトを実施した。単なるゴミ拾いであるが、調査だけでなく何か目に見えて地区に還元できることはないかと日本人学生とカンボジア人学生とが協議した結果の実践である。ボレイケラ地区は、道路整備やごみ収集システムが十分に普及しておらず、プノンペン市内の他の地区と比較すると、放置されたゴミの量が多いことは一目で分かる状況であった。

　このワークショップの大きな目的として、以下の3つを掲げた。一つはプノンペンの都市問題に対してカンボジア人学生と日本人学生が議論を交わすこと、二つ目は都市ならびに建築空間を調査する手法を共有すること、三つ目はワークショップでの議論を今後の交流の機会につなげることである。

　今回4つのテーマを取り上げたが、その背景はそれぞれ以下の通りである。

　現在、プノンペンでは新しいショッピングセンターやデパートが次々と建てられている。プノンペン中心部、中央市場の南に位置する7階建てのソリア・ショッピングセンターは、中央に7層分の吹き抜け空間をもち、エレベーター・エスカレーター・積層駐車場をもつ建築物である。これらのショッピングセンターの抱える課題として挙げられるのが、空調システムの導入によって多大なエネルギーが消費されていることである。来訪者の快適性を向上させるために、化石エネルギーに依存した閉じた人工的な空間を建物内部につくりあげている。また、ヴォリュームの大きな形態は、周辺の街並みから突出し、街並みの調和を壊している。

　プノンペンでもっとも古い市場である「プサー・チャー」を対象とした実測調査を行いながら、大型ショッピングセンターと比較し議論を深めることで、現代建築の功罪を検討することが可能になる。

　「街区の路地」に関して、路地でのアクティビティに着目して調査を行った。路地は、街区内にできた隙間として存続してきたが、開発によって失われようとしている。こうした余剰スペースを無駄な空間として排除するのではなく、都市の中で果たしてきた役割を明らかにすることを通して、新たな開発・新たな建築の中でこうした路地空間が果たす役割について検討を行うことを目的とした。

　「ショップハウス」については、都心部に積層して住むためのプノンペン独自の住居形式と位置づけ、その形式ならびに住みこなしの実態を調査すること

終章

を目的とした。プノンペンの現在の都市景観の主な構成要素となるほどに重要なショップハウスを対象に、実測図面の採取の作業を通じて、都市住居・都市居住の形式の検討を行った。

「ボレイケラ」は一般にスラムと呼ばれる地域であるが、スラムを排除すべきものと捉えずに、スラムから学ぶというテーマで調査を行った。汚い、病気になりやすい、危険といったマイナス面もあるが、それだけに目を奪われてしまって、プラスの面を見ないというのも問題である。ボレイケラでは、そこに居住する人々によって自律的・自発的に建設された生活環境であり、環境と人間との関わりの密度には学ぶべきものがある。具体的に、その学ぶべきものとは何かを議論するために、生活空間の実測調査を行いながら検討を行った。

このように実際に実測調査やヒアリングをカンボジアの大学教員や学生と共有しながら、単なる研究成果の共有だけでなく、調査手法をも共有することが、カンボジア国民によるカンボジアの発展に寄与することにつながると考えている。

2．計画を考える

カンボジアの学校建設に対していくつかのNGOを議論しながら提案を検討したことがある。

カンボジアではいまだ十分な教育基盤が形成されていない地域がある。都市部から遠く離れた地域では小学校の数自体も不十分である。日本のいくつかのNGOは学校建設・教育支援を行っている。校舎を1棟建てるのにいくらお金が必要かという話は聞くが、実際にそのお金でどういう学校が建てられるべきか、どういう学校が求められているのかという議論はほとんどない。

この間、学校建設に関わるいくつかのNGOと意見交換する中で、カンボジアの学校建設の現場で考えられなければならない学校建築そのもののあり方として以下の9つを提案したい。

（1）変化に対応できるフレキシブルな空間構成システム

現状では、6ｍ×8ｍ程度の同じ大きさの教室がならぶ形式が一般的である。人口の流動や教育観の変化等により、就学児童数が変化する可能性がある

ことに加え、現在1年生と6年生とで生徒数が大きく異なるケースがある。

　壁が固定された形式ではなく、ラーメン構造の柱梁と屋根によって全体が構成され、壁をなるべくもたない形式が考えられる。家具あるいは、可動間仕切りによって空間を分割する形式とすることで、将来予想される用途の変更にも対応が可能である。これは、いわばスケルトンとインフィルによる2段階供給方式であり、状況の変化にも柔軟に対応できる。また、暗く閉じた印象のある従来の学校と比べて、明るく開放的な構成が可能となる。特に農村部では、周辺の田園風景を学校内・教室内に取り込むことを可能になる。

（2）住宅建設技術との連続性を確保

　住宅建設技術と学校建設技術が不連続であることが問題として挙げられる。学校建設に利用される材料と技術は、住民が住宅を建設する際に利用する材料、技術と大きく乖離しているのが現状である。住民参加によって修得した技術を自らの住宅建設に活用することが有効である。そうすることで、子供だけでなく地域の大人にも学校の価値が認められ、地域の大切な施設として認識される。そのためには、安価な材料あるいは地域産材の利用によって学校を建設し、住宅との連続性を確保する必要がある。学校と住宅の技術的連続は、地域への学校の浸透を促し、また地域に馴染んだ施設、地域に還元される施設として機能する。

（3）地域のコミュニティ施設としての機能を

　学校に設置された井戸を周辺住民が利用する例や、学校のグランドに露店がならび物を売っているケースを見ることができた。これは、学校がコミュニティ施設として認識されていることの表れである。これらの行為を重視して学校を建設することで、学校を地域の核施設にすることができる。実際カンボジアでは、様々な公共施設を一つ一つの町や村に分散させて建設するだけの財政的余裕はない。また施設の効率利用のためにも学校の公開は有効であり、例えば、学校に設置された図書室を周辺住民に開放し、利用率を上げることも考えることができる。

　人々が集まって教えを請うという学校の基本的性質は、子供だけが享受するものではない。地域の集会所として、人々のコミュニティを支える施設としての視点が必要である。集会所や宗教・信仰施設、儀礼の場、イベント会場、交

終章

通ターミナルなどを小学校に複合化することが可能と考えられる。
(4) 多様な要求に即した施設計画
　NGOによって建設される学校では、教室のみによって構成されるケースが多い。これは、子供への援助を最優先するドナーによって、教員が必要とする居室をあてがわないという方針に由来すると聞いた。しかし、学校を健全に運営するためには、最低限の教員用の居室が必要である。職員室、校長室、図書室、特別教室、資料室、運動場など、学校を健全に運用する際に必要な機能を確保する必要がある。小学校は勉学だけでなく生活の場でもある。子供に対する援助を優先させることは必要だが、学校を支える教師の職場環境も整える必要がある。
(5) ソフトからのアプローチ
　視察した学校のうち半数以上の学校で、使用されていないトイレを眼にした。特に農村部では、未使用率は上昇する。子供がトイレを汚すので、それを嫌った教師がトイレに鍵をかけ、そのまま使用することができなくなるケース、また汚物を蓄積する容量が少ないため、少人数の利用で汚物が満杯になってしまって、使用できなくなるケースがあることがヒアリングから判明した。
　後者は、トイレのハードの問題で、地下に浸透する仕組みあるいは容量の大きい汚物槽に流れる仕組み等を検討する必要がある。一方、前者は、生活習慣の問題である。生活指導と連動させる必要がある。同様に、ごみの問題も見受けられた。建物周辺に数多くのごみが散乱していた。教師がごみを捨てるので、子供もそれを真似て捨てるという。教師の教育もあわせて行っていく必要があるといえる。また使用されていない水がめも各地で見られた。これはNGOが雨水利用の促進のため各地に配ったものだが、学校のトイレに未使用のまま押し込められていたり、野原に放置されていたりする。地元の要望を把握するとともに、利用促進に向けた指導の徹底が求められる。
(6) 子供の生活空間として
　学校で過ごす時間は、子供たちの毎日の生活の主要な部分を占める。学校は学ぶためだけの場ではなく、食事、交流、遊び、集まり、くつろぎ等の場所を確保する必要がある。建築には、場所性に富んだ様々な場所が必要になる。数人程度以下の小集団に対して適切なスケールの空間が必要となったり、外部空

間と内部空間とのつながりや、校舎とグランドの間の中間領域を充実させることが必要になる。子供の寸法知覚能力に即したスケールに配慮し、低学年の教室の天井は低く、高学年の教室の天井は高くするといった配慮も検討する必要がある。

（7）地域と連動した建設システム

建設材料は、どの地域も同じで、レンガ、コンクリート、瓦などであり、例えば国境のまちポイペットでは、国境を越えてタイでそうした材料を入手しているという実態がある。確かに、ポイペットには、建材を生産するような地場産業はないのだが、土地の土であるラテライトを使った工法などが検討可能である。それと連動して、あらたな地場産業の育成を促すことも考えられる。少なくとも、住民参加での学校建設を促進することによって、技術訓練の現場となりえる。また、自然エネルギーを利用する太陽光発電や風力発電、雨水利用など継続的利用にあまりコストがかからない仕組みの導入も必要とされる。

（8）寺子屋＝学校という考え方

現在の親の世代は、ポル・ポト政権以降の混乱の時代に青少年時代をすごしており、しっかりした教育を受けてきていない。一方で、人々の生活は仏教と密接に関係しており、地域における仏教ならびに仏教寺院の果たす役割は大きい。

日本で、地域での教育に寺子屋が果たした役割が大きいように、信仰の場である寺の主導によって学校を建設、運営していくシステムは一般化できる可能性がある。

（9）新しい学校のイメージの創出

教育省の型の存在によって、学校建築のイメージが定着した。空間のフレキシビリティや、内部と外部とのつながりや、画一的な形態などに問題がある一方で、数量的に不十分な状態で質よりも数という判断にも正当性がある。しかし学校は、地域において寺院とならぶ地域の主要な公共建築であり、またさほどのコストの上昇を伴わなければ、地域性を配慮した、住民参加による学校が望ましいのは当然であり、新しい学校イメージの創出が求められている。

終章

3．スラムの計画学へ向けて

　本書の目的は、カンボジアの都市・集落・住居を対象に詳細な実測調査等をもとに漸進的な開発に向けた建築・都市計画手法を明らかにすることにあった。また、スラムを改善すべきものとしてのみ捉えるのではなく、スラムの中に、住民による自生（成）的・自立（律）的な環境形成の試みを積極的に見出し、その自生（成）的・自立（律）的な力を育む計画学のあり方を探ろうとすることにあった。プノンペンの不法占拠地区だけでなく、都心部の都市住居ショップハウスや、農村集落・水上集落の構築環境の中に、自生（成）的・自立（律）的な力を読み取るのが本書の大きな目的であった。
　本書で明らかにしたことを、（1）都市計画遺産、（2）街区居住、（3）土着性、（4）居住環境改善の4点に絞って振り返りたい。

3-1　都市計画遺産

　カンボジアはポル・ポト派支配による3年8か月を経て、国土は荒廃し都市は廃墟と化した。しかしそこですべてが失われたわけではない。ポル・ポト派支配、その前後の内戦を挟んでも、継承されてきたものも数多い。都市は常に変化し続けているが、変わるものと変わらないものがある。都市の中で、その変わらないものを都市遺産あるいは都市計画遺産とここでは位置づけたい。
　第Ⅰ章第1節では首都プノンペンならびに3地方都市を取り上げ近代都市計画の特質を検討した。フランス統治期に行われた都市計画は、現在でもプノンペンの都市の骨格を規定している。それは負の遺産ではない。1937年にフランス人建築家の設計によって建てられた中央市場プサー・トゥメイへ抜けるビスタ、その軸線を演出する1960年代に建てられたショップハウスの街並み、プノンペンの起源ともいわれる14世紀に建てられた寺院ワット・プノンとアール・デコ様式のプノンペン駅舎を結ぶ軸線は、街路樹とオープンスペースによる公園によって都市的に演出されている。
　都市軸・ビスタの形成、公園・緑道の整備、グリッドパターンの街区形成、放射状街路の形成、民族間の住み分け・ゾーニング、商業区域と行政区域の分離は、フランス統治期の都市計画に共通する計画手法として指摘できる。この

都市軸や緑道、格子状・放射状街路、ゾーニングは、フランス統治期以降現在も継承されており、都市の中での「変わらないもの」として位置づけることができる。これらは単なる独立した街路や地区ではなく、都市計画上重要な役割を果たすものであり、都市計画遺産と見なすことができる。

また市場、寺院、駅、市役所が都市軸・ビスタの軸形成の拠点となっており、現存するコロニアル建築は建築物単体としてその歴史的・意匠的価値をもつだけでなく、都市計画上も重要な役割を担っており、同じく都市遺産・都市計画遺産として位置づけることが可能である。

これらフランス統治期の都市計画の遺産を、これからの都市計画の資源として位置づけなおすことが今後必要となる。

3-2　街区居住

プノンペン都心部の都市住居であるショップハウス。プノンペンには、2階建て・傾斜屋根・前面歩廊をもついわゆる伝統的なショップハウスはほとんど現存していない。現在のプノンペンの都市景観を構成しているのは、主に1960年代に建設された3階建て以上・陸屋根の1階に店舗をもち2階以上に住居を構える形式のものである。しかし、それらはプノンペンの独特な都市景観を構成する主要な要素であり、軽視することはできない。第Ⅱ章ではそのショップハウスに焦点をあて住居形式を明らかにするとともに、ショップハウスと街区との関係も明らかにした。その中で活発な外部空間利用の実態が見えてきたが、こうした街区と住居との相互補完的・相互浸透的な存在のあり様を、「街区居住」という言葉で表記できると考えた。都市景観に対する分析からも、住居と街区との強い関連性を指摘することができ、プノンペンの都心居住の特質が、街区居住にあることが分かる。

街区居住の特徴は以下の4点にまとめられる。
①街区と住居の一体性
　ショップハウスは前面道路からのアクセスを前提にそもそもつくられていたが、時間の経過とともに街区内の路地が生活道路として機能していった。街区の外周だけでなく街区内部にも建物が建て詰まっていったことも、街区内の路地が重要性を増す要因になっている。また、ショップハウスの住まい方が、積

層居住からフラット居住へと移行したことで多様なアクセスが必要となり、前面からのアクセスだけでなく、街区内部からのアクセスが重視されてきている。
　また、街区内の路地も、進入路地、バックレーン、細街路、袋小路と複合的に配置され、多様な場所が街区内に作り出されている。こうした路地と住居とが一体となって街区をつくりあげており、街区居住をフィジカルに支えている。
②小規模空間更新
　1960年代に建てられたショップハウスが建て替えられることなく住み続けられることで、街区と住居の一体化が進んでいったと考えられるが、その間の変化に60年代の住居が対応するには、自由な増改築が重要な役割を果たしている。中2階・個室・水回りの増築の他に、住戸の高層化や廊下・路地の私有化、界壁の除去や階段の設置によるアクセスの変更が実施されている。こうした、小規模ではあるが、変化に対応するための多様な空間更新手法が許容されていることが、街区居住を下支えしているといえる。
③外部空間の業務空間化・生活空間化
　都心部の活発な外部空間利用は、まちの賑わいを生み出している。ショップハウスの1階部分には店舗が多く並ぶが、飲食店では多人数の飲食のための空間が歩道部分でまかなわれている。1階部分が小規模な工場になっている場合は、機械を用いた作業の場として外部があてられる。小売業の場合は、歩道に商品が陳列されることも多い。1階部分と関係をもたず、独立型・移動型の店舗が歩道で営まれる姿も多く見られる。街区内の路地は、街路に近い箇所は業務空間として、奥まったところは生活空間として利用されている。職住一体・職住近接の生活をもとに、歩道が業務空間として、路地は生活空間として活発に利用されていることが分かる。
④街並み形成に寄与する住居群
　街区は、景観的にも一つのまとまりとして捉えられる必要がある。プノンペンでは、連続するショップハウスによって魅力的な街並みが形成されている。
　袖壁と床スラブならびに垂壁で構成される約4m四方のグリッドが街区全体に広がりながら、通りに面して各戸にベランダが配置されることで街並み全体が人の居場所となり生活・人の動きがまち全体に表出している。人の動きが、街路・路地で感じられるだけでなく、街並みから立面的に感じられる点が特徴

的である。

　こうした4つの特徴を兼ね備えることでプノンペンの街区居住が実現されている。こうした、まちと住まいが密接な関係をもつ居住形式は、都市居住の一つのモデルとして位置づけられるべきである。

3-3　土着性

　第Ⅰ章第2節では、プノンペンでもっとも古い市場であるプサー・チャーの空間構成を、都市施設の土着性というテーマのもとに明らかにした。プサー・チャーはきわめて素朴な市場であり、1.5m×1.5mの小規模店舗4つからなる3m×3mのユニット店舗を中心として全体が構成される。夜間には商品はこのユニット内にすべて収められ、3m四方高さ2m強の箱が建ち並ぶ。しかし昼間は箱から商品があふれ出すとともに、通路は業務・生活の場として多様な用途に対応する場となる。店舗もまた、業務、販売の場としてだけではなく、会話、食事、就寝、遊びの場として機能している。昼間と夜間とで全く異なった姿を見せる点が興味深い。また周辺道路に併設される店舗は、特別なしつらえを持たず、籠、ステンレスケース、発砲スチロール、台、椅子、バケツ、日よけのパラソルで構成される簡易なものである。

　こうした様態をここでは都市施設の土着性と呼んでいる。特徴としては、①小規模性、②モノの配置が場を決定する、③公私領域の相互浸透、④生活との共存の4点を挙げることができる。

　土着性については農村集落や水上集落等でも検討を行った。

　ポル・ポト政権によって地域の伝統は失われたが、それは土着的な住居・集落も例外ではない。第Ⅲ章では、農村ならびに水上の住居・集落ならびにプノンペンにおける高床式住居の空間変容を取り扱った。

　農村の高床式住居は、単なる高床の床上1室空間と考えられてきたが、空間利用に関する分析を通じて、床下空間の存在の重要性を明らかにした。住居の生活空間として、日常的には床下空間が重要であり、道路との関係から居間、物置、炊事場の間に配置形式が存在することも明らかにした。住所を取り巻く土地の所有と利用との関係はあいまいであり、所有者でない人々が移動や交流の場として活用することで活発な利用が促進されている。床上・床下・敷地を

終章

一体として住居と捉えなおす必要がある。

　また、信仰空間あるいは儀礼空間として住居を捉えると、床上空間の重要性が見えてくる。非日常時の儀礼行為を通してその空間のもつ本来的な意味が再生される。

　水上集落のアンロン・タ・ウー村の筏住居に関しては、住居形式の存在を明らかにするとともに、筏上の屋外空間・半屋外空間の重要性を明らかにした。筏住居はベランダ、居間、寝室、台所の4つの空間で構成される。正面入り口から奥にかけて通路が設けられ、両側に部屋が配置され左右対称の構成をとる。「前ベランダ＋主室（前面居間・後面個室）＋後ベランダ」構成が基本となっている。水上住居は、政策的には陸への転居が望ましいと考えられており、劣悪な居住環境だとみなされているが、その住居にも明確な型が存在し、それが長い年月の間、彼らの生活の中で育まれてきたことを明らかにしている。

　プノンペンの高床式住居は分割・増改築が行われながら、多家族が生活する住居へ変化している。住居の空間構成は、前面の中間領域の有無と部屋の配列によって4つに類型化できる。側面通路の保持や複数の階段配置、廊下・ベランダの共用によって住居の分割に対応している。水回りや半屋外空間といった空間の共用化、アクセスの共用化が進んでいる。

　これらをまとめると、土着的な住居・集落の特徴として、①住居の型の存在、②外部空間の利用、③空間の共用、④空間の冗長性・空間利用の柔軟性が挙げられる。本書では十分に触れられなかったが、農村集落では、儀礼時の空間利用の重要性を指摘することができた。

3-4　スラムの計画学へ向けて

　不良住宅地での居住環境改善において、従前の居住地の歴史を継承することの重要性を指摘した。いわゆるスラムでのリビングアクセスの住居形式が、閉鎖的な住居形式に置き換わることの弊害を指摘した。一方で、不良住宅地とみなされるスラムにおいても、例えば、庇の設置や軒下の地面の自主的改修など、自発的な環境改善が、居住環境の改善に寄与していることを明らかにした。露台といった簡易なしつらえが外部空間利用を活発化させていることも指摘した。

本書全編にわたる議論を踏まえ、スラムを排除すべき対象としてのみとらえるのはなく、継承すべきものは何かという視点に立ちながら総括を行うと、以下の9つにまとめることができる。
①小規模性
　エリアがいかに広くても、そこにつくられる空間はいずれも小規模である。
　限られた資金、限られた労働者数、限られた時間で建てられる建築になるため、大規模なものは建てられることがない。そのため、かえって人間的尺度を超えたスケールのものが建てられることはなく、ヒューマンスケールのまちが実現している。このことは、そこでつくられる一つ一つの建築や空間が、簡易な操作性を兼ね備えているということも意味する。
②未完のプロセス
　住宅ならびに住宅地は絶えず変化しつづけている。セルフビルドで住宅をつくっているケースが多く、住宅は手を加えようと思えばいくらでも加えられる状態で放置されている。住宅は常に未完成であり、不完全である。
　この事実は、そもそも住宅にとって完成という状態が存在するのかという問いを用意してくれる。家族は常に変化する。子供の成長はめまぐるしく、子供は増えることもある。成人し家を出ていけば家族の人数が減る。そうした状況に応じて、拡大したり縮小したりできるのが住居の姿として望ましい。変化を許容する住宅の姿が求められる。
③身近な環境形成
　住宅入口前面の地面をモルタルで整地したり、道路に面して庇を深く伸ばして日陰をつくるケースが多い。庇の下には露台が設置され、昼寝や近所の方々との語らいの場として使われている。住居近傍に位置する外部空間に手を加えることで、自分のあるいは自分たちの場所として身近な環境を整備している。
④個別性の許容
　住居はそれぞれセルフビルドによるものであり、材料も量販・流通しているものはないため、いずれの住居も形態を異にする。また住居の配置・配列にも明確な全体計画が存在しないため、敷地形状や外部空間の構成もそれぞれ異なる。フレキシブルに条件に対応するためにも、規格化された形態ではなく、個別性が許容される必要がある。

⑤住居の型の継承
　一方で、多くの住居にはゆるやかに共通する型が存在する。地域の生活に根づいた住居の型を尊重する必要がある。居間を前面にもち、後ろ側に水回りをもつ形式が多くの地域で見られた。外部空間との関係を築きやすい住居形式である。
⑥多世代コミュニティ
　この地域に居住しているのは、核家族だけでなく、単身者や2世帯居住など様々である。単身者向けの賃貸長屋もあれば、2階建てに2世帯で住むケースもある。こうした多様な住居形式はあらかじめ用意されたものではないが、地域が長い年月をかけて存続する中で権利が重層化しながらも生み出されたものであり、また居住者自らの増改築によって生成したものである。結果として多様な住居形式が用意されることで、多世代コミュニティを作り出す基盤がつくられている。
⑦入手しやすい材料、簡易な構法
　中古の建材あるいは放置されていた建材を集めて住居がつくられている。構法は素朴なものが多い。決して洗練されていないが、誰もが建設に参加することができる。高価なあるいは入手しにくい、流通していない建材でつくられる特殊な住宅には流通性がない。
⑧公私領域のあいまいさ
　家に住むことがまちに住むことにつながるような住居の空間構成をもっている。住居前面は、庇や露台によって中間領域化されるとともに、リビングアクセスの住居形式がとられることで、住居内の居場所と住居前の露台とのつながりが生まれやすい。住居内外が強い境界で分断されるのではなく、あいまいにつながっている状態が多く見られる。
⑨コミュニティ形成支援
　環境移行の際に大きな問題となるのはコミュニティの問題である。ハードの整備が進み衛生面・安全面での快適性が確保されても、従前のコミュニティが継承されなければ住民の不安・不満は残される。コミュニティを育みやすい建築計画や配置計画が求められるが、ハード面だけの計画でなく自治会組織の形成支援などコミュニティ形成を直接支援する試みも必要である。

主要参考文献

欧文文献

Atelier parisien d'urbanisme, department des affaires internationales, Ministere de la Culture, *Phnom Penh developpement ruban et patrimoine*, 1997.

Colin Poole, *TONLE SAP, The Heart of Cambodia's Natural HeriTage*, River Books, 2005.

Francois Tainturier, *Wooden Architectur of Cambodia*, Center for Khmer Studies, 2006.

Helen Grant Ross, Darryl Leon Collins, *Building Cambodia : New Khmer Architecture 1953-1970*, The Key Publisher Company Ltd, 2006.

Kep Chuktema, Jean Pierre Caffer, *Phnom Penh à l'aube du xxie siecle*, Atelier parisien d'urbanisme, 2003.

Ly Daravuth, Ingrid Muan, *Cultures of Independence-An introducetion Cambodian Arts and culture in the 1950's and 1960'-*, Reyum Publishing, 2001.

Michel Igout, *Phnom Penh Then and Now*, White Lotus, 1993.

Paul E. Rabé, *Land Sharing in Phnom Penh : an Innovative but Insufficient Instrument of SecureTenure for the Poor*, Expert Group Meeting on Secure Land Tenure, New Legal Frameworks and Tools, UN-ESCAP, 2005.

Ray Zepp, *A Field Guide To Cambodian Pagodas*, Bert's Books, 1997.

Renaud Bailleux, *THE Tonle Sap Great Lake, A Pulse Of Life*, Asia Horizons Books, 2003.

Urban Resource Center (URC), *Secure Tenure and Poor Communities in Phnom Penh*, Pilot Project 2004.

Vann Molyvann, *Modern Khmer Cities*, Reyum Publishing, 2003.

邦文書籍・報告書

天川直子編『カンボジアの復興・開発』日本貿易振興会ジア経済研究所、2001。
天川直子編『カンボジア新時代』アジア経済研究所、2004。
アンリ・ムオ『インドシナ王国遍歴記』中央公論新社、2002。
石澤良昭『アンコール・王たちの物語　碑文・発掘成果から読み解く』NHK出版、2005。
石澤良昭『東南アジア　多文明世界の発見』講談社、2009。
今川幸雄『新版　現代カンボジア風土記』連合出版、2006。
岩城考信『バンコクの高床式住宅　住宅に刻まれた歴史と環境』風響社、2008。
上田広美、岡田知子編集『カンボジアを知るための62章』明石書店、2012。
大橋　久利『カンボジア─社会と文化のダイナミックス─』古今書院、1998。
片桐正夫、石澤良昭『アンコール遺跡の建築学』連合出版、2001。
カンボディア国別援助研究会『カンボディア国別援助研究会報告書─復興から開発へ─』国際協力事業団国際協力総合研修所、2001。

北川香子『カンボジア史再考』連合出版、2006。
北川香子『アンコール・ワットが眠る間に』連合出版、2009。
グイ・ポレ、エヴリーヌ・マスペロ（向坂逸郎訳）『カムボヂア民俗誌―クメール族の慣習』大空社、2008。
熊岡路矢『カンボジア最前線』岩波書店、2003。
栗本英世『慈悲魔―カンボジア支援活動で見えてきたこと』リーブル、2008。
栗本英世『カンボジア寺子屋だより』ばるん舎、2001。
駒井洋『新生カンボジア』明石書店、2001。
小林知『カンボジア村落世界の再生』京都大学学術出版会、2011。
笹川秀夫『アンコールの近代―植民地カンボジアにおける文化と政治』中央公論新社、2006。
重枝豊『アンコール・ワットの魅力―クメール建築の味わい方』彰国社、1994。
渋井修『素顔のカンボジア』機関紙共同出版、1993。
清水和樹『カンボジア・村の子どもと開発僧―住民参加による学校再建報告』社会評論社、1997。
ジャン・デルヴェール（及川浩吉訳、石澤良昭監）『カンボジアの農民』風響社、2003。
ジャン・デルヴェール（石澤良昭、中島節子訳）『カンボジア』白水社、1996。
周達観（和田久徳訳）『真臘風土記―アンコール期のカンボジア』平凡社、1989。
新川加奈子『カンボジア今―ポル・ポトの呪縛は解けたのか』燃焼社、2008。
曹洞宗国際ボランティア会編『アジア・共生・NGO』明石書店、1996。
高木桂一、青柳恵太郎「住民参加型コミュニティ開発評価」『国際開発における評価の課題と展望Ⅱ』、財団法人国際開発高等教育機構国際開発研究センター、2008。
高橋宏明『カンボジアの民話世界』めこん、2003。
高村雅彦『タイの水辺都市』法政大学出版局、2011。
田中麻里『タイの住まい』円津喜屋、2006。
デービット・チャンドラー（山田寛訳）『ポル・ポト伝』めこん、1994。
デービット・チャンドラー（山田寛訳）『ポル・ポト 死の監獄S21』白揚社、2002。
ドラポルト（三宅一郎訳）『アンコール踏査行』平凡社、1970。
内藤泰子『カンボジアわが愛―生と死の1500日』日本放送出版協会、1979
波田野直樹『アンコール文明への旅―カンボジアノート〈1〉』連合出版、2006。
波田野直樹『キリング・フィールドへの旅―カンボジアノート〈2〉』連合出版、2006。
広畑伸雄『カンボジア経済入門―市場経済化と貧困削減』日本評論社、2004。
ピン・ヤータイ（宮崎一郎訳）『息子よ、生き延びよ―カンボジア・悲劇の証人』連合出版、2009。

参考文献

フィリップ・ショート（山形浩生訳）『ポル・ポト―ある悪夢の歴史』白水社、2008。
深作光貞『反文明の世界―現代カンボジャ考』三一書房、1971。
藤原貞朗『オリエンタリストの憂鬱』めこん、2008。
フランソワ・ポンショー（北畠霞訳）『カンボジア・ゼロ年』連合出版、1979。
本多勝一『検証・カンボジア大虐殺』朝日新聞社、1989。
三浦恵子『アンコール遺産と共に生きる』めこん、2011。
宗谷真爾『アンコール史跡考』中央公論新社、1980。
森本喜久男『カンボジア絹絣の世界―アンコールの森によみがえる村』日本放送出版協会、2008。
矢倉研二郎『カンボジア農村の貧困と格差拡大』昭和堂、2008。
山田寛『ポル・ポト〈革命〉史―虐殺と破壊の四年間』講談社、2004。
和田博幸『カンボジア、地の民』社会評論社、2001。
和田正名『カンボジア―問題の歴史的背景』新日本出版社、1992。

索引

〈あ行〉

アールデコ
　　33, 160

アクティビティ調査
　　187, 202, 251

あふれ出し
　　53, 55, 62, 63, 66, 71, 72, 73, 75, 103,
　　104, 108, 110, 111, 122, 125, 150, 247,
　　268

筏住居
　　6, 184, 185, 186, 188, 199, 206, 207

居住環境改善
　　17, 233, 234, 258

市場
　　3, 16, 23, 25, 26, 29, 33, 34, 35, 36, 37,
　　39, 42, 43, 45, 46, 47, 48, 50, 51, 52, 55,
　　61, 71, 73, 75, 76, 81, 142, 143, 210,
　　236, 237, 243, 244, 246, 251, 258, 259,
　　270, 271, 281, 286, 287, 289, 295

ヴァン・モリヴァン
　　28

ウナローム寺院／ワット・ウナローム
　　22, 81/24

エルネスト・エブラール／エブラール
　　26/23, 26, 27, 30, 33, 34

王宮
　　22, 23, 24, 26, 34, 43, 81, 165, 210

オールド・ストーン・ブリッジ
　　36, 38, 39

〈か行〉

街区居住
　　16, 77, 286, 287, 288, 289

外部空間
　　16, 17, 75, 91, 99, 102, 103, 104, 105,
　　108, 109, 110, 111, 112, 114, 117, 122,
　　132, 138, 174, 175, 176, 178, 181, 182,
　　242, 247, 251, 254, 255, 256, 267, 287,
　　288, 290, 291, 292

街路景観
　　141, 149, 157

カムペーン
　　35, 36

カンポット
　　20, 36, 44, 45, 46, 48

空間更新
　　124, 125, 126, 128, 129, 130, 131, 132,
　　133, 134, 135, 137, 138, 139, 288

クメール人居住区
　　40, 43, 47

クメール・ルージュ
　　21, 28, 231

グリッドパターン
　　26, 35, 47

国立図書館
　　23, 31, 32, 33, 81

国立博物館
　　81

コロニアル建築
　　4, 30, 40, 41, 42, 43, 81, 140, 160, 210,
　　287, 297

コンポンチャム
　　20, 36, 42, 43, 46, 271

コンポン・ベイ川
　　44

297

索引

〈さ行〉

サーヘン・ブリッジ
  36
細街路
  96, 97, 98, 99, 104, 118, 119, 120, 121, 123, 288
再定住事業
  234, 258, 275, 276, 277, 278
サンカー川
  35, 36, 46
漸進的な開発
  15, 286
シアヌークビル
  29
シェムリアップ
  35, 166
住居形式
  20, 78, 79, 84, 85, 86, 87, 88, 89, 92, 93, 94, 99, 125, 165, 184, 188, 196, 197, 265, 266, 268, 277, 281, 287, 290
住居の型
  16, 17, 206
シャルル・ド・ゴール通り
  143, 144, 157, 158, 160, 162
ジャン・デボア
  33
ショップハウス
  1, 2, 16, 23, 24, 33, 34, 35, 37, 38, 39, 41, 42, 43, 45, 48, 78, 79, 81, 82, 83, 84, 85, 86, 87, 88, 89, 90, 91, 92, 94, 95, 97, 98, 99, 103, 105, 107, 108, 109, 110, 111, 113, 115, 116, 117, 122, 123, 124, 125, 126, 127, 128, 129, 131, 132, 137, 138, 139, 140, 141, 142, 143, 144, 145, 149, 152, 153, 157, 160, 161, 162, 210, 258
ショッピングセンター
  50, 78, 140, 281
進入路地
  95, 97, 98, 99, 100, 118, 119, 120, 121, 123, 241, 243, 246, 247, 256, 288
水上集落
  16, 17, 184, 185, 186, 197, 202, 206, 286, 289, 290
住み分け
  23, 26, 34, 46, 47, 210, 286
スラム
  14, 15, 16, 23, 234, 256, 271, 272, 279, 282, 286, 290, 291
生活空間
  16, 70, 75, 78, 99, 113, 114, 115, 117, 122, 171, 179, 181, 191, 227, 231, 255, 282, 284, 288, 289
積層居住
  89, 92, 99
セルフビルド
  124, 137, 256, 291
増改築
  30, 33, 39, 86, 94, 124, 125, 129, 130, 131, 132, 133, 134, 138, 139, 141, 143, 152, 153, 161, 213, 215, 225, 226, 227, 231, 261, 262, 264, 265, 266, 268, 269, 270, 271, 274, 275, 276, 277, 288, 290, 292
ゾーニング
  20, 39, 45, 47, 286, 287

298

〈た行〉

高床式住居
　　17, 164, 173, 175, 181, 184, 185, 207,
　　210, 211, 212, 213, 214, 215, 216, 217,
　　218, 219, 220, 221, 222, 225, 227, 229,
　　231, 232, 289, 290

宅地割
　　16, 20, 35, 36, 39, 41, 42, 43, 45, 92, 93,
　　96, 97, 98

中央郵便局
　　4, 30, 31

都市遺産
　　16, 19, 286, 287

都市居住
　　15, 282, 289

都市計画の遺産
　　20, 287

都市構成
　　16, 20, 33, 35, 39, 40, 43, 46, 47

都市施設
　　16, 25, 50, 51, 289, 290

都市住居
　　16, 7, 78, 79, 80, 124, 140, 231, 282,
　　286, 287

ドンペン地区
　　23, 26, 28, 30, 51, 79, 84, 122, 137, 211

トンレサップ湖
　　6, 17, 184, 186, 188, 207

トンレ・サップ川
　　24, 30

〈な行〉

農村集落
　　5, 16, 164, 166, 172, 181, 182, 286,
　　289, 290

〈は行〉

バックヤード
　　91, 104

バッタンバン
　　20, 35, 36, 37, 38, 40, 46, 47, 48, 165, 186

バッタンバン駅
　　37, 38

ビスタ
　　23, 27, 29, 30, 34, 42, 47, 143, 157, 161,
　　286, 287

ファサード
　　32, 33, 34, 81, 84, 140, 141, 143, 144, 145,
　　146, 148, 149, 153, 157, 160, 161, 162

袋小路
　　96, 97, 98, 99, 104, 105, 118, 119, 120,
　　121, 122, 123, 244, 288

プサー・チャー
　　3, 51, 52, 53, 54, 61, 66, 70, 71, 75, 76,
　　280, 281, 289

プテア・ロベーン
　　78

プノンペン
　　14, 15, 16, 17, 20, 21, 22, 23, 24, 25, 26,
　　27, 28, 29, 31, 32, 33, 34, 35, 37, 44, 47,
　　50, 51, 55, 75, 78, 79, 81, 92, 99, 102,
　　103, 122, 124, 137, 138, 139, 140, 141,
　　142, 143, 160, 210, 213, 215, 216, 222,
　　231, 232, 234, 236, 255, 274, 281, 282,
　　286, 287, 288, 289, 290

不法占拠
　　7, 8, 15, 16, 17, 234, 235, 236, 237, 255,
　　256, 275, 280, 286

不法占拠地区
　　7, 8, 16, 17, 234, 235, 236, 237, 255, 256,

299

索引

　　　　275, 280, 286
フラット居住
　　　　89, 90, 92, 99, 288
フランス人居住区
　　　　26, 27, 28, 30, 34, 39, 40, 47, 210
フランス統治期
　　　　16, 20, 21, 30, 32, 39, 42, 44, 45, 46, 81, 82, 84, 89, 92, 143, 286, 287
プサー・トゥメイ
　　　　26, 27, 31, 33, 34, 37, 47, 50, 76, 81, 143, 157, 161, 286
プノンペン駅
　　　　31, 140, 286
プサー・ナット
　　　　35, 37, 38, 39, 40, 42, 48
ベランダ
　　　　17, 23, 32, 78, 81, 83, 84, 89, 90, 91, 127, 140, 141, 144, 145, 146, 147, 148, 149, 152, 159, 160, 161, 164, 171, 188, 189, 190, 191, 192, 193, 194, 195, 196, 197, 198, 199, 200, 202, 203, 206, 207, 208, 215, 217, 222, 224, 225, 226, 228, 229, 230, 231, 259, 260, 261, 262, 264, 265, 266, 268, 270, 271, 274, 276, 277, 288, 290
放射状
　　　　23, 30, 33, 34, 48, 143, 168, 286, 287
ボコー山
　　　　44, 46
ポル・ポト
　　　　14, 15, 16, 21, 32, 82, 124, 166, 172, 211, 212, 213, 231, 285, 286, 289, 295, 296
ボレイケラ
　　　　7, 8, 17, 234, 235, 236, 237, 253, 255,

　　　　258, 259, 269, 270, 271, 272, 278, 280, 281, 287
ボンコック湖
　　　　22, 24, 27

〈ま行〉

街並み景観
　　　　144, 153, 160
メコン川
　　　　22, 42, 46, 79, 207

〈や行〉

床上空間
　　　　169, 170, 171, 179, 181, 182, 290
床下空間
　　　　17, 166, 170, 171, 172, 175, 176, 178, 179, 180, 181, 182, 213, 289

〈ら行〉

緑道
　　　　27, 37, 38, 39, 40, 42, 43, 46, 47, 286, 287
ロイヤルホテル
　　　　23, 26, 31, 32
路地
　　　　16, 23, 91, 92, 93, 94, 95, 96, 97, 98, 99, 102, 103, 104, 105, 106, 108, 109, 111, 113, 116, 117, 118, 119, 120, 121, 122, 129, 130, 131, 132, 133, 136, 137, 138, 235, 238, 240, 241, 243, 244, 245, 246, 247, 249, 250, 251, 253, 255, 256, 280, 281, 287, 288

〈わ行〉

ワット・プノン
　　　　23, 24, 26, 27, 30, 31, 32, 34, 35, 47, 81, 286
ワット・ボービル
　　　　38, 39

あとがき

　筆者が東南アジアに関わるようになったのは、京都大学大学院に在籍していた際、指導教員の布野修司先生に連れられ1991年にインドネシアのロンボク島に訪れたことに始まる。インドネシアは世界一のムスリム人口の国であるが、観光地としてよく知られるバリ島ではヒンドゥー教が支配的である。ロンボク島はバリ島の東隣に位置し、ヒンドゥーとイスラームの共存・混淆する地域である。そこでイスラーム的な原理とヒンドゥー的な原理が住居や集落・都市の形態にどのように反映しているのかを明らかにするのが調査の目的であった。同級生の牧紀男氏（現京都大学准教授）とともにロンボク島で修士論文を書いた。この調査は最終的には紆余御曲折を経て2002年に京都大学に提出した学位論文「ロンボク島の空間構造に関する研究」に結実することになる。

　都市構成や住居形式に着目しながら計画都市や土着的住居・集落の空間構成を明らかにするという視点は既にこの時点で獲得されていたが、これらの視点をもとに東南アジアの都市や集落の魅力や課題に対してもう少しダイレクトに対応しながら、普遍的・総体的に議論を深めたいという想いが残っていた。

　カンボジアを初めて訪れたのは2004年9月である。当時在籍していた広島工業大学の学生とともにNGO「カンボジア子どもの家」の栗本英世氏を訪ね、タイとの国境のまちポイペトに赴いた。最初の調査をもとに、反木里弥さんによって卒業論文「NGOによる学校建設のあり方に関する研究」（2004年度広島工業大学卒業論文）がまとめられた。その後、毎年継続的に夏季・冬季の現地調査を行い、これまでに20編の卒業論文、卒業設計3作品、5編の修士論文が発表されている。

　水上集落や農村集落といった土着的な住居・集落を対象とすること、都市住居であるショップハウスを対象とすることを基本としながら、学校建築や商業施設・寺院についての調査も行った。商業施設を対象にするとしても、新しい建築を対象とすることはなかった。施設空間に内在する土着性に関心があったからである。また当時プノンペン最大のスラムと言われたボレイケラ地区の事業が進行しつつあり、建築計画の視点から何が言えるのかという関心をもとに研究対象とすることを決定した。プノンペンに散在するコロニアル建築も当

初から気になっていた。プノンペンのみならず、バッタンバンやコンポンチャムといった地方都市の状況も把握しておきたかった。

　本書はそうした散漫な好奇心をもとに学生たちとの議論を重ねながら整理していくことで生まれた。詰め切れていないところも多いが、東南アジアの都市・集落・住居のあり方に対する視座は示せたのではないかと考えている。

　本書は、日本建築学会で発表した以下の論文がもとになっている。

・脇田祥尚、白石英巨「プノンペン（カンボジア）におけるショップハウスの空間構成と街区構成に関する考察」『日本建築学会計画系論文集』Vol. 72 NO. 616、pp. 7-14、2007。

・脇田祥尚、白石英巨「プノンペン（カンボジア）の都心街区における外部空間利用」『日本建築学会計画系論文集』Vol. 73 NO. 631、pp. 1939-1945、2008。

・脇田祥尚、川田叔生「プサー・チャー（カンボジア・プノンペン）にみる市場の空間構成」『日本建築学会計画系論文集』Vol. 75 NO. 649、pp. 587-594、2010。

・Yoshihisa Wakita and Hideo Shiraishi, Spatial Recomposition of Shophouses in Phnom Penh, Cambodia, Journal of Asian Architecture and Building Engineering , Vol. 9 (2010) No. 1, pp.207-214, 2010

・脇田祥尚、前田幸大「水上集落における住居・集落の空間構成—アンロン・タ・ウー村（カンボジア・トンレサップ湖）を事例にして—」『日本建築学会計画系論文集』Vol. 75 No. 655、pp. 2107-2114、2010。

・脇田祥尚、八尾健一「不法占拠地区の居住空間構成—ボレイケラ地区（カンボジア・プノンペン）を事例として—」『日本建築学会計画系論文集』Vol. 76 No. 659、pp. 1-8、2011。

・梶本希、脇田祥尚、上段貴浩「プノンペン(カンボジア)都心部における高床式住居の空間変容」『日本建築学会計画系論文集』Vol. 77 No. 672、pp. 275-282、2012。

　この間、カンボジアでは王立芸術大学学長ならびに王立芸術大学建築都市計画学科、王立プノンペン大学の先生方の協力のもと、王立芸術大学、王立プノンペン大学の学生たちと調査研究を行ってきた。プノンペン市役所をはじめと

あとがき

　した公的機関や、JHP・学校をつくる会やSVAシャンティ国際ボランティア会といったNGOにもご協力いただいている。
　また、調査研究を行うにあたっては以下の研究助成を受けている。
- 2004年度～2005年度科学研究費補助金（若手研究（B））「東南アジアの土着的住居・集落にみられる計画技術の活用に関する研究」（課題番号：16760505）
- 2005年度大林都市研究振興財団助成「プノンペン（カンボジア）の都市空間計画に関する基礎的研究」
- 2006年度前田記念工学振興財団助成「植民都市空間の構成と利用形態に関する研究 —プノンペン（カンボジア）を事例として—」
- 2008年度～2011年度科学研究費補助金（基盤研究（B））「カンボジアにおける漸進的開発のための建築・都市計画手法」（課題番号：20360280）

　本書は言うまでもなく多くの方々の協力によって出来上がった。本書の刊行については、株式会社めこんの桑原晨氏に大変お世話になった。また出版に際しては、科学研究費補助金研究成果公開促進費（課題番号245253）をいただいている。これまで詳らかになっていないカンボジアの都市・集落・住居に関する研究を世に問う機会を与えていただき感謝している。

2013年2月

脇田祥尚

脇田祥尚（わきた よしひさ）
近畿大学建築学部 教授
1969年広島市生まれ。京都大学大学院修了後、島根女子短期大学、広島工業大学を経て2007年より近畿大学准教授。2011年より現職。
京都大学博士（工学）。技術士（建設部門都市及び地方計画）。
著書に『みんなの都市計画』（理工図書）など。

スラムの計画学──カンボジアの都市建築フィールドノート

初版第1刷発行　2013年2月16日

定価2500円＋税

著者　脇田祥尚
装丁　水戸部功
発行者　桑原晨

発行　株式会社めこん
〒113-0033　東京都文京区本郷3-7-1
電話03-3815-1688　FAX 03-3815-1810
URL: http://www.mekong-publishing.com

印刷　モリモト印刷
製本　三水舎

ISBN978-4-8396-0268-0　C3052　￥2500E
3052-1304268-8347

JPCA 日本出版著作権協会
http://www.e-jpca.com/

本書は日本出版著作権協会（JPCA）が委託管理する著作物です。本書の無断複写などは著作権法上での例外を除き禁じられています。複写（コピー）・複製、その他著作物の利用については事前に日本出版著作権協会（電話03-3812-9424　e-mail: info@e-jpca.com）の許諾を得てください。